동물의 숨겨진 과학

동물의 숨겨진 과학

노래하고 낄낄대는
동물 행동에 대한 이해
동물의
숨겨진
과학
캐런 섀너, 재그밋 컨월 지음 | 진선미 옮김

YANG 양문 MOON

# contents

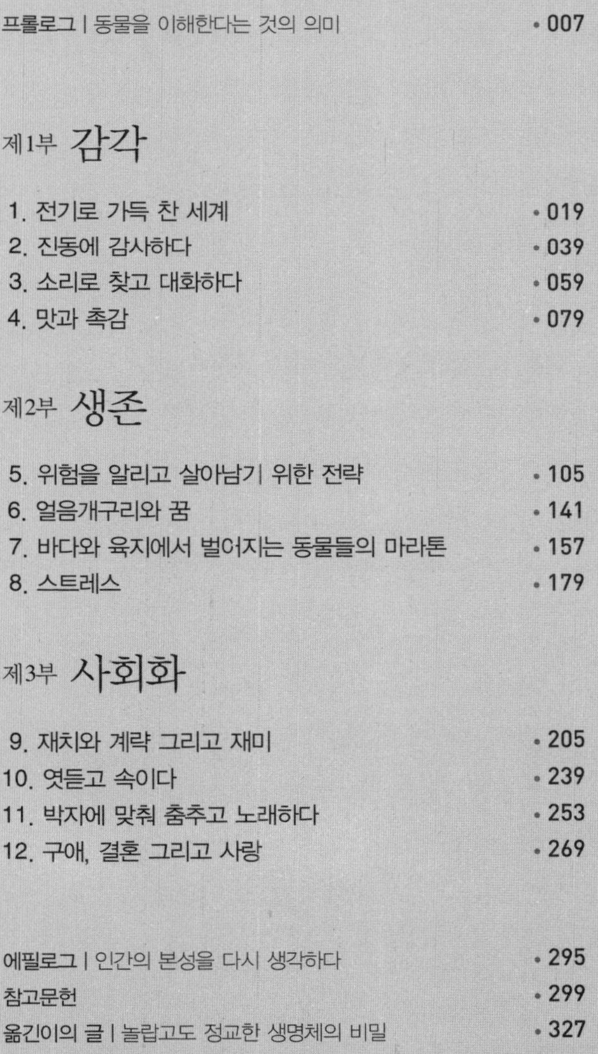



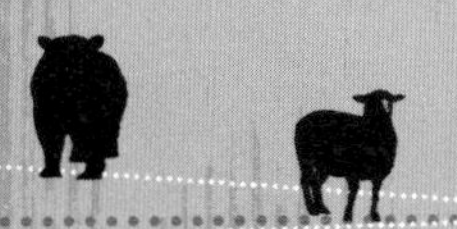

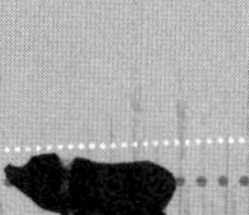

# 동물을 이해한다는 것의 의미

스리랑카의 의문. '죽은 동물들은 모두 어디에 있을까?'
인도양 섬 해안을 덮친 쓰나미가 약 2만 2000명 주민들의 생명을 앗아갔다.
하지만 어디에서도 죽은 동물은 발견되지 않았다.
거대한 파도가 내륙 3킬로미터까지 휩쓸어 스리랑카에서 가장 넓은 야생보호구역인
얄라국립공원을 초토화시켰다. 그곳은 수백 마리 야생 코끼리와 표범들의 낙원이었다.
야생동물보호국 관리 라트나야케(H. D. Ratnayake)는 경이로운 듯 말했다.
"이상하게도 죽은 동물이 발견되었다는 기록이 없습니다. 코끼리는 물론이고,
심지어 죽은 토끼도 한 마리 없습니다." 그러고는 이렇게 덧붙였다.
"아마도 동물들은 재난이 닥칠 것을 미리 알아차리는 것 같습니다."
－로이터통신, 스리랑카(2004년 12월 29일)

동물은 알지만 우리 인간은 모르는 것이 무엇일까? 인간이 '듣지' 못하는 자연의 경고신호는 대체 무엇일까? 산업혁명과 도시의 발달에 따라 자연과 대초원에서 과학기술의 세계로 옮아온 인간은 동물들의 세계를 더는 이해하지 못하게 되었다. 20세기 과학기술은 우리 인간을 높은 권좌에 올려놓고 자연적 근원과 환경으로부터 떼어놓았다. 그러나 과학은 다른 종들의 마음을 들여다보는 창을 제공함으로써 이제 다시금 인간을 자연으로 돌려보내고 있다.

이 책은 신경심리학과 신경동물행동학이라는 서로 무척 다른 길을 걸어왔지만 동물들의 경이로운 삶이라는 공통 관심사를 가진 두 사람이 함께 만들었다. 대부분 우리가 일상생활에서 부지불식간에 경험하지만, 막상 알고 나면 놀라움으로 다가오는 사실들이 이 책의 주요 내용이다. 저자들은 동물의 세계를 더 잘 이해할 수 있도록 새로운 관점을 제공할 것이며, 또 이것은 우리 인간 세계를 더 잘 이해하도록 시야를 넓혀줄 것이다. 이 세계는 둘로 이루어져 있다. 하나는 우리의 마음으로 이루어진 내부 세계이며, 다른 하나는 바로 인간과 다른 모든 생명체들이 공유하며 살아가는 외부 세계이다.

페루의 열대 숲에서 자라는 케이폭나무에는 양쪽 날개 아래 조그만 주머니가 달린 작은 수컷 박쥐가 매달려 있다. 수컷 주위로는 암컷 아홉 마리가 둘러싸고 있고, 주머니에서 배어 나오는 분비물이 강력한 냄새를 풍긴다. 이 주머니날개박쥐는 작은 벌레를 잡아먹고 사는데, 생식활동을 시작하면서 혼자 지내는 삶이 끝난다. 최근 이 박쥐 새끼들이 재잘거리는 흥미로운 모습이 관찰되었다. 4주에서 8주 된 박쥐 새끼들이 길게 우짖거나 재잘거리면서 귀에 거슬리는 고음을 내는데, 마치 다 자란 성체들이 그러하듯 뒤범벅된 여러 '울음소리'를 냈다. 박쥐는 다른 영장류나 새처럼 새끼 때 재잘거리면서 가끔 킥킥거리거나

낄낄거리는 소리를 내기도 한다. 인간의 아기만이 어떤 감정을 표현할 때 재잘거리거나 낄낄댈 수 있는 것이 아니다. 다른 종들의 새끼도 그렇게 한다. 첨단 과학기술 덕분에 동물의 비밀에 한 걸음 더 가까이 다가가게 된 우리는 노래하고 낄낄대는 박쥐들을 가장 먼저 만날 수 있었다.

이 책은 독자들을 놀라운 동물의 세계로 안내할 것이다. 여행 중에 우리는 인간만이 가지고 있으리라고 생각했던 정신적·행동적 특성들을 다른 동물들에서도 발견하게 될 것이다. 동물들이 서로 교류하고, 위험한 상황에 처했을 때 서로 경고하며 돕는 모습도 목격할 것이다. 또한 동물들이 어떻게 문제를 해결하는지, 어떻게 도구를 만들고 건축물을 세우는지, 어떻게 스스로 즐기고 다른 동물들을 즐겁게 하는지도 살펴볼 것이다. 유머 감각을 지닌 동물도 있는데, 이를테면 앵무새는 직접 농담을 만들어 던질 줄 아는 것으로 알려져 있다. 박쥐를 포함하여 많은 동물 부모들이 새끼를 끌어안고 달래는 행동을 한다. 더욱이 동물들은 슬픔과 존경을 표현하는 등 우리가 가능하리라 생각하지 못했던 행동들도 한다.

이 책의 처음 두 장에서는 지구를 휘감고 있는 강력한 전자기장이 동물들의 생활에 중요한 역할을 한다는 사실을 최신 과학의 발견을 통해 살펴볼 것이다. 약한 전기장이나 이보다 더 약한 정전기를 몸에서 발산하는 동물들, 진동을 만들고 이를 감지하는 활동이 생존에 중요한 역할을 하는 동물들을 만날 것이다.

우리는 전자기파와 진동이 넘쳐나는 세계에 살고 있다. 많은 동물들이 이를 이용해 개체들끼리 교류하거나 세계와 소통하며 살아간다. 예를 들어 전기어는 복잡한 전기장을 만드는데, 이러한 전기장에 나타나는 아주 작은 변화도 감지할 수 있는 일종의 센서를 가지고 있다. 전기어는 이 전기수용기를 이용해 먹이를 찾고 그 정확한 위치를 결정하며 다른 전기어들과 교류한다. 과학자들은 동물들이 어떻게 주위 환경과 소통하고 뇌와 신경계를 이용하는지 그 비밀을 풀기 위해 진동 신호의 세계를 탐구하고 있다. 그 결과 모든 생명체의 주위를 둘러싸고 직접 영향을 미치는 현상들을 양자量子 수준에서까지 밝혀내고 있다.

인간은 감각 경험을 통해 삶을 파악하고 자신의 세계를 다른 생명체들의 세계와 구분한다. 거의 모든 종들이 자기들만의 독특한 감각 생태계에 살고 있으며, 그 속에서 먹이를 발견하고 같은 생태계 내의 다른 동물들과 경쟁한다. 땅벌이 매우 효율적으로 꽃을 찾아내는 것은 동물들 중에서 가장 빨리 색을 감지할 수 있기 때문인데, 인간보다 무려 다섯 배나 빠르다. 전기어 같은 종은 경쟁에서 이기도록 특화된 셈이다. 그리고 박쥐를 비롯한 많은 종들은 음파와 그 반향을 이용해 먹이를 찾고 환경을 탐색하며 살아간다. 몸집이 훨씬 더 큰 돌고래나 고래도 깊고 캄캄한 바다 속에서 이와 비슷한 방법을 이용해 살아간다. 아울러, 메기 같은 종은 여러 감각 가운데 하나를 아주 정교하게 발달시킴으로써 다양한 환경에서 생존해가는 능력을 가지게 되었다.

우리 인간이 다른 동물들의 감각 생태계를 경험할 수는 없겠지만,

그들의 삶을 더 많이 이해할수록 인간의 생존에 도움이 될 만한 여러 방법을 배울 수 있을 것이다. 이를테면 우리는 숲 속에서 개들이 하는 것처럼 냄새만으로 길을 찾을 수 없다. 그만큼 후각이 뛰어나지 않기 때문이다. 그러나 오래전부터 우리는 개들의 뛰어난 후각을 이용해 실종자를 찾거나 숨겨진 불법 물질을 수색해왔다. 최근 한 연구에 따르면, 개는 사람의 호흡에서 나는 냄새를 맡고 폐암에 걸렸는지 아니면 유방암에 걸렸는지도 알아낼 수 있다. 암세포는 대사의 부산물로 보통 세포와는 다른 물질을 배출하는데, 개는 그 차이를 인식할 수 있다는 것이다.

제2부에서는 동물들의 이러한 감각 능력을 더 깊이 탐구할 것이다. 동물들이 포식자나 같은 종의 위협, 극단적인 환경 조건에 대응하는 생존 전략을 중심으로 살펴볼 것이다. 인간을 비롯한 모든 동물은 각각 감각 경험은 다르지만, 모두가 생존에 대한 열망을 갖고 있다. 이와 관련해 꿀벌에서 고양이와 상어에 이르기까지 다양한 종의 동물들이 보여주는 여러 가지 경고 행동들을 살펴볼 것이다. 또한 더 나아가 우리가 처음에 던졌던 질문, 즉 위험이 닥쳐올 때 인간은 모르지만 동물들은 알아차리고 대비할 수 있는 까닭을 알아볼 것이다.

자연재해는 동물들이 극복해야 하는 더욱 극단적인 위협이다. 동물들은 하루하루 살아가면서 갖가지 어려움을 헤쳐나가야 한다. 먹이양의 변동부터 1년 주기로 변하는 기후까지 다양한 난관들이 생존을 위협한다. 겨울 기후는 지진처럼 급박하지는 않지만 아무리 용맹스런 동물이라도 살아남기 위해 고통을 감내해야만 하는 난관이라 할 수 있다.

그래서 제6장에서는 동물들의 동면, 즉 겨울잠에 대해 다룬다. 그리고 그 변형인 여름잠(하면)에 대해서도 살펴볼 텐데, 이는 일부 동물들이 극심한 더위에 대처하는 방법이다. 동면 기간 동안에 태어나는 알래스카 불곰부터 얼음바다 속의 남극 대구까지, 극단적 환경에서 살아가는 동물들에게는 생리적·심리적으로 어떤 일이 일어나는지 알아본다. 그 밖에 매일 가벼운 동면 상태에 들어가는 동물들도 있다. 예를 들어, 벌새는 에너지를 보존하기 위해 몇 시간씩 거의 실신 상태가 된다. 그러나 동면은 일반적인 잠과는 매우 다르다. 동면을 하면서도 잠을 자야 한다. 이상하게 들릴지도 모를 이런 행동에 대해서도 알아본다. 동물의 세계에서는 여러 가지 형태의 잠을 목격할 수 있다. 대표적인 예로 어떤 동물은 뇌가 교대로 절반씩만 잠을 잔다. 또한 동물들도 꿈을 꾸는지, 만약 그렇다면 그 꿈은 어떤 내용일지에 대한 최근의 과학 연구 결과들을 소개한다.

제7장에서는 계절에 따른 동물들의 이주에 대해 살펴본다. 동물들은 더 따뜻하고, 신선한 먹이가 많은 곳을 찾아 이동한다. 세렝게티 대평원에서 매년 이동하는 수천 마리의 누 떼처럼 장관을 연출하며 자연의 힘에 감탄하게 만드는 대규모 여행도 있지만, 어떤 동물들은 전혀 다른 이유로 놀랄 만한 이동을 한다. 한 예로, 나비와 새들의 여행 거리와 방법은 과학자들을 어리둥절하게 만들 정도다. 왕나비(또는 모나크나비)는 매우 작은 뇌로 어마어마하게 먼 거리와 방향을 정확히 계산해

내는데, 이는 숙련된 파일럿도 따라가지 못할 능력이다. 게다가 철새들은 수주일 동안 쉬지 않고 무착륙 비행을 하기도 하고, 무리 중 한 마리가 병들거나 지치면 집단으로 멈출 줄도 안다. 이처럼 동물들이 이주하거나 무리를 이루는 행동은 최근 중요한 연구 주제로 등장했다. 그리고 이제 우리는 동물들이 언제 어떻게 무리를 이루어 여행을 떠나는지 설명하는 데 도움을 주는 기술과 수학적 이론을 가지고 있다.

마지막 장에서는 동물들의 공동체 의식, 감정과 욕망에 대해 알아본다. 이는 우리 인간만이 지닌 특성이 아니다. 인간과 다른 동물들 사이의 연관성은 바로 여기에서 시작된다. 인간의 기본 욕망뿐 아니라 우리의 감정을 드러내는 모든 행위가 여기서 유래했다. 즉 웃고 놀고 짝짓기하고 새끼를 낳고 속이고, 심지어 죽이는 것까지 모두 동물들의 마음속에도 존재하는 욕망에서 비롯한다.

최근 연구 성과에 따르면, 우리 뇌에는 '변연계' 라는 부위가 있다. 이 부위가 모든 사고를 내밀하게 이끌어내고, 이른바 '합리성' 을 갖게 한다. 위험에 대한 빠른 평가와 대응, 기억, 감정을 담당하는 중추로, 우리가 계속해서 의식적으로 상태를 분석하지 않아도 자율적으로 우리 몸을 조절해주는 역할을 한다. 변연계는 원시적 뇌로서 모든 척추동물에게 있으며, 우리가 아직 발견하지 못했거나 이제 막 연구 대상이 된 무척추동물에도 대부분 이와 동일한 부위가 있을 것으로 짐작된다.

인간 뇌의 약 30퍼센트 정도를 구성하는 대뇌 신피질은 고차원적 사고와 인식, 언어 등을 담당하는데, 인간이 다른 동물들과 크게 다른 부분으로 간주되곤 한다. 그러나 최근 동물계에서 수수께끼 같은 존재 가운데 하나인 뉴기니의 긴코가시두더지를 대상으로 연구한 결과는 이러한 가정을 다시금 생각해보게 한다. 긴코가시두더지는 단공류單孔類에 속하는데, 단공류란 알을 낳지만 젖을 먹여 새끼를 키우는 동물로 오리너구리도 여기에 속한다. 아무튼 이 동물은 갈퀴 달린 발과 가시 돋친 피부에 털이 없고 둥글고 긴 부리에서 전기를 감지하며, 수컷의 경우 귀두가 네 개인 이상한 모양의 페니스를 갖고 있는 등 매우 진기한 생김새를 하고 있다. 그런데 무엇보다 흥미로운 것은 이 독특한 동물의 뇌에서 신피질이 거의 절반을 차지한다는 점이다. 뇌에서 차지하는 비율로 본다면, 인간보다 더 큰 셈이다. 테리어 개만 한 크기인 이 가시투성이 동물이 그렇게 큰 신피질로 무엇을 할까? 인간의 신피질은 분석, 언어, 의식을 담당하는 영역이다. 우리는 가시두더지에게 무엇을 배울 수 있을까?

동물신경생물학과 생리학, 동물의 행동과 개별적 경험을 연구할 때는 인간의 입장에서 생각하지 않도록 주의해야 한다. 개미들이 죽은 개미를 위해 묘지를 만든다고 해서 그들이 우리 인간과 같은 방식으로 애도한다는 의미는 아니다. 어쨌든 그들이 애도한다고 말할 수는 없다. 인간 또한 거의 본능적으로 사체를 처리한다. 중요한 것은 우리가 하는 행동의 진실에 접근하는 것이며, 거듭된 연구가 진실에 접근하는 데 도움이 될 것이다. 이를테면, 최근 한 실험 연구에서는 개들도 공정함에 대한 감각을 가지고 있는 것으로 나타났다. 다른 개가 자기보다 더 잘 대접받고 있다고 느끼면 질투한다. 안기려 하지 않고 말도 잘 듣지 않는다. 동물들이 서로 보호하고, 화가 난 동료를 달래기도 한다는 관찰 결과도 다수 있다. 포유류와 조류 중에는 동정심을 나타내거나 이타적 행동을 하는 종들이 많다. 죽은 새끼 옆에서 여러 날 동안 슬퍼하는 원숭이도 있다. 아픈 동료를 돌보거나 죽은 동료의 사체 주위를 몇 시간 동안이나 천천히 걸어다니는 코끼리 무리가 촬영되기도 했다. 그리고 자신을 사랑해주던 사람을 잃고 슬퍼하는 반려동물들에 대한 이야기도 자주 듣는다. 오랫동안 사례로만 알려졌던 증거들을 사실로 확인할 수 있을 만큼 과학기술이 발달하고 충분히 포괄적인 연구가 가능하게 된 것은 비교적 최근의 일이다. 인간과 다른 동물들의 연관성에 대해 우리가 늘 품어왔던 직감들 가운데 상당수가 사실로 판명되고 있다.

인간이 다른 동물들과 지속적으로 밀접한 관계를 맺으며 살아가는 한, 그리고 동물들이 우리 인간과 함께하는 한, 우리는 온전한 정신성을 유지할 수 있을 것이다. 반려동물과 우리 주변에 사는 새들은 우리 인간의 방식에 적응하고, 또 우리는 태어나면서부터 그들의 방식에 길들여지려 애쓴다. 이와 같은 상호작용과 관계가 행동의 자각과 수정을 이끌어낼뿐더러 우리 세포 속에 숨겨진 유전 정보까지 변화시키는 것으로 알려져 있다. 우리를 둘러싼 생명체의 진실에 더 깊이 다가갈수록, 우리는 우리 자신과 주변의 관계에 더 많이 감사하게 될 것이고, 또한 보살피고 포용하고 희망하고 사랑하는 우리의 능력을 더욱 넓혀 나가게 될 것이다.

제1부
감각

# I
# 전기로 가득 찬 세계

세계는 우리 상상보다 더, 아니 우리가 상상할 수 없을 만큼 오묘하다.
—아서 에딩턴 경(1882~1944)

전기어는 경쟁자가 만들어내는 전기장의 주파수를 방해한다. 그리고 새들은 지구의 자기력선을 '본다'. 물속이든 땅 위든 하늘이든 전자기장이 존재하고, 그것은 모든 생명체에 영향을 준다. 인간은 대부분 이와 같은 전자기적 영향을 거의 의식하지 못하지만, 의학 분야에는 이런 사실이 비교적 잘 알려져 있다. 의사들은 심장과 뇌에서 나오는 전파로 우리의 건강을 평가하는데, 이러한 전기는 자연에 늘 존재한다(스탠퍼드대학교의 칼 프리브램Karl Pribram이 입증했듯이, 전기어처럼 인간의 뇌파도 1초에 100회 이상 변한다). 현대 의학에서 많이 이용되는 자기공명영상MRI은 우리 신체의 원자들이 자기장에 반응하여 배열하는 특성을 이용한 것이다. 이 장에서는 동물들이 발산하고 느끼는 여러 가지 전자기장 감각 유형들에 대해 알아본다. 동물들이 전자기장을 이용해 서로 소통하고 주위를 살필뿐더러 위험에서 자신을 보호하는 등 매우 다양하게 이용하는 것을 살펴볼 것이다.

우리가 일상을 영위하는 이 세계에서는 사물의 존재 방식이 변하지 않는 듯 보인다. 즉 우리는 감각을 이용해 세계를 그릴 수 있는데, '객관적' 사실들로 측정할 수 있는 그 세계는 갖가지 색깔과 소리, 향기, 맛 그리고 감촉되는 표면들로 가득 차 있다. 우리는 이들 다섯 가지 주요 감각을 통해 얻은 정보로 실제 세계가 어떻게 생겼고 어떻게 움직이는지 이해한다. 그러면 우리와 같은 세계를 차지하고 땅이나 바다, 하늘에서 살아가는 수많은 다른 동물 종들은 어떨까. 물리적 공간에 대한 인간의 경험을 다른 동물들도 그대로 경험한다고 가정하기는 어렵다.

우리가 경험하고 인식하는 세계는 전적으로 우리의 감각이 감지할 수 있는 자극과 우리가 관심을 기울이는 대상들의 범위에 따라 결정된다. 이를테면 우리 눈 속의 광색소가 반응하는 가시광선은 우리 주변에 존재하는 전자기파 스펙트럼(단파와 마이크로파부터 엑스선과 감마선까지)의 아주 작은 일부일 뿐이다.

살아 있는 모든 생명체의 고향인 이 지구는 단 하나의 객관적 세계라기보다 여러 개의 주관적 세계가 공존하는 곳이다. 자연은 진화의 관점에서 다원론적 사고를 신뢰한다. 즉 서로 다른 종들이 각각 자신의 인식 영역을 가지고 고유한 관점으로 세계를 바라본다는 얘기다.


동물의 숨겨진 과학

모든 종들은 환경을 인식하고 관계하는 자기만의 방법이 있으며, 이것은 주로 몸의 크기나 주위 환경, 감각 능력 그리고 그들의 행동과 기억 등에 따라 다르다. 땅 위에서 생활하는 인간은 경험에 비춰 물속에서 살아가는 물고기와 공중을 날아다니는 새와 박쥐들의 경험을 상상할 뿐이다. 인간은 먼 거리까지 조망하는 새들의 눈을 부러워하지만, 갯가재에게 세상이 어떻게 보일지는 상상조차 하지 못한다. 사실 갯가재는 각기 다른 방향으로 회전하며 자외선에서 적외선까지 넓은 스펙트럼의 파장에 반응하는 겹눈을 가지고 있다.

우리 인간에게 익숙한 감각은 놀랍도록 다양한 감각이라는 빙산의 일각에 지나지 않는다. 수면 아래에는 대부분의 인간이 가진 감각보다 훨씬 강력한 감각의 세계가 자리해 있다. 전기를 감지하는 동물은 전기장을 통해 자신이 살고 있는 세계에 대한 모든 정보를 얻는다. 그리고 그러한 전기장을 감지할 뿐만 아니라 스스로 만들어내는 동물도 있다. 우리 인간이 생각하는 세계와는 전혀 다른 이러한 전기장은 모든 것에 영향을 준다. 많은 동물들이 전기장을 이용해 자기만의 '지도'를 만들어 길을 찾아가며 먹이를 찾을뿐더러 서로 교신하기도 한다.

철새를 포함하여 많은 동물들이 방향 찾기와 이동에 지구 자기장을 이용한다는 것은 의심의 여지가 없는 사실이다. 비둘기를 대상으로 한 연구에 따르면, 비둘기는 지구 자기장의 공간적 유형에 관한 정보처리 본능을 이용해 '집으로 돌아온다' 고 밝혀졌다.

그러나 동물들의 전자기장 감각과 그것을 이용하는 다양한 방법에 대한 우리의 지식은 아직 시작 단계에 있다. 수년 동안 '전기어'를 대상으로 많은 연구가 있었지만 이와 같은 감각 체계가 어떻게 전기장의 작은 변화로부터 정보를 얻어내는 놀라운 기술을 발휘하는지 아직 정확히 알지 못한다. 그러나 첨단 과학 연구를 통해 속속 밝혀지는 이러한 동물들의 세계는 우리에게 경이로움으로 다가온다. 상어, 홍어, 가오리 등은 전자기장으로 먹이의 위치와 해류의 흐름에 관한 정보를 얻고 자신들의 나침반 방향계를 작동시킨다. 실험에서 띠가오리는 해류에서 발생하는 전기장과 비슷한 균일한 전기장을 형성해 방향을 찾는 것으로 나타났다. 그리고 전기어가 짝짓기할 상대를 찾거나 유혹하는 데 복잡한 형태의 방전을 이용한다는 사실도 확인되었다.[†]

물은 동물들이 전기를 이용하여 위치를 찾는 데 아주 적합하다. 전기가 공기 장벽을 통과하려면 전압이 매우 높아야 하지만 물, 특히 소금기 있는 바닷물은 전기전도성이 매우 좋다. 그래서 동물의 전기장 연구는 수중 동물이나 습지에 사는 동물들을 주로 대상으로 한다. 현재의 연구 장비들로도 전기적 신호를 쉽게 감지할 수 있기 때문이다.

어쨌든 인간을 비롯한 모든 살아 있는 생명체는 언제나 방대하고 생물학적으로 활발한 전자기장 속에 놓여 있다. 그러나 단지 일부 동

---

[†] 예를 들어 영국 셰필드대학교 필리네 포일너(Philine Feulner) 교수의 연구에 따르면, 코끼리고기(*Campylomormyrus compressirostris*)라는 전기어 암컷은 수컷들이 발산하는 서로 다른 전기적 신호를 바탕으로 유사 종이 아닌 같은 종의 수컷을 짝짓기 상대로 선택한다.


동물의 숨겨진 과학

물들만이 전자기장을 직접 이용해 자신들이 살고 있는 세계를 파악하고 만들어 간다. 미국의 일부 과학자들은 사람들로 하여금 정신을 집중시켜서 마비 또는 절단 환자의 의수족이나 컴퓨터 커서와 같은 기계 장치를 움직이게 하는 연구를 하고 있는데, 머지않은 장래에 인간은 마음으로 우주선을 조종할 수 있게 될지도 모른다. 새들은 이미 아무런 기계적 장비 또는 항법 장치 없이도 수천 킬로미터나 되는 먼 거리를 여행하고 있다. 또 바다의 동물들도 그렇게 한다. 이런 동물들은 전자기적 정보의 도움을 받아 이동 방향을 정하고, 머나먼 여행길에서 서로 소통하고 길을 찾는 데에도 이를 활용한다. 이렇게 뛰어난 능력이 어떻게 발현되는지 살펴보기에 앞서, 우리 주위에서 전기를 아주 잘 활용하는 동물들을 먼저 만나보자.

## – 전기장을 감지하는 동물들 –

전기적 신호를 감지하는 특이한 포유동물 두 종이 있다. 그중 하나는 털북숭이 비버와 비슷하게 생겼는데 파충류처럼 물갈퀴가 달린 발과 크고 납작한 부리가 있다(그래서 오리너구리라는 이름이 붙었다). 오리너구리는 어두워진 후 혼탁한 물에서 가재 등 비교적 여린 갑각류와 벌레나 곤충의 유충을 잡아먹는다. 오리너구리가 머리를 좌우로 휘두르면, 커다란 주둥이에 있는 4만 개가 넘는 전기수용기들이 먹이의 전기장 지도를 만들어 그 신호를 뇌에 전달한다. 전기에 반응하는 다른 한 포유류는 가시두더지이다. 가시두더지는 곤봉 모양의 발에 특이하게도 고슴도치처럼 몸 대부분이 가시로 덮여 있다. 뾰족한 주둥이는 길어졌다 짧아졌다 하면서 지렁이나 늪 또는 흙 속에 사는 다른 먹이를 찾을 때 쓰인다. 앞서도 언급했듯이, 긴코가시두더지는 축축한 열대 정글에서 살아가는데 코에 있는 약 2000개의 전기수용기가 먹이가 발산하는 전기신호를 감지한다. 좀 더 작은 짧은코가시두더지는 약간 더 마른 지역에 살고, 코끝에 비슷한 수용기가 400개 더 있다. 이들은 대개 비가 올 때까지 기다렸다가 먹이를 찾는다. 물론 전기를 이용하기 위해 그렇게 하는 것이다.

많은 동물들이 먹이나 짝짓기 상대를 찾기 위해 주위의 전기를 감지하며, 이때 전기수용기가 활성화된다. 이러한 전기수용기는 반고형 물질이 든 미세한 관이 피부의 구멍에서부터 연결된 구조를 하고 있다. 이를테면 상어 주둥이에 있는 검은 점은 '로렌치니기관'이라 부르는 감각기관이다. 이 이름은 1678년에 이것을 관찰하여 기술한 이탈리아 동물학자 스테파노 로렌치니Stefano Lorenzini의 이름에서 유래했다. 20세기 이전까지 과학자들은 이 기관이 어떤 역할을 하는지 알지 못했다. 상어는 다른 물고기가 근육을 살짝만 움직여도 이때 발생하는 전기장을 감지할 수 있는데, 로렌치니기관이 마치 전압계처럼 관의 위쪽 입구와 아래쪽에 위치한 감각세포에서 감지되는 전압의 차이를 읽어내기 때문이다.

　　많은 사람들이 전기를 내는 물고기로 알고 있는 것은 전기뱀장어뿐인데, 너무 가까이 가면 누구든 전기 공격을 당한다고 알고 있다. 그러나 전기뱀장어는 전기를 만들 수 있는 많은 물고기 가운데 하나일 뿐이다. 이렇게 물속에 살면서 전기를 만드는 '살아 있는 발전기'는 크게 두 가지 부류로 나뉜다. 바로 강한 전기어와 약한 전기어이다. 두 부류 모두 전기 전달은 시각 체계처럼 거의 순간적으로 일어나며 '잡음'의 영향을 거의 받지 않는다. 하지만 멀리까지 전달되지 않기 때문에 짧은 거리에서만 효과를 나타낸다. 소리 또는 화학물질을 이용한 통신처럼 전기신호 또한 주위의 사물을 통과할 수 있다.

　　두 부류의 물고기들 중에는 '펄스 물고기'라 부르는 종들이 있는데, 불규칙한 속도로(전기 펄스가 지속되는 시간보다 몇 배나 긴 간격을 두고) 얕은 전기를 반복적으로 발생시킨다. 또 다른 전기어는 펄스 사이의 간격이 짧고 규칙적이어서(펄스 시간과 같거나 거의 비슷하며, 알려진 다른 어떤 생체리듬보다 더 규칙적이다) '웨이브 물고기'로 알려져 있다. 스크립스해양연구소의 발터 하일리겐베르크Walter Heiligenberg의 연구에 따르면, 두 물고기가 같은 주파수의 전기를 발생시키면서 서로 접근하는 경우에 전기어는 자신의 전기 주파수를 바꿀 수 있다. 이렇게 주파수를 바꾸는 목적은 두 전기어가 보내는 신호가 서로 얽혀서 정보가 소실되는 것을 막기 위해서인데, 이를 전파얽힘회피반응Jamming Avoidance Response, JAR

이라 부른다.

전기어의 전기 발산과 감지는 여러 목적이 있다. 먹잇감과 포식자들이 방향을 잃고 혼란에 빠지게 하거나 모래 속에 묻혀 있는 먹이를 찾을 때, 반향 또는 지구 자기장이나 전기장을 이용해 위치를 확인할 때, 그리고 사회적 소통 행위(생식행위도 포함하여) 등에 이용되며, 날씨 상태나 하루 중의 시간대, 지진, 먼 거리의 빛 등을 감지하는 데도 쓰인다. 그리고 앞서 보았듯이, 다른 개체들의 신호로 자신의 신호가 교란되어 방해받지 않도록 시스템을 진화시킨 종들도 있다. 강한 전기를 발산하는 물고기들은 약한 전기어보다 훨씬 높은 전압의 전기를 생산한다. 전기뱀장어뿐만 아니라 전기메기, 전기가오리 등도 강력한 전기어이다. 전기어들은 발전세포 또는 발전판, 즉 변형된 근육 또는 신경세포들이 모두 편평한 판 모양으로 층을 이루며 쌓여 있는 구조를 이용해 전기를 생산한다. 바닷물고기는 이러한 세포들이 병렬 전지처럼 연결되어 있지만, 민물고기들은 직렬 전지처럼 연결되어 있다. 그래서 민물고기들이 더 높은 전압의 전기를 낼 수 있고, 또 민물이 짠물보다 전기전도성이 낮기 때문에 이런 구조가 필요하다. 축전지 내의 세포들은 각각 나트륨과 칼륨 양이온을 밖으로 배출하는 기전으로 약 0.15볼트의 전기를 생산할 수 있다. 전기뱀장어는 뱃속에 약 5000~6000개 정도의 발전판이 있는데, 600볼트에 달하는 강력한 전기 충격을 발산하여 먹잇감을 기절시킨다. [†]

전기뱀장어는 방향을 정하거나 먹잇감을 찾을 때는 전기 펄스의 전압을 10볼트 정도로 낮출 수도 있다. 이러한 전기 생산 능력을 가진 전기뱀장어는 민물에서만 발견되는데, 짠물에서는 자연적으로 짧은 전기회로에 부작용이 나타날 수도 있기 때문이다. 그와 같은 문제가 없는 전기가오리는 가슴지느러미 아래에 콩팥 모양의 특수 기관이 있는데, 여기에서 전기를 만들어 저장했다가 8~220볼트의 전압으로 발산하여 먹이를 감전시켜 죽이거나 포식자들을 기절시킨다. 아프리카의 민물에서 흔히 볼 수 있는 전기메기는 개별적인 발전판으로 이루어진 발전 장기에서 전기를 만들지 않고 피부에서 전기를 만들어낸다.

전기가오리는 먹잇감을 발견하면 그 앞이나 위로 헤엄쳐 가서 배를 먹이 쪽으로 향한 다음 낮은 주파수와 낮은 전압의 전기 펄스를 발산한다. 그러면 전류가 먹이의 몸을 통과하면서 신경과 근육을 흥분시켜 결국은 기절시키거나 꼼짝할 수 없게 만든다. 그런 다음 전기가오리는 먹이 위로 전기 펄스를 계속 발산하면서 내려와 먹이를 먹어치운다. 커다란 대서양 전기가오리가 발산하는 전기 충격은 220볼트에 달할 때도 있는데, 이것은 믹서나 탈수기 같은 가전기기를 작동시킬 만한 전압이다. 물론 단지 먹이를 기절시키는 것이 목적이므로 동물들이 그와 같은 전압을 계속 가지고 있는 것은 아니다. 즉 몸속에 전기 충격기를 지니고 다니는 것과 비슷하다. 좀 더 약한 전기가오리(*Narcine brasiliensis*)처

† 전문적으로 분류하면, 전기뱀장어는 뱀장어가 아니라 뒷날개고기의 한 유형이다.

럼 작은 가오리들은 37볼트 정도의 전기 쇼크만 줄 수 있기 때문에 먹잇감의 크기도 비교적 작다.

코끼리주둥이고기(*Gnathonemus petersii*) 같은 약한 전기어들은 자신들의 전기 생산 능력을 길 찾기나 먹이 찾기 또는 의사소통에 이용한다. 이들은 전기뱀장어에 있는 발전판이 없는 대신에 비교적 약한 전기장을 생산하는 전기 세포로 이뤄진 발전 장기를 가지고 있다. 코끼리주둥이고기 등이 이용하는 이와 같은 유형의 능동적인 전기적 항법 체계는 1볼트 이하의 전기장에서 나타나는 아주 작은 변조도 감지해내는 능력에 달려 있다. 능동적 전기 수용 장치에서 뇌가 어떻게 감각 정보를 추출하는지에 대해서는 아직 정확히 알지 못한다. 하지만 피부의 센서(전기수용기라 불린다)가 세포막 위를 흐르는 전압의 변화 속도를 민감하게 감지해내는 것은 분명하다. 이와 대조적으로, 상어와 가오리, 대부분의 메기들은 수동적 전기 감지 체계를 이용하는데, 다른 동물들이 생산하여 발산하는 약한 생체전기장을 감지한다. 상어는 전기에 가장 민감한 동물로 알려져 있다. 상어는 1센티미터당 5나노볼트 정도로 낮은 직류 전기장에도 반응하며, 이러한 능력을 이용해 모래 속에 숨어 있는 작은 물고기들을 찾아낸다.

때때로 코끼리주둥이고기는 교묘한 방법으로 '전파 방해' 행동을 한다. 이를테면 음악 연주회에서 남들과 어울려 노래하거나 음악을 즐기는 대신에, 한 사람이 자꾸 앞서 나가 엉망으로 만들어버리는 것과 비슷하다. 이와 마찬가지로 다른 물고기가 발산하는 전기신호를 방해

하는데, 때때로 원하는 짝짓기 상대나 먹이를 얻기 위해 전파 방해를
한다. 중남미의 강이나 호수에 서식하는 유령뒷날개고기ghost knifefish라
는 물고기도 다른 물고기들이 내는 주파수를 방해하는 것으로 알려져
있다. 다른 물고기들은 변형된 근육조직에서 전기를 만드는 발전 장기
가 나왔지만 중남미 뒷날개고기 성체의 발전 장기는 척수 신경세포 축
삭돌기가 변형된 것이다. 이러한 변형은 성체 시기에만 일어난다. 배
아기 때는 근육에서 비롯된 발전 장기에 의존하는데, 그렇기 때문에
이것이 좀 더 원시적인 장기로 생각된다.

뒷날개고기류 중에서 가장 강력한 성체 수컷은 1초당 최고 900회
에 달하는 속도로 전기 펄스를 발산하여 자신의 존재를 알린다. 나머지
다른 수컷들은 낮은 주파수로 전기 펄스를 발산하며 다른 물고기들의
주파수를 방해하지 않도록 조심한다. 그러나 경쟁자 수컷이 기존의 지
배자 수컷에게 도전장을 던질 때는 신호를 방해하기 위해 900헤르츠
에 달하는 주파수로 전기 펄스를 발산한다. 그러면 지배자 수컷은 최고
1000헤르츠로 전기를 발산하며 맞받아친다. 그럼에도 경쟁자 수컷이
도전과 전파 방해를 계속하면 두 물고기가 몸으로 부딪쳐 싸우는데, 밤
새도록 서로 물고 늘어질 때도 있다. 그러므로 전파 방해자는 조심해야
한다.

## - 자기장 -

전기 펄스와 전파가 국지적 환경에서 길을 찾는 데 이용될 수 있지만, 훨씬 먼 장거리 여행에서는 지구 자기장을 이용해 방향을 정하는 능력이 실제로 더 중요하다.  자기장은 전기장과 달리 지구 전체에 걸쳐 존재하는 매우 강력한 힘이다.  지구 자기장은 지구의 지리적 양극점 부근에 위치한 지자기극에서 기인한다.  철 성분으로 이루어진 액상 구조의 지구외핵이 지구의 자전에 따라 움직이면서 형성되는 것으로 생각되지만,  아직 학설이 명쾌하게 밝혀지지는 않았다.  자기장은 일시적 또는 지역적으로 소규모의 변동이 생기기도 하고 수천 년 이후에는 자기 극성이 완전히 뒤바뀌는데도 불구하고 비교적 안정한 것으로 간주된다.

철새들은 험난한 기후 환경에서 벗어나 먹이를 찾고 생존하기 위해 이러한 자기장을 이정표로 활용하여 매년 수백 수천 킬로미터를 날아간다.  분홍발기러기는 매년 겨울이면 아이슬란드에서 좀 더 따뜻한 기후의 영국까지 바다를 건너 날아간다.  큰뒷부리도요는 좀 더 극적인데, 매년 알래스카에서 뉴질랜드까지 믿을 수 없는 장거리 여행을 한다.  그 거리는 1만1680킬로미터에 달하며, 모든 새들 중에서 가장 먼 거리를 쉬지 않고 비행한다.  그 밖에도 경이로운 여행을 하는 새들이 많이 있다.[†]

이러한 방식으로 아주 먼 거리를 이동하는 동물은 새들만이 아니다. 왕나비 같은 곤충과 물고기, 거북, 바다의 포유류들도 놀랄 만큼 정밀한 여정으로 장거리를 여행한다. 많은 동물들이 지구 자기장을 감지하여 이를 길찾기나 여러 가지 다른 목적으로 활용한다. 이를테면 암소들이 항상 남북을 향한 자세로 서 있거나 흰개미들이 쌓아 올린 거대한 흙더미가 남북으로 줄지은 신비로운 이유가 여기에 있다. 바늘귀보다 작은 뇌를 가진 가냘픈 왕나비에게도 자기만의 나침반과 시계가 있다. 이동하는 동물들 일부는 나침반처럼 남북 방향을 판단하는 것 말고도, 지구 자기장의 강도가 지리적으로 차이가 나는 현상을 항법 지침으로 이용한다. 심지어 새들은 이런 자기장을 볼 수 있는 것으로 생각된다.

우리 인간들은 도구를 이용해서 좀 더 많은 것을 보기 시작했다. 그리고 2003년부터 여러 나라의 학자들이 공동으로 지구 자기장 지도를 개발하는 연구를 진행 중이다. 지구 자기장은 균일하지 않고 불규칙한 부분이 매우 많다. 이를테면 버뮤다 삼각지대의 꽤 넓은 지역이 이와 같은 곳으로 지금까지 많은 선박과 비행기들이 이곳에서 실종되었다.

이러한 자기장을 감지하여 방향을 정하는 동물의 예로 집비둘기와 일부 거북들이 집중적으로 연구되었다. 붉은바다거북과 푸른바다거북

† 새들의 집단 이동이 주는 순전한 감동과 위험성을 자크 페랭 감독의 참으로 아름다운 영화 〈아름다운 비상Winged Migration〉(2001)에서 여실히 느낄 수 있다.

이 가장 많이 연구된 종일 것이다. 바다거북들은 매년 같은 자리에서 알을 낳고 수천 킬로미터 이상 떨어진 곳으로 먹이를 구하러 간다. 유전자검사에서도 적어도 성체가 된 일정수의 바다거북들이 대양을 횡단해 태어난 곳으로 돌아가 알을 낳는다는 사실이 확인되었다. 거북들은 어떻게 이런 여행을 할까? 갓 부화되어 경험이 없는 새끼들에게는 얕은 바다의 파도가 좋은 안내자 역할을 한다. 파도가 없는 깊은 바다에서는 이러한 안내자가 사라지지만 바다거북은 가야 할 방향을 계속해서 유지한다. 실험 결과, 바다거북들은 이동 경로를 따라 달라지는 자기장의 강도를 구분하는 것으로 확인되었다. 이러한 능력은 자기장 지도를 이용하는 데 꼭 필요하다. 박쥐들은 밤에 날지만 방향을 잡기 위해 태양을(또는 적어도 태양이 남긴 열기를) 이용한다. 2010년 독일 막스플랑크연구소의 학자들은 박쥐들이 짧은 거리를 날아갈 때는 전자파 반사를 이용하지만 장거리 여행에서는 지구 자기장에 따라 방향을 잡고, 또 태양빛을 이용해 이러한 나침반을 보정한다는 사실을 확인했다.

좀 더 복잡한 생물체에서 자기장을 감지하는 감각 체계를 찾는 연구는 더디 발전할 수밖에 없는데, 직접 실험하여 신뢰할 만한 데이터를 얻기가 어렵기 때문이다. 그러나 현재 자기 감지 현상은 의심의 여지가 없으며, 여러 무척추동물(연체동물, 환형동물, 절지동물)과 척추동물도 이러한 능력을 지닌 것으로 알려져 있다. 인간도 여기에 포함된다. 예쁜이갯민숭이라 불리는 일종의 바다민달팽이는 자기장을 이용해 방향을 찾는 것으로 알려져 있다. 노스캐롤라이나대학교의 케네스로만Kenneth Lohmann은 PE5라는 신경세포에서 작은 전기적 자극을 확인했는데, 학자들이 자기장을 20도, 60도, 90도로 회전시킬 때마다 자극 발생 빈도가 연속해서 증가했다. 이것은 자기 신호가 신경계 내에서 전기적 신호로 변환되는 분명한 증거로 볼 수 있었다. 즉, 신경계 내에서 이용 가능한 정보로 바뀌어 이것에 따라 행동을 취할 수 있다는 의미다. 하지만 그 감지기가 어디에 있고 정확히 어떻게 작동하는지에 대해서는 아직 알지 못한다.

동물들이 어떻게 자기장을 인식하는지 정확히 알지는 못하지만, 지구 자기장에 맞춰 방향을 잡기 위해 최소한 세 가지 방법을 동원하는 것으로 여겨진다. 그리고 대부분의 학자들은 동물들이 각기 한 가지 이상의 방법을 이용한다고 생각한다.

다들 어렸을 적에 작은 쇳가루와 자석을 가지고 놀아본 경험이 있을 것이다. 쇳가루는 항상 자석을 향해 배열하는데, 학자들은 동물들이 이와 비슷한 방법으로 자기장에 반응할 것으로 생각한다. 한 가지 가설은 쇳가루와 비슷한 어떤 것이 동물의 몸속에 있다는 것이다. 자기를 띤 산화철인 자철광 결정들이 비둘기 부리 둘레, 송어의 머릿속, 꿀벌의 뱃속을 비롯하여 많은 동물들에서 발견되었다. 이러한 페리자성磁性 금속 덩어리들은 지구 자기장의 강도에 영향을 받는 것으로 보인다. 이것은 가장 간단한 형태의 체내 나침반이라 할 수 있는데, 자기장에 반응하는 박테리아에서도 발견된다. 이러한 박테리아는 자철광이 사슬처럼 배열된 작은 입자를 가지고 있으며, 지구 자기장에 따라 줄지어 늘어선 형태로 북반구를 향해 전진해 간다. 그러나 북반구에서 발견되는 박테리아들은 극성이 역전되어 남쪽 방향을 향해 움직인다.

동물들의 체내 자철광에 대한 연구가 어려운 이유는 대부분의 동물들은 신체 조직에 철이 광범하게 분포하기 때문이다. 인간도 마찬가지다. 사실 철은 우리의 신체 장기에서 가장 흔히 발견되는 금속이다. 그리고 혈색소침착증(철분이 분해되어 체내에 적절히 흡수되지 못하는 질병)이나 파킨슨씨병 같은 퇴행성 변화와 혈액응고 등이 있을 때도 철이 축적된다.

동물들이 자기장을 감지하는 방법으로 과학자들이 생각하는 두 번째 가설은 '라디칼 쌍 모형'이다. 이 모형에는 쌍을 이루지 않은 두 전자 사이의 스핀 관계를 변화시키는, 원자보다 작은 차원에서 일어나는 양자역학 원리와 특정 화학반응이 관계된다.[†] 과학자들은 광여기 photoexcitation, 즉 빛에 대한 에너지 반응이 그러한 반응을 촉발하는 것으로 생각해 빛을 받아들이는 단백질 크립토크롬 연구에 관심이 많다. 크립토크롬은 철새의 오른쪽 눈에서 발견된다. 빛이 크립토크롬 층을 지나갈 때 여러 가지 변화가 일어나는데, 이 반응을 '광펌핑optical pumping' 이라 부른다. 그 결과 안정성을 잃고 더욱 빨리 진동하는 들뜬상태의 고립된 분자들이 만들어진다. 이러한 라디칼 분자 쌍은 함께 움직이며

---

[†] 전자스핀은 양자역학에서 빌려온 개념으로 전자의 이론적 위치를 말한다. 선뜻 이해가 되지 않더라도 실망하지 말자. 사실 양자물리학의 여러 측면들은 이를 전공하는 학자들도 헷갈려한다.


동물의 숨겨진 과학

각각 쌍을 이루지 않은 들뜬상태의 전자를 갖게 된다.[†] 이와 같은 화학 반응은 빛을 이루는 한 개의 광자로도 촉발될 수 있으며, 이때 만들어진 고립 전자들은 자기장 회전, 즉 '자기 모멘트'를 가진다. 이러한 모멘트는 바닥상태로 바뀌기 전에 비교적 약한 자기장에서도 다양한 방법으로 상호작용할 수 있다. 지구 자기장의 방향은 회전 상태를 변화시키고, 이것은 새의 몸속에 있는 자기장 감지 체계에 의해 항법 정보로 전환된다. 이런 방법으로 새들은 자기장 방향을 비교적 쉽게 알아차린다. 또 그래서 유럽울새 같은 철새들이 황혼녘에 해가 지는 방향으로 날아가는 신비로운 광경을 볼 수 있는 것이다.

두 가지 신경구조체(부시계accessory optic system와 눈신경)에서 온 전기생리학적 정보가 이 과정에 관여하는 것으로 보인다. 부시계와 눈신경에서는 빛이 있을 때 자기장에 의해 촉발되는 방향 특이적 전기신호의 존재가 확인되었다. 최근 헨리크 마우리트젠Henrik Mouritsen의 연구와 어린 힐Erin Hill과 토스텐 리츠Thorsten Ritz의 연구 결과는 라디칼 쌍 모형의 이론적 근거를 더욱 뒷받침해주었다. 아마도 새의 항법 장치에는 철새의 부리에 있는 자철광이 지구 자기장의 강도를 감지하고 자기장의 북극을 확인하는 능력과 오른쪽 눈 속의 크립토크롬이 새의 비행

[†] 양자역학의 원리가 지배하는 세계인 원자 내부에서, 화학적으로 결합하지 않고 쌍을 이루지 않은 두 개의 전자다. 이런 유형의 개별적 전자들은 매우 불안정하여 다른 각도와 강도에서 쉽게 반응한다. 이를 '들뜬상태'라고 한다.

방향을 감지하는 능력 두 가지 모두가 작용하는 듯하다.

세 번째 가설은 전기유도 현상을 바탕으로 하는데, 이러한 현상은 소금물 상태에서 가장 잘 일어난다. 이 가설에 따르면, 물고기가 항상 지구 자기장 속을 헤엄쳐 다님으로써 이 결과로 전기장이 형성된다.[†] 물고기가 자기장 속에서 앞으로 나아가는 움직임에 따라 전기장이 만들어진다. 이러한 전기장(또는 전압의 변화)은 전기수용기 내에 전하의 흐름을 만들어내고, 애초에 전기장을 감지하도록 고안된 전기수용기가 전압계처럼 작용한다. 물고기가 빨리 헤엄칠수록 전기장의 강도가 커지며, 물고기가 진행하는 방향에 따라서도 달라진다. 물고기가 남북 방향으로 헤엄칠 때보다는 동서 방향으로 갈 때 가장 센 전기신호가 만들어진다. 이 방향으로 갈 때 지구의 자기장선을 가장 많이 가르며 진행하기 때문이다. 세 가지 모두 타당한 가설이라 할 수 있다.

학자들은 오래전부터 지구상에 존재하는 생명의 기원과 진화에 대해 탐구해왔다. 번개가 칠 때 발산되는 전기에 의해 여러 화학물질들이 생겨나고 이로부터 생명이 시작되었으며 이것이 점점 더 새롭고 복

---

[†] 이것은 패러데이의 유도 법칙을 따른다. 즉, 자속(자기력선속)의 변화는 경계 부위에 전기장을 발생시킨다. 패러데이는 간단히 자기장의 변화가 전류를 만들어낸다고 생각했는데, 자기장 그 자체만으로는 충분하지 않다.

잡한 분자들로 진화하여 마침내 자기를 복제하는 신비한 과정을 터득하게 되었다는 것이 일반적인 견해다. 그러나 이제 이러한 추론을 멈추고 다른 방향으로 생각해볼 필요가 있다. 우리가 '생명'이라 부르는 화학적 현상은 원자와 원자 내부 차원에서 일어나는 일에 매우 민감하다. 이러한 차원에서는 전기장과 자기장이 우리 몸의 분자에 보이지 않는, 그리고 예측할 수 없는 영향을 미친다. 박테리아처럼 간단한 생명체들은 이와 같은 조건 아래 진화하면서 어디에나 존재하는 자기장을 자신을 위해 이용하는 방법을 발달시켰다. 모든 생명체가 전자기장이 존재하는 세계에서 진화했기 때문에, 많은 동물들이 다양한 방법으로 전기력과 자기력을 이용한다는 사실이 그리 놀랍지는 않다. 그러나 우리는 최근에 와서야 여러 동물들이 이러한 자연적 전자기장을 이용하며, 일부 동물들은 스스로 고유한 전자기장을 만들어 이를 항법 장치나 다른 개체들과의 의사소통 등에 이용한다는 것을 알게 되었다.

# 진동에 감사하다

자연이 하는 일에는 쓸모없는 것이 없다.
−아리스토텔레스, 《정치학》(기원전 350년)

푹푹 찌는 여름밤, 모기 한 마리가 다음 식사를 위해 어느 쪽으로 날아갈지 가늠하다 공기 중에서 위험한 진동을 느낀다. 적이 가까이 있다! 모기는 곧바로 10미터 아래로 날아 내려갔다. 5미터 정도 떨어진 곳에서는 콧수염박쥐가 먹잇감을 노리며 강력한 초음파를 발산하고 있었다. 박쥐는 재빠른 모기를 놓치고 만 것이다.

모기가 이와 같이 위험을 미리 알고 피할 수 있는 것은 공기 중의 미세한 진동을 감지하는 능력 덕분이다. 이것은 모기에만 국한된 능력이 아니다. 모든 동물들은 소통을 위한 방법 가운데 하나로 기계적 진동을 이용하며, 수많은 생명체들이 진동 형태로 내보내는 갖가지 성명들이 도처에 존재한다. 이러한 진동이 정말로 놀라운 것은 대부분 단순한 본능적 반응 이상이라는 것이다. 즉 진동에는 의미가 담겨 있다. 동물의 왕국 전체에 걸쳐 수만 가지 진동이 인터넷망처럼 정보를 전달해주고 있다. 인간은 대부분 이와 같은 진동 메시지에 무감각하지만, 동물의 세계에서 배우는 진동 관련 지식을 토대로 모든 분야에서 인간을 위한 기술을 개발해왔다. 그리고 이러한 노력은 지금도 계속되고 있다.

물리학자인 오비두 리판Ovidu Lipan은 《사이언스》에 이렇게 썼다. "우리는 진동의 바다에 살고 있다. 우리의 감각을 통해 이러한 진동을 감지하고 그 속에 묻혀 있는 정보를 해독하여 우리 주위에 대한 인식을 형성한다." 이 장에서는 동물의 왕국에서 흘러넘치는 진동에 관한 최신 지식들을 살펴볼 것이다. 이러한 진동 정보를 생존을 위해 이용하는 동물들의 능력에 우리는 놀라지 않을 수 없다. 이를테면 수많은 개체들이 무리를 이루어 살아가는 개미나 꿀벌에 대한 관찰 연구에서는 진동 커뮤니케이션을 통해 조직이 이루어지는 것이 확인되었다. 동물의 세계에서 곤충들만이 진동을 효과적으로 이용하는 것은 아니다. 훨씬 더 큰 동물들도 진동을 이용한다. 한 예로 코끼리는 아주 먼 거리에서도 서로 진동을 통해 의사소통하며, 훨씬 더 큰 고래들은 파도 아래 고요의 세계를 거대한 소리의 바다로 바꿔놓는다.

최첨단 과학기술을 통해 동물의 세계에서 인간이 거의 인식하지 못하는 여러 가지 진동들이 확인되었다. 그 결과 우리는 땅속과 밤의 세계를 탐구할 수 있게 되었다. 다양한 진동을 해석할 수 있다면 보지 못하는 것이 더 이상 문제가 되지 않는다. 그러나 그보다 먼저, 진동의 의미를 가장 극단적으로 활용한 예로 거미줄과 작은 거미들에 대해 알아보자.

## – 땅 밑에서 전해지는 진동 –

거미는 대부분 다리에 털이 많다. '타란툴라'라는 독거미는 이런 모습이 명확히 드러나지만, 아주 작은 거미들은 털이 있는 사실을 육안으로는 거의 확인할 수가 없다. 거미의 털 한 가닥이 진동을 감지하면, 이 털은 신경세포와 직접 연결되어 있어서 곧바로 뇌로 진동과 관련한 소식이 전해진다. 이것은 거미줄 한가운데 있는 거미가 자기 집 테두리 내에서 무슨 일이 일어나는지 정확히 알 수 있을 만큼 매우 정교한 촉각이다.

암컷 무당거미는 거미줄에서 전달되는 섬세한 진동으로 바라던 구혼자가 도착했음을 안다. 무당거미 암컷은 거미줄을 살짝 흔들어 그 흔들림의 유형으로 수컷에게 관심을 표현한다. 소금쟁이 수컷은 수면을 두드릴 때 발생하는 진동으로 짝짓기 상대를 유혹한다. 그리고 일부 꿀벌을 비롯한 어떤 곤충들은 다리에 있는 감각기관으로 주변의 진동을 감지한다. 이것으로 짝짓기 상대를 관찰하기도 하고, 다른 꿀벌들이 좋은 꽃이 있는 곳을 알려주기 위해 추는 춤에서 진동 신호를 감지한다. 이와 동시에 꿀벌들이 윙윙대면 사탕무 잎을 먹던 멸강나방 armyworm 유충들은(날 수 있는 녀석들이다) 위험한 소리를 듣고 잎에서 떨어져 나가거나 최소한 갉아먹기를 멈춘다. 다른 유충들처럼 사탕무 멸강나방 유충도 공기 중의 진동을 민감하게 감지하는 털을 가지고 있는데, 특히 먹이를 노리는 말벌들을 경계한다. 사실 말벌은 좋은 꽃을 찾고 있을 뿐이라 위험하지 않다는 것을 알지 못하는 것이다.

노린재(Palomena prasina)는 진동의 대가라 할 수 있다. 이들은 에티오피아가 원산지로 생각되지만 현재는 세계 어디에서나 볼 수 있는데, 단지 진동만으로 정밀하고도 복잡하며 (이 벌레들에게는) 의미 있는 행동을 한다. 서로 진동으로 소식을 보내는 데 매우 능숙하여 짝짓기할 때도 진동을 이용한다.

먼저 수컷이 근처에서 날고 있는 암컷들에게 페로몬 향기를 날려 보낸다. 암컷은 호기심이 동하지만 수컷이 정확히 어디에 있는지는 알지 못한다. 암컷은 잎에 내려앉아 정교한 형태의 진동을 만들어 강력하고도 정확한 메시지로 보낸다. 처음에 펄스를 한 번 발사하고, 이어서 좁은 파장 범위로 강력하게 동시다발적으로 발사한 다음 5초간 멈춘다. 그리고 같은 형태를 되풀이한다. 진동은 잎을 타고 전달되어 줄기를 따라 뿌리까지 내려간 다음 다른 식물에 도달한다. 전달 속도는 초당 30미터에서 100미터 정도다. 수컷은 발을 이용해 진동을 느끼고 식물의 줄기 사이에 다리를 벌리고 서서 메시지가 온 방향을 가늠한다. 수컷은 펄스를 다섯 차례 보내어 화답함으로써 암컷으로 하여금 서로를 발견할 때까지 계속 신호를 보내도록 한다. 만약 전혀 관심이 없는 암컷이 약한 진동을 보내면, 수컷은 포기하고 다른 곳으로 이동한다. 흥! 다른 암컷들도 많은데 뭐.

노린재가 '곤충 크기'의 진동 펄스를 잎과 줄기를 통해 보내는 동안, 청개구리는 붉은색 눈을 반짝거리며 나무를 힘껏 흔들어댄다. 짝짓기할 때면 수컷 청개구리는 다른 수컷들과 서로 격렬히 경쟁한다. 경쟁에서 청개구리 수컷은 음향 진동으로 다른 수컷들에게 멀리 떨어져 있으라고 경고한다. 개구리는 뒷다리를 1초에 약 12번 정도 움츠렸다 펴는 방식으로 진동을 만들고 나무를 통해 전달하여 자기 영역을 정한다. 또 다른 수컷이 자기만의 정밀한 진동 메시지로 반응하거나 경쟁자에게 다가와 싸움을 벌인다. 결국 약한 개구리가 도망칠 때까지. 스미소니언 열대연구소의 마이클 캘드웰Michael Caldwell이 이끄는 연구진은 척추동물도 식물을 통해 진동 신호를 보내고 서로 소통하는 것을 확인하였다.

## - 땅 위에서의 진동 -

여러 다른 동물들이 이용하는 진동에 대해 관심을 기울이면, 복잡한 소통이 끊임없이 이루어지는 광대한 세계가 눈앞에 펼쳐진다.

저자 가운데 하나인 캐런이 어렸을 적 아직 전축을 이용하던 시절에 캐런의 아버지는 진동과 관련된 여러 가지 기초 물리학 실험을 보여주었다. 그들은 깎지 않은 연필 끝 지우개에 핀을 끼운 다음 축음기에 78회전 레코드판을 올려놓고 돌리기 시작했다. 반대편 연필 끝을 이 사이에 물고 핀 끝을 돌아가는 레코드판 홈 사이에 조심스럽게 대자 레코드판에서 재생되는 음악이 '들려왔다'. 핀이 레코드판에 닿을 때의 진동이 직접 이로 전해졌고, 이것이 턱뼈를 거쳐 귓속뼈로 전달되어 매우 깨끗한 음악을 들을 수 있었다. 이것이 '뼈전도'라 부르는 인체 내의 소리 전달 과정이다.

동물의 왕국에는 서로 연락하기 위해 일종의 기질로 신호를 전달하는 종들이 많이 있다(공기를 통해서가 아니라 땅이나 물 또는 뼈와 같이 물질성 기질을 통해 진동이 전달된다). 곤충부터 포유류까지 모든 동물을 대상으로 연구가 진행되었다. 동물들이 진동 신호를 보내는 방법은 매우 다양한데, 이러한 신호를 감지하기 위해 여러 유형의 감각기관들이 이용된다. 이를테면 코끼리는 지진파 신호(땅의 진동 신호)를 진동에 매우 민감한 몸통과 발을 통해 감지한다. 코끼리 수컷은 10킬로미터나 떨어진 곳에서 암컷이 보내는 아주 약한 지진파 울림까지 감지할 수 있다. 지진파 진동은 코끼리 앞다리를 타고 올라가 뼈를 통해 속귀의 특정한 뼈까지 전달된다.

물론 코끼리는 덩치가 무척 커서 다른 동물들에 비해 유리한 면이 있다. 덩치가 크니 당연히 먼 거리까지 전달될 만큼 강한 진동을 만들 수 있는 것이다. 작은 동물들의 경우는 특히 땅속에 사는 동물들이 지진파 진동을 가장 효과적으로 이용한다.

땅속에는 빛이 들어오지 않기 때문에 주위 환경을 탐색하는 목적의 눈은 쓸모가 없다. 그래서 장님쥐(또는 장님두더지쥐)들은 주위를 탐색하기 위해 자신들이 다니는 땅속 통로에 앉아 턱을 땅에 붙인 채 다른 장님쥐가 전하는 메시지를 듣는다. 장님쥐들은 말 그대로 고립된 굴속에서 벽에 머리를 부딪쳐 진동을 만들어낸다.

장님쥐는 같은 지진파를 이용하는 같은 종끼리의 의사소통을 연구할 때 좋은 본보기이다. 전 생애를 땅속에서 보내기 때문이다. 땅속에서 살아가는 설치류, 특히 장님이고 거의 대부분의 생애를 땅 밑에서 보내는 동물들은 그들이 장거리 소통에 매우 효과적인 지진파 진동을 만들어내므로 연구 대상으로 매우 특별하다.

장님쥐는 공기로 전달되는 소리를 듣는 능력이 떨어진다. 퇴화한 눈은 피부와 털로 덮여 있어 빛에 미약하게 반응하지만 기본적으로는 장님이나 마찬가지다. 하지만 자신이 뚫어놓은 굴속에서 혼자 편안하게 살아가며, 자기 몸에 딱 맞는 크기로 구멍을 만든 굴속에서 생애 대부분을 보낸다. 새끼일 때와 짝짓기할 때 그리고 자기 새끼를 기르는 시기에만 다른 장님쥐들과 함께 생활한다. 장님쥐는 어쩌다가 부러 또는 우연히 다른 굴에 들어갔다가 다른 장님쥐를 만나기도 한다. 우연한 방문이라면 대부분 격한 싸움으로 이어지는데, 둘 중 하나 또는 둘 다 죽음을 맞이해야 싸움이 끝나기도 한다. 그래서 되도록 원치 않는 만남은 피하고 암컷과 수컷이 만나서 짝짓기를 하기 위해 이웃한 굴들 사이에 정교한 지진파 신호 체계가 만들어진다.

　　과학자들은 이러한 의사소통 체계를 연구하기 위해 장님쥐들이 은
거하는 둔덕 근처에 '수진기'를 심어놓는다. 수진기가 지진파 발생을
감지하면 과학자들은 이를 토대로 각각의 장님쥐와 그 장님쥐가 만든
굴을 구분해낼 수 있다. 사람마다 뇌파의 유형이 모두 다르듯이, 장님
쥐들에게도 각자 고유한 지진파 진동 신호가 있다

　　장님쥐의 일생은 땅속 방에서 어미와 다른 형제들과 함께 시작되는
데, 그들 사이의 소통은 대부분 공기 중으로 전달되는 소리를 통한다.
그리고 생후 6주가 되면 어린 새끼가 굴을 뚫기 시작하는데 자기만의
첫 굴은 어미의 굴을 확장하여 만든다. 이때는 기존의 굴과 새로 뚫린
굴 사이가 연결되어 있어, 어미와 새끼들 사이에 소리를 통한 지속적
인 소통이 가능하다. 이러한 상태는 4주간 계속되며, 그동안 어린것
들은 지진파 진동 신호 사용법을 배우고 실습해본다. 그리고 약 12주
가 되면 어린 장님쥐가 자기 쪽에서 어미의 굴과 연결된 통로를 막고
모험을 시작한다. 자기만의 굴을 뚫고 일생의 대부분을 보내게 될 터
널 망을 구축하는 것이다. 이제 소통은 지진파를 통해서만 가능하다.
그리고 이렇게 혼자 고립된 장님쥐들 사이에 아주 많은 '대화'가 오고
간다(머리로 두드리고 턱으로 듣는다). 학자들은 서로 거의 15미터나 떨
어진 곳에 있는 장님쥐들 사이에 오간 진동성 '대화'를 듣기도 했다.
이와 같이 땅의 진동을 매우 세심하게 인식하는 능력은 동물들이 지진
에 매우 민감하게 대응한다는 사실과도 잘 연결된다.

　　이러한 '장님쥐 전화'의 원리는 무엇일까? 장님쥐 한 마리가 정수

리를 굴 천장에 부딪쳐 진동을 만들어내고 발신자가 된다. 수신자 장님쥐는 작은 뺨과 아래턱을 굴 벽에 대고 진동성 메시지를 받아들인다. 학자들은 이러한 과정에 두 가지 감각계가 관계된 것으로 보고 있다. 일부 학자들은 기계수용기(기계적 자극에 반응하는 감각 수용기)를 통해 감각신경계(뇌의 특수 부위)로 전달되는 형태로 일종의 '수신 장치'가 있을 것으로 생각한다. 그러나 가장 유력한 것은 뼈전도를 통해 메시지를 수신하는 청각 체계가 관련이 있다는 것으로, 일부 학자들은 이 체계만이 진동 수신에 관계한다고 주장한다. 이것은 캐런이 연필을 '이로 물고' 음악을 들었던 것과 비슷한 방법으로 턱뼈를 통해 속귀로 메시지가 전달된다.

아프리카 남단 희망봉 근처에 서식하는 희망봉두더지쥐Cape mole rat 는 머리로 굴 천장을 울리는 방법을 이용하지 않는다. 코끼리처럼 그리고 땅 위에서 살아가는 다른 설치류들과 마찬가지로 희망봉두더지쥐는 발로 굴 바닥을 힘차게 굴러서 진동을 만들어 보내고 메시지도 발로 감지한다. 이 녀석들은 짝짓기할 때면 각각 특정한 박자로 바닥을 두드려 암수 신호를 보낸다. '어울리는' 암컷과 수컷이 서로 위치를 확인하면 동시에 바닥을 굴러 교감한다. 희망봉두더지쥐가 짝짓기 상대를 찾기 위해 두드리는 소리에 지렁이 같은 근처의 먹잇감들이 경계 태세를 취하기도 하는데, 이것은 분명 진동 감각 체계가 가지는 단점이라 할 수 있다.

땅 밑의 지진과 진동을 감지하는 다른 동물들처럼 모든 종류의 두더지쥐들이 땅의 흔들림을 매우 잘 인식한다. 특히 지진 발생의 전조가 되는 레일리파와 러브파 등 표면 지진파에 민감하다(제5장에 잘 설명되어 있다). 이러한 동물들은 진동을 이용해 서로 소통할 뿐만 아니라 주위에서 발생하는 자연적 진동에 어울려 함께 진동하는 공명 현상도 일으킨다.

## – 공명과 동시화 –

1898년 괴짜 과학자이자 발명가인 니콜라 테슬라Nikola Tesla는 뉴욕 맨해튼에 지진을 발생시켰다. 작은 전기적 진동 발생 장치인 발진기를 시험하던 중에 벌어진 일이었다. 천진하게도 테슬라는 건물 중심부를 지나 지하실 바닥까지 이어지는 철제 기둥에 발진기를 부착했다. 그가 일정한 진동수로 기계를 켜자 방 안의 특정 물체들이 흔들리기 시작했다. 진동수를 변화시키자 다른 편에 있는 물체들이 움직이기 시작했다. 그러나 테슬라는 철제 기둥에 부착된 작은 발진기가 건물 아래 땅까지 이어져 있고, 그가 발생시킨 진동이 맨해튼 전체로 전달되고 있는 것은 생각조차 못했다. 그런데 실제로 지진이 일어나 그가 있는 지역이 흔들렸다. 건물 밖에서 사람들이 당황했고, 경찰서에서는 예의 그 괴짜 발명가를 조사하기 위해 경찰관 두 명을 급파했다. 테슬라는 "건물 주위가 흔들린다는 것은 몰랐지만 바닥과 벽에서 불길한 진동을 감지했다. 그러고는 재빨리 작동을 멈추고 쇠망치를 들어 자신의 작은 발진기를 한 방에 부숴버렸다. 경찰관 두 명이 방으로 뛰어 들어온 것은 바로 그 순간이었다……."

이것은 물리학에서 '공명'으로 알려진 현상의 한 사례다. 특정 진동수가 다른 물체를 움직이게 하거나 두 물체의 움직임이 동일한 진동수로 고정되어 분자와 원자들이 일제히 움직이는 현상이 공명이다. 일정한 회로의 전자들이 공명하며 진동하게 된다. 더 극적인 예를 들자면, 오페라 가수가 큰 소리로 고음을 노래할 때 샴페인 잔을 마주치면 공기 중의 공명으로 샴페인 잔이 깨지는 경우도 있다.

진동은 공명한다. 학교에서 소리굽쇠를 이용해 공명 현상을 실험해본 적이 있을 것이다. 비슷한 소리굽쇠 두 개를 준비하여 그중 하나(A)를 치면 두 번째 굽쇠(B)도 진동하기 시작한다. A의 진동수에 공명하는 것이다. 그러나 B에 녹이 슬거나 또는 환경적 혼선이 생기면 B에서 A로 돌아오는 진동수는 조금 달라지는데, 그에 따라 A가 진동수를 조정하여 두 소리굽쇠가 울리는 진동수가 똑같아진다. 즉 두 진동수가 동기화된다. 동기화란 두 곳 이상의 진동 주파수 발신지가 서로 흡수 통합되어 동일한 진동 주파수로 고정되는 것을 말한다.

동기화는 17세기 네덜란드 과학자 크리스티안 하위헌스Christiaan Huygens가 발견한 소리 효과다. 그는 매우 정밀한 시계를 만들고 있었는데, 각각의 시계들의 째깍거리는 소리가 서로 일치하는 현상이 나타났다. 그러한 현상은 시계 소리나 시계추의 움직임 또는 파이프오르간 연주에서 흔히 볼 수 있다.

동물에서도 이와 같은 동기화 현상이 자연적으로 나타나는 예들이 많다. 귀뚜라미가 일제히 함께 노래하고, 매미도 마찬가지다. 그들의 소리 진동이 서로 일치하게 되는 것이다. 개구리도 함께 개골거리며 운다. 반딧불이의 몸에서 시간 간격을 두고 나오는 빛도 그 반짝임이 서로 일치된다. 우리 인간도 많은 시간을 함께 보내는 사람들이 감정이나 기억뿐만 아니라 생리적 기능을 서로 동기화하는 경향이 있다. 이를테면 함께 생활하는 여성들의 경우 생리주기가 서로 비슷해지는 것은 잘 알려진 예다. 또한 강당에서도 종종 동기화 현상이 일어나는데, 많은 관중들이 제각기 박수를 치다가도 박수 소리가 일체가 되면서 동시에 끝나는 것도 역시 동기화라 할 수 있다.

## – 동기화 및 무리짓기 행동 –

두더지쥐는 땅 밑에서 진동을 이용하는 데 능숙한 반면, 물속에서 이와 비슷하게 진동을 잘 감지하고 이용하는 동물들도 있다. 빽빽하게 무리를 이룬 작은 물고기들이 그렇게 빨리 돌진하고 일사분란하게 방향을 바꿀 수 있는 것은 진동에 대한 감각 덕분이다. 물고기나 양서류 올챙이들에게는 수용기(신경소구neuromast)로 구성된 이른바 측선이라는 것이 있어 물속의 움직임과 흐름을 감지한다. 측선계는 물고기의 양쪽 옆에 길게 자리해 있다. 많은 경골어류들뿐만 아니라 상어나 가오리도 피부 표면 바로 아래에 이와 같은 신경소구 수용기들이 줄지어 있다. 물고기들은 이와 같은 체계 덕분에 물속에서 어떤 움직임에도 극히 민감하게 반응할 수 있다. 무리지어 헤엄치는 물고기들은 측선계를 이용하여 다른 동료들의 움직임과 물의 흐름을 감지하여 공동 행동을 취함으로써 포식자들이 어느 한 마리에만 집중하기 어렵게 만든다.

2003년 스콧 커메이진Scott Camazine 등은《생물계의 자기조직화Self-Organization in Biological Systems》라는 방대한 책에서 반딧불이의 동기화된 반짝임, 일정한 형태로 무리 지어 다니는 메뚜기 떼, 수천 마리 새들의 절묘한 군무 등을 예로 들어 이러한 현상에 동기화, 유형, 복잡성, 자기조직화 등이 어떻게 내밀하게 얽혀 있는지 잘 간추려 보여주었다. 범지구적 차원에서 자기조직화 형태는 놀랍게도 아주 단순한 사건과 개별적 개체들이 주위 정보에 반응하는 행동에서 시작된다.《사이언스》2009년 3월호에는 바다의 청어를 연구한 자료를 바탕으로 자기조직화의 일반적 원리가 소개되었다.

니컬러스 마크리스Nicholas Makris와 동료 과학자들은 거대한 물고기 떼가 어떻게 형성되고 질서정연하게 움직이는지에 대해 최초로 매우 상세하게 연구했다. 많은 바닷물고기들이 거대한 무리를 이루어 수백만 마리씩 수킬로미터에 걸쳐 띠를 형성하지만, 최근까지만 해도 수족관 속에서 표본으로만 이와 같은 현상을 연구해왔다. 마크리스가 이끄는 연구진은 어군탐지기OAWRS를 이용해 방대한 연구를 수행할 수 있었는데, 이 기기는 수만 제곱킬로미터에 이르는 넓은 범위에서 물고기 떼를 관찰하면서 영상을 즉시 얻을 수 있는 신기술이다. 연구에서는 물고기들의 무리 형성이 초기 조건에 따라 결정되며, 조건이 만족되면 급속하게 무리가 형성되는 것이 확인되었다. 그들은 이렇게 보고했다.

먼저, 기존에 흩어져 있던 개체들이 1제곱미터당 0.2마리의 임계밀도에 도달할 정도로 모인다. 그다음부터는 매우 정교한 양식으로 꾸준히 무리가 형성되는데, 해가 질 무렵 빛의 양이 감소하는 것이 이런 과정을 촉발시킨다.

일정하게 떨어진 지점에서 각각의 우두머리가 무리를 모으고 이에 호응하여 물고기들이 점점 더 많이 모여든다.

물고기들이 밀집한 선두 무리가 만들어지면, 연쇄반응을 일으켜 거대한 무리로 빠르게 성장한다. 무리가 처음 만들어진 지점부터 물결처럼 바깥으로 퍼져 나가며 무리가 형성되고 자라난다. ……일단 거대한 무리가 형성되면 수백만 마리의 물고기들이 일제히 같은 속도로 헤엄치면서 이동한다. ……그런 다음 미국 동부 해안의 조지스뱅크에 있는 산란장에 이르러 모두가 일시에 생식 활동을 한다.

학자들은 다음과 같은 사실을 발견했다. 첫째, 물고기들의 밀도가 임계치에 다다르면 무질서한 상태로 있던 물고기들이 고도의 동기화된 행동으로 급속히 전환한다. 둘째, 이러한 전환이 있은 다음에 조직화된 무리가 이동한다. 셋째, 우두머리 역할을 하는 작은 무리들이 거대한 무리의 행동에 큰 영향을 미친다.

그러나 민물에서 무리 지어 헤엄치는 물고기들에게는 안된 일이지만, 수중에서 일어나는 진동을 정교하게 감지하는 동물들이 있다. 악어는 늪지나 강에 잠복하여 수중의 움직임을 감지하는 나름의 감지기를 작동시킨 채 호시탐탐 기회를 노린다. 반구형의 압력수용기, 즉 특히 턱을 중심으로 얼굴 주위에 퍼져 있는 수천 개의 작은 점들이 먹잇감뿐만 아니라 다른 악어들의 움직임도 포착해낸다.

이러한 압력수용기가 발견된 것은 불과 몇 년 전의 일인데, 미국 메릴랜드대학교에서 박사학위 논문을 준비 중이던 여자 대학원생이 발견했다는 사실이 흥미롭다. 그녀는 이러한 수용기에 삼차신경이 ‘연결되어’(활성화되어) 있는 것을 발견했다. 물속에 떠 있는 악어가 위턱만 수면 위로 내놓고 있는 것은 수용기가 위턱 끝 부분을 중심으로 분포되어 있기 때문으로 설명할 수 있다. 수용기가 이런 위치에 있으면 물의 미세한 출렁거림도 극대화해 느낄 수 있는데, 이것이 강력한 자극이 되어 악어는 입을 벌려 먹이를 게걸스레 삼켜버린다. 아직 폭넓게 연구된 것은 아니지만, 수용기가 이렇게 턱 주위에 분포한 구조 덕분에 악어는 물이 출렁인 지점을 정확히 알아낼 수 있는 것으로 추정된다.

바닷물고기의 거대한 무리에 대한 연구 결과는 다른 모든 동물들의 무리짓기 행동에도 일반화될 수 있다. 무리 중 한 마리가 비행을 더 이상 할 수 없을 정도로 지치면 잠시 동안 내려앉기로 ‘결정’ 하는 철새

무리나, 먹이 공급 상황이 바뀌면 먹이 구하는 방식을 집단으로 변화시키는 개미 무리의 경우도 마찬가지다.

많은 동물들의 삶을 구성하는 여러 측면들에는 자기조직화Self-organization가 중요한 역할을 한다. 아프리카와 오스트레일리아의 흰개미집은 거대한 자기조직화가 이뤄낸 건축물이라 할 수 있다. 캐런은 남아프리카 지역에서 생활할 때 흰개미들이 붉은 흙집을 6미터 높이로 짓는 과정을 지켜보며 경이를 느꼈다. 이 정교한 건축물은 멀리서 보면 마치 거대한 동상처럼 보인다. 베르트 횔도블러Bert Hölldobler와 에드워드 윌슨E. O. Wilson은 《초개체Super-Organism》에서 사회성 곤충인 꿀벌과 말벌, 흰개미, 불개미 같은 초개체들이 집을 건축하는 데는 자기조직화 행동이 추진력으로 작용한다고 주장했다.

집짓기에 대한 연구는 ……상상을 초월하는 아름다움과 형태와 복잡성을 지닌 숨겨진 세계를 탐험하는 것과 같다. ……일부 사회성 곤충들은 공기정화 장치를 갖추고 견고한 '성곽'에 견줄 만큼 정교한 구조물을 건축할 수 있다. 그러나 인간의 건축과 달리, 건축기사나 설계도, 건축 과정을 규정해둔 전체 설계안 같은 것은 없다. 집짓기는 다수의 일꾼들이 서로, 그리고 환경과 상호작용하며 환경을 바꿔 나가는 자기조직화를 통해 완성된다.


동물의 숨겨진 과학

- 인간과 진동 -

　　인간은 모든 감각에서 진동을 통해 정보를 얻을 수 있다(우리가 귀로 들을 수 있는 기계적 진동과 피부로 느끼는 미세한 진동 등이 포함된다). 그뿐만 아니라 동물이 만들어내는 여러 가지 진동들도 그 이웃인 인간에게 오래전부터 영향을 미쳐왔다. 인류학자들이 만들어낸 용어 중에 '톰톰Tom-Tom 효과'가 있는데, 이것은 아메리카 원주민들이 주위의 야생에서 빌려온 의사소통 방법을 일컫는다. 록 뮤지션이 드럼을 칠 때나 커다란 크낙새가 속이 빈 나무를 쪼아댈 때처럼 공기 중으로 전파되는 소리는 멀리까지 전달된다. 아메리카 원주민들도 톰톰 북을 개발하여 자신들의 메시지를 전달했다. 또한 그들은 딱따구리처럼 속이 빈 나무를 두드리는 박자로 서로 신호를 교환한 것으로 알려져 있다.

　　오늘날 우리는 동물의 왕국에서 보는 여러 가지 능력 중 일부를 재현하는 연구를 활발히 진행하고 있다. 새로 개발되는 기술들은 우리의 감각 세계를 다른 생명체들의 감각 세계로까지 확장해주고 있다. 어쩌면 언젠가 우리도 곧 닥쳐올 지진이나 쓰나미를 감지해낼 수 있을지도 모른다. 이러한 노력은 지금까지 소기의 성과를 거두었는데, 이를테면 반도체를 이용한 감지기(실리콘 칩에 수백만 개의 트랜지스터가 장착되어 있다)가 개발되어 비행기, 교량, 도로 등에 이용되고 있다. 또한 의복에 장착하는 바이오센서나 우리 신체 내부에 심는 나노센서까지 만들어졌다. 이 모든 것은 우리 주변 동물들이 가진 놀라운 감각에서 아이디어를 얻은 것들이다.

<h2 style="text-align:center">- 상호작용 -</h2>

공학과 물리학의 발전과 첨단 기술은 생물학 분야에도 활용되어 생명력에 대한 이해의 범위를 또 다른 세계, 즉 원자보다 작은 구조에서부터 한 사람의 개인 또는 한 마리의 동물, 집단, 우주 전체에 이르기까지 모든 차원에서 상호작용하는 힘의 세계로 넓혀주고 있다. 이 모든 차원에 자기조직화가 적용될 수 있을뿐더러 이 모든 차원들이 관여하여 자기조직화 과정이 이루어진다. 2010년 여름 스위스 제네바 인근에 있는 거대강입자가속기LHC에서 연구하는 물리학자들은 이상한 무엇인가를 관찰했다. 바로 '무리를 이룬 입자들'이었다. 과학자들은 "양성자 충돌로 생성되는 입자들 중 일부는 날아가는 경로가 마치 새 떼들처럼 동기화된 것처럼 보인다"고 지적했다. 아미르 악젤Amir Aczel 은《사이언티픽 아메리칸》에 이렇게 썼다. "매우 미묘한 효과가 나타났다. 양성자 충돌로 110가지 이상의 새로운 입자들이 방출되었는데, 출현한 입자들이 같은 방향으로 날아가는 것으로 관찰되었다. 노벨상 수상자인 MIT의 프랭크 윌첵Frank Wilczek의 말대로 LHC에서 양성자가 높은 에너지로 충돌할 때 '최초 양성자의 내밀한 구조'가 드러나는 것인지도 모른다."

과거에 생명 과정에 대한 연구는 세포와 분자를 중심으로 이루어졌

다. 현재는 첨단 기술의 발달과 함께 파동, 진동, 주파수, 원자 내(양
자)의 활동 그리고 이러한 것들이 생명체의 분자 구조와 갖는 상호작
용이 더욱 중요한 관심사가 되고 있다. 예를 들어 의학에서는 그와 같
은 상호작용이 자기공명영상MRI 같은 기술에 매우 많이 이용되는데,
혈액의 산소포화도 수준 변동을 통해 뇌 기능을 검사할 때는 기능성
MRI 또는 fMRI라 부른다.

　우리 삶의 모든 부분에서 양자역학적 수준의 이해가 점점 더 높아
지고 있다. 이를테면 MIT의 루카 튜린Luca Turin은 냄새가 양자들의 진
동에 의해 만들어진다고 주장한다. 원자보다 작은 수준에서 일어나는
에너지 전이로 진동이 발생하고, 이를 감지하는 것이 냄새 감각이다.
에너지를 가진 미소한 단위인 양자가 소실될 때 에너지가 전이되는 것
으로 추정된다. 마지막 장에서 설명하는 라디칼 쌍 모형은 자연적으로
일어나는 양자 수준의 반응과 관련된 또 다른 연구다. 그리고 얽힘
entanglement으로 알려진 놀라운 현상이 있는데, 이미 암호학에서 엄청
난 가능성을 보여준 것처럼 절대 가로채지 못할 암호를 보낼 수도 있
다. 20세기 말 물리학자들은 광자(에너지를 가진 미소한 단위)를 이용하
여 얽힘 현상을 설명하기 시작했다. 일정한 조건 아래에서 밀접한 상
호작용을 맺는 두 광자는 서로 얽혀 있다. 그리고 (공상과학 소설처럼 들
릴 수도 있겠지만) 광자B가 수천 킬로미터를 여행할 때 그와 얽힌 광자
A가 어떤 식으로든 변한다면, 광자B도 동시에 같은 변화를 겪게 된다.
따라서 이를테면 A에서 B로 암호를 보낼 때 A와 B 사이에 아무런 정

보도 존재하지 않는다면 중간에 가로채일 염려가 없다.

　진동과 신호는 원자보다 작은 극소의 세계에서 거대 규모까지 존재
한다. 자연의 모든 부분은 이렇게 끊임없이 움직이고 있다.

# 3

# 소리로 찾고 대화하다

라차로 스팔란차니는 내키지는 않았지만 촛농으로 박쥐의 귀를 막고
그들이 큰 물체에 부딪치는 모습을 관찰하는 실험을 했다. 박쥐 머리에 여러 가지
두건이나 주머니를 씌웠는데, 각각 박쥐의 머리가 가려지는 부위를 다르게 했다. 입이나 귀를
직접 가린 경우는 장애물을 피하는 데 심각한 문제가 있는 것으로 나타났지만, 다른 부위는 많이
가려도 박쥐가 그다지 어려움을 겪지 않았다. 그는 박쥐가 공기 중에서 움직일 때 날개나 몸통에서
나오는 소리가 물체에 반사되어 귀를 자극하는 것으로 생각했다.
그러나 1794년에 이와 같은 가설은 별다른 지지를 받지 못했으며, 그 자신도 확신하지 못했다.
이러한 주제에 대해 스팔란차니는 그가 세상을 떠난 1799년에야 최종적 결론에 이르렀다.
그의 뒤를 이은 장 제네비어는 다음과 같이 말했다.
"박쥐의 귀는 물체를 매우 효율적으로 볼 수 있다. 최소한 거리를 측정하는 데는
눈보다 더 우수하다. 장님 동물들의 경우 귀를 가릴 때만 모든 장애물에 부딪친다."
—도널드 그리핀, 《어둠 속에서 듣기Listening in the Dark》(1986)

이제 음파로 관심을 돌려 거의 소리로만 이루어진 세계에서 살아가

는 동물들을 만나보자. 이러한 살아 있는 음파탐지기[†]는 1930년대에

도널드 그리핀Donald Griffin이 처음 발견했다. 하버드대학교 학부생이던

그는 박쥐의 이동을 연구하기 위해 표식 끈을 달아주고 있었다(새에 부

착하는 고리와 비슷하지만 고리는 다리에 끼우는 데 비해 끈은 박쥐의 팔, 앞날개에 단다). 당시에는 박쥐가 날개를 통해 장애물이 가까이 있음을 감지한다고 생각했는데, 그리핀도 이와 같은 관점에 동조했다. 그 시기에 하버드대학교 물리학과 교수인 피어스G. W. Pierce는 인간이 들을 수 있는 범위를 넘어서는 광역대의 소리를 발생시키고 수신할 수 있는 장비를 가지고 있었다. 1938년 겨울 도널드 그리핀은 그 장비(음파탐지기)를 이용해 박쥐 소리를 들어보게 해달라고 피어스 교수에게 부탁했다. 박쥐로 가득 찬 새장을 음파탐지기의 포물선 안테나 앞으로 가져가자 스피커에서 왁자지껄한 소음들이 연속해서 생생하게 울려 나왔다. 음파탐지기는 그들이 들을 수 있는 소리와 함께 들을 수 없는 소리까지 잡아냈다. 방 안에다 박쥐들을 풀어주자 박쥐가 안테나 가까이 있을 때만 소리가 감지되고 방 안 다른 곳으로 자유롭게 날아갈 때는 감지되지 않았다. 그들은 박쥐가 인간이 들을 수 있는 범위를 넘어서는 고주파 울음소리를 낸다고 결론 내렸다. 박쥐들이 방 안에서 날아다닐 때면 항상 이와 같은 고주파음을 발산하지만 그 장비는 박쥐가 안테나에 가까이 왔을 때만 감지할 수 있었다. 그리핀이 동창인 로버트 갤럼보스Robert Galambos와 함께 이 사실을 알게 된 것은 그로부터 1년이 지난 뒤였다. 그후 그리핀과 갤럼보스는 스팔란차니가 100년 전

<sup>†</sup> 음파를 이용해 방향과 거리를 측정한다.

에 했던 실험을 되풀이했으며, 제1차 세계대전 중에 수중 음파 신호에 대해 연구했던 영국의 생리학자 해밀턴 하트리지Hamilton Hartridge가 박쥐들이 고주파음과 단파를 이용한다고 주장했다는 것도 알게 되었다 (하지만 하트리지는 이와 관련된 실험을 하지 않았다). 그들은 박쥐를 수직 철망 사이로 날아가게 하는 실험을 함으로써 박쥐가 장애물을 피해 날아가는 데 고주파음이 매우 중요한 역할을 한다는 사실을 확인하였다.

이와 같이 놀라운 능력은 나중에 '반향정위echolocation' 라 불리게 되었다. 반향정위는 전기를 이용한 항법 체계와 달리 수중과 공기 중에서 모두 사용이 가능하다. 박쥐는 초음파 항법 사용의 대가로, 인간은 물론이고 다른 어떤 동물들보다 더 잘 생존하고 번영을 누린다. 고래들도 음파를 아주 복잡하게 이용하며 살아가는데, 이것에 대해서는 좀 더 뒤에서 살펴보자.

대부분의 사람들은 박쥐의 뛰어난 능력에 놀란다. 박쥐는 모든 면에서 아주 특별하다. 반향정위 능력은 거의 독보적이며, 실제로 비행할 수 있는 유일한 포유동물로 원숭이올빼미보다 더 조용히 날개를 펄럭이며 날아간다. 박쥐는 종에 따라 크기와 생김새, 구조가 매우 다양하다. 대체로 잘 볼 수 없음에도 불구하고, 포유동물 가운데 5분의 1 정도가 박쥐들이다. 얼굴 형태는 기이하여 고양이, 개, 올빼미 또는 일반적인 설치류를 닮았다. 그러나 박쥐는 설치류가 아니다. 분류학적으로는 목에 속하는 익수류翼手類라는 전혀 다른 포유동물군에 속한다. 크게 18가지 과로 분류되는 박쥐들은 수백만 년에 걸쳐 진화하면서 수백 가지의 생태적 지위를 차지했다. 박쥐는 개방된 대지의 나무에서부터 건물의 구석진 곳, 폐쇄된 동굴 등 어디에서나 발견된다. 그런데도 그들 대부분이 땅거미가 내릴 때쯤 은거지에서 나와 날아다니며 주로 한밤중에 활동하기 때문에 매우 찾기 힘든 동물로 여겨진다.

박쥐의 비행에는 마술같이 보이는 부분이 있다. 박쥐는 대부분 장님이지만 좁은 방 안에 갇혀 완전히 방향을 잃지 않는 한, 사람과 부딪히는 일은 절대로 없다. 박쥐에게는 특이한 공기역학적 능력이 있는데, 그들의 비행에 대해서는 이제 막 연구가 시작된 단계다. 우리는 박쥐의 비행 모습을 보고(박쥐 날개처럼 펄럭이는 장치를 이용해) 마천루의 옥상에서 뛰어내려 혼자서 사뿐히 날아 내려앉는 꿈을 꾼다. 하지만 박쥐는 새와 달리 깃털을 가지고 있지 않다. 우리 인간처럼 새끼를 낳고 젖을 먹여 키우는 포유동물이다. 박쥐의 날개는 오리발의 물갈퀴와 비슷하지만 발가락이 아닌 손가락 사이에 피막이 매우 정교하게 늘어져 있다. 다리 역시 팽팽하지만 유연한 치마 모양의 구조로 연결되어 있다. 이것은 대퇴부 사이의 피막으로 중간에 가느다란 꼬리가 이랑을 만들고 있다. 종에 따라서는 꼬리가 꽤 길고 유연한 경우도 있다. 박쥐는 이러한 구조를 이용해 비행 방향을 완벽히 조절하고, 나뭇가지나 동굴 속 바위와 같이 거친 표면에 착륙할 때처럼 필요한 경우에는 멈출 수도 있다. 발은 섬세하고 유연하며, 발가락 모양은 스티븐 스필버그의 영화 〈ET〉에 나오는 외계인의 손가락과 비슷하게 생겼다.

박쥐류는 크기만을 기준으로 두 부류로 나눌 수 있다. 비교적 큰 박쥐(대형 익수류)는 과일을 먹고 북아프리카에서 동남아시아를 지나 오스트레일리아에 이르는 방대한 지역에 서식하는 구대륙 박쥐로 약 180종이 있다. 이 중에서 오스트레일리아날여우박쥐Australian flyng foxes 는 새처럼 비행에 특별히 적용된 신체를 가진 동물들을 제외하고 비행 하는 동물 중에서는 가장 크다. 오스트레일리아날여우박쥐는 이런 엄 청난 몸무게를 지탱하기 위해 1미터 남짓한 날개를 가지고 있다.

한편 기본적으로 크기가 작은 소형 익수류인 신대륙 박쥐들은 탁월 한 반향정위 능력을 활용하여 비행하면서 모기나 나방 같은 작은 곤충 들을 잡아먹는다. 그러나 모든 박쥐들이 다 반향정위를 이용하는 것이 아니며, 일부 작은 박쥐들은 과일을 먹는 행태로 다시 돌아간 반면에 다른 작은 박쥐들은 동물들의 따뜻한 피를 먹도록 적응했다. 실제로 중남미 지역에는 흡혈박쥐 3종이 서식하는데, 대형 조류와 소, 말, 돼 지 등의 피를 먹고 산다(일반적인 생각과 달리 흡혈박쥐들은 사람 피를 먹 는 경우가 거의 없다). 흡혈박쥐들은 보통 크기가 작다. 또 다른 대부분 의 박쥐들과 달리 강한 다리를 가지고 있어, 달려야 할 경우에는 물 위 로 튀어 오르는 물고기처럼 풀쩍풀쩍 뛰어다닌다.

포유동물 가운데에서 가장 작은 종은 아이의 엄지손가락만 한 박쥐 다. 태국 서부 칸짜나부리 지방의 사이욕국립공원에서 발견되는 이 박 쥐들은 동굴의 종유석에 난 작은 구멍이나 틈새에 서식한다. 땅거미가 질 때쯤 동굴 밖으로 나와 대나무와 티크나무 숲 위를 날아서 나무나 밤공기 속에 있을 곤충들을 사냥한다. 호박벌박쥐bumblebee bat로 알려진 이 작은 포유동물은 1973년 태국의 동물학자 키티 통롱야Kitti Thonglongya가 발견했기 때문에 키티돼지코박쥐(Craseonycteris thonglongyai)로 불린다. 크기가 3센티미터도 채 되지 않고 무게는 2그램에 불과하다. 그러나 불행히도 이 박쥐들은 벌목으로 숲이 파괴되면서 멸종 위기에 처해 있다.

## − 생체 음파탐지기 −

박쥐가 아무것도 보이지 않는 환경 속에서 음파탐지기를 이용해 길을 찾는다는 사실을 알지만, 어떻게 이것이 가능한지 실감하기는 매우 어렵다. 저자 가운데 하나인 재그밋은 스카우트 단원들에게 '박쥐와 같은 장님'이 되라는 말뜻을 설명하려고 했지만 '귀로 본다'는 개념을 실제로 보여주기는 매우 어려웠다고 한다. 그래서 단원들 속에 있던 아들을 불러내어 시연을 돕게 했다. 재그밋은 검은 수건으로 눈을 가린 아들의 얼굴 앞에 손가락 한 개를 세우고 "몇 개지?" 하고 물었다. 아들이 "몰라요. 안 보여요." 하자 재그밋은 커다란 금속 쟁반을 세워 아들의 얼굴 바로 앞에 놓았다. 그러고는 큰 소리로 고함을 지른 다음 아들에게 잘 들어보게 했다. 재그밋은 금속 쟁반을 아들의 얼굴 가까이 가져가거나 뒤로 물리거나 하면서 아들에게 그것이 얼굴 바로 앞에 있는지 아니면 멀리 있는지 물었다. 그 대답은 항상 맞았다!

사실 메아리의 특성을 이용해 정보를 얻는 기본적인 능력은 우리 모두가 가지고 있다. 그래서 자기 앞에 물체가 있는지 없는지 정도는 알 수가 있다. 예를 들어, 텅 빈 방 안에서 눈을 감은 채 크게 소리쳐 보면 자신이 벽을 마주볼 때와 등지고 있을 때의 차이를 쉽게 알 수 있다. 거의 본능적인 능력이다. 선천적으로 시각 장애를 가진 사람은 소리를(때로는 냄새도) 감지하는 능력이 매우 뛰어나다. 아주 어릴 때 양 눈의 시력을 잃은 한 아동은 딸각거리는 단절음 소리를 낸 다음 그 반향을 들어서 사물을 '보는' 능력을 개발했다. 그 아이는 길을 찾는 것은 물론이고 베개던지기 놀이나 비디오 게임도 동작에 따르는 소리만 듣고서 할 수 있었다. 손으로 더듬지 않고도 단절음 소리로 주위의 사물을 확인하고 앞에 놓인 장애물을 피했다.

반향정위는 듣기 감각 또는 청각이 극단적으로 적응한 형태로서, 소리를 이용하여 사물의 위치를 확인하고 장애물을 피해 움직이는 능력을 말한다. 남아프리카 동굴에 사는 박쥐들은 수백만 마리가 매일 저녁 같은 시간에 줄지어 날아오르는데, 그 모습이 마치 추운 겨울날 초가집 굴뚝에서 모락모락 피어오르는 연기를 연상시킨다. 이 박쥐들은 저녁식사 용으로 곤충 또는 때로는 물고기를 잡으러 나가는 중인데, 소리를 이용해 이 모두를 해결해야 한다. 반향정위를 할 때는 음파를 발산하고 그 소리가 물체에 부딪혀 되돌아오는 반향을 수신한다. 폭풍우 속에서 레이더를 이용해 비행하는 항공기처럼 박쥐들은 깜깜한 어둠 속에서 자신들의 음파탐지기를 이용해서 날아간다.[†]

그러나 박쥐의 음파탐지기는 감지 범위가 몇 미터 내로 한정된 것으로 보인다. 우리가 박쥐의 비행로에 서 있을 경우, 박쥐는 바로 우리 앞까지 와서야 살짝 피해서 날아간다. 크게 벌린 입으로 날카로운 하얀 이빨을 자랑스럽게 드러내지만 우리 몸에는 날개 끝도 스치지 않는다. 물론 실제로 박쥐의 벌어진 입에서는 120데시벨의 압력으로 소리가 쏟아져 나오고 있다. 그러나 그 소리는 인간이 들을 수 있는 영역보다 훨씬 높은 초음파 영역의 주파수이기 때문에 우리 귀에는 아무 소리도 들리지 않는다. 소리의 강도를 측정할 수 있다면 막 이륙하면서 출력을 최대로 높이는 비행기 엔진이 내는 소리와 비슷할 것이다. 박쥐는 자신이 내는 소리가 물체에 부딪혀 돌아오는 메아리에서 되도록 많은 정보를 얻어 자기 앞에 무엇이 있는지 감지하기 위해 최대로 강한 소리를 내는 것이다. 그리고 박쥐는 언제나 이런 과제를 성공적으로 해내기 때문에 우리가 박쥐의 비행로에 서 있어도 부딪힐 염려가 없다.

우리 귀에는 들리지 않지만 박쥐는 끊임없이 자신이 발산하는 소리를 조정한다. 대개 곤충을 잡아먹는 박쥐들이 귀가 특이하게 큰데, 특정한 방향에서 오는 아주 약한 반향을 모아 증폭시키기 위한 것이다. 박쥐가 큰 귀를 펄럭이는 속도는 매우 빨라서 이를 촬영한 비디오

† 레이다(RADAR)는 RAdio Detection And Ranging의 약자다. 전자기파를 이용하여 물체의 거리와 고도, 방향, 속도를 측정한다. 비행기, 선박, 자동차 등 움직이거나 고정된 물체 모두 측정할 수 있는데, 1940년에 등장하여 제2차 세계대전 중에 널리 이용되었다.

를 느리게 재생시켜도 흐릿하게 보인다. 마찬가지로 특정한 방향으로 귀를 빠르게 움직거릴 수 있어 청각 능력이 뛰어난 개조차도 여기에 비하면 서투르게 보일 정도다. 머리를 목표물 쪽으로 향하고 귀를 펄럭임으로써 작은 곤충의 몸이나 날개에 부딪혀 돌아오는 아주 약한 음파로도 위치와 특성을 확인할 수 있다. 박쥐는 귀뿐 아니라 뇌 전체가 자신이 발산하는 반향정위 음파의 주파수에 맞춰 발달해 있다. 대부분의 박쥐는 귓구멍과 속귀가 약한 메아리에서 잡음에 대한 신호의 비율을 증폭시키도록 특별히 고안되었다. 그리고 뇌는 수백만 년의 진화 과정을 거치면서 약한 메아리에서도 곤충에 관해 필요한 정보를 모두 추출할 수 있도록 구조가 발달했다. 그놈이 어느 방향으로 날고 있나? 날아가는 속도는? 공간 속에서 정확한 위치는? 또는 더 중요하게는, 그놈을 잡게 될 2초 후에는 공간 속의 어느 위치에 있게 되나? 박쥐는 음파의 작은 반향을 듣고도 0.1초 내에 이 모든 질문에 대한 대답을 얻는다. 이러한 능력과 관련되는 박쥐의 상세한 뇌 구조나 어떻게 그렇게 짧은 시간 내에 많은 계산이 가능한지에 대해 전 세계에서 많은 학자들이 집중적으로 연구해왔다. 그리고 박쥐의 반향정위를 둘러싼 여러 가지 미스터리들과 관련된 놀라운 사실들이 속속 밝혀지고 있다.

학자들의 연구에 따르면, 박쥐의 뇌는 지금까지 개발된 가장 강력한 슈퍼컴퓨터보다 앞선 회로 구조로 되어 있어서 소리 신호에서 거의 즉시 관련된 모든 정보를 추출할 수 있다. 짧은 음파 한 줄기만 있으면

67

된다. 목표와의 거리는 1000분의 1밀리미터까지, 시간은 100만 분의 1초까지 계산한다. 박쥐는 매일 밤 이런 방식으로 수천 마리 모기를 잡아 배를 채운다. 뱃속이 비면 또 채우는 식으로 여러 차례 반복하는데, 이와 같은 일상 활동을 빠른 속도로 수행하기 위해 에너지를 빠르게 생산하고 생체대사가 매우 왕성하게 일어난다. 이러한 생체 활동을 뒷받침하기 위해 박쥐의 심장에 혈액이 들어오고 나가는 박동수는 1분당 600회에 달한다. 인간의 심장보다 무려 열 배나 빨리 박동한다. 박쥐의 몸에 아기용 청진기를 대보면 3단 기어를 넣고 거리를 질주하는 오토바이 같은 소리가 들린다. 그리고 일부 박쥐 종은 이러한 심장박동 속도를 길게는 34년 동안이나 유지하는 것으로 알려져 있다. 우리가 300년을 살 경우 심장이 박동하는 횟수에 맞먹는다. 물론 그 전에 병원에 실려 가거나 심장 수술을 받지 않는다면 말이다.

– 카리브 해의 박쥐들 –

길고 짙은 어둠을 헤치고 마침내 구름 사이로 달이 얼굴을 내밀었다. 개구리들은 더욱 큰 소리로 노래하였고 청개구리들도 합창단에 합류했다. 곳곳에서 반딧불이가 반짝이고 모기들도 자기들을 잊지 말라는 듯 때때로 윙윙거리는 소리를 냈다. 재그밋과 동료들은 대학 연구소의 반¥ 자연 환경에서 의사소통과 사회적 행동을 좀 더 자세히 연구하기 위해 박쥐를 잡아 미국으로 데려갈 계획이었다.

마침내 그들의 귀에 날개가 펄럭이는 부드러운 소리가 들려왔다. 오랜 기다림의 끝이었다. 일명 콧수염박쥐(*Mormoopidae*)가 먹이사냥 비행에서 돌아오고 있었다. 작은 동굴 입구에 새 그물을 설치했다. 물론 곤충을 먹는 박쥐들 대부분은 주의만 기울인다면 음파탐지기를 이용해 그물망을 감지할 수 있다. 그러나 그날 밤에는 주의를 게을리했다. 먹이로 배를 채운 터라 그 녀석들은 어서 동굴로 돌아와 모기와 나방들의 진수성찬을 즐기려 했다. 자메이카의 후덥지근한 기후 덕분에 모기와 나방들이 많았다. 콧수염박쥐를 특별히 설계한 돔 형태의 새장 속에 안전하게 가두어 넣기까지는 많은 시간이 걸리지 않았다.

이 박쥐들이 먹잇감 모기를 잡을 때 이용하는 반향정위 사냥기술은 음파탐지기를 활용하는 데 달려 있다. 콧수염박쥐들은 초음파를 발산하는데 그 속에는 두 가지 요소가 들어 있다. 먼저 변하지 않는 일정한 주파수, 즉 CF 요소가 발산되고 그에 이어서 주파수가 변조된 FM 요소가 나온다. 그래서 콧수염박쥐를 CF-FM박쥐라고도 부른다. 주파수를 낮춰 사람들이 들을 수 있는 범위로 느리게 하면 그 소리가 '이이이이이이이우우우' 하는 소리처럼 들린다. 유럽이나 북아메리카에서 흔히 볼 수 있는 큰갈색박쥐나 작은갈색박쥐 같은 다른 박쥐 종들은 FM파만 발산하여 FM박쥐라 불린다. 그리고 다른 박쥐 종들은 CF파만 발산하여 역시 CF박쥐라 불린다. 보통 CF형과 FM형 각각 여러 가지 주파수를 내보낸다. 자연적으로 만들어지는 거의 모든 소리에는 여러 가지 주파수가 있는데, 콧수염박쥐는 이와 같은 현상을 아주 잘 이용한다. CF-FM박쥐의 사냥 행동은 3단계로 나뉜다. 탐색, 추적, 포획 단계다. 이 세 단계에 음파가 수백 번 발산되는데, 이와 비슷한 소리로 들린다. "이이이이이이이우우우 이이이이이이이우우우 이이이이이이이우우우-이이이이이우우우 이이이이이우우우 이이이이이우우우-이우우우 이우우우 이우우우." 박쥐들은 머리를 돌려 목표 대상으로 향하고 입과 입술을 오므려 소리의 에너지를 가느다란 빔으로 집중시킨 다음 비행 방향을 먹이 쪽으로 틀어 쏜살같이 먹이를 낚아챈다. 원을 그리며 비행하면서 특정한 지점에 광선 빔을 비추는 초정밀 헬리콥터와 비슷하다.

목표물에 다가가면서 CF파가 발산되는 시간이 점차 짧아지고 발산 속도는 증가하여 윙윙거리는 소리처럼 들린다. 마무리하는 소리다. 대부분의 경우 박쥐가 추적하던 곤충의 죽음으로 끝난다. 곤충은 매우 강도가 높은 음파의 집중 사격을 당해 거의 혼절한 상태이다. 모기, 메뚜기, 사마귀, 야행성 나비 같은 곤충들 중 일부는 박쥐가 내는 고주파 소리를 들을 수 있기 때문에 급강하하여 박쥐의 포획에서 벗어나기도 한다. 하지만 곧이어 다가오는 또 다른 박쥐의 강력한 소리 빔에 제물이 되고 만다. [†]

---

[†] 이와 같은 소리를 직접 들어보려면, 날씨 좋은 여름날 밤에 박쥐 감지기를 들고 작은 호수나 강 주위를 걷기만 하면 된다. 별로 비싸지 않고 작은 장비인데, 고주파 소리를 사람들이 들을 수 있는 주파수로 낮춰주기 때문에 박쥐를 눈으로 직접 보기 전에 그들이 사냥하는 소리를 들을 수 있다. 이 감지기는 박쥐에 관한 여러 과학 연구에 사용되는데, 종을 구분하거나 새 관찰자가 새들의 노래나 울음 소리를 들을 때도 이용한다.

## – 박쥐들의 의사소통 –

많은 박쥐들이 반향정위 소리를 변형하여 어미와 새끼 사이의 교류 같은 의사소통에 이용한다. 그리고 제10장에서 설명하듯이 사냥을 위해 도청을 하거나 다른 박쥐들의 위치를 확인하여 먹이가 있는 곳에 대한 정보를 얻는 데도 이용한다. 박쥐가 서로 소통하는 능력에 대해서는 많이 연구되지 않았다. 이러한 소리를 처리하고 모든 사회적 교류를 조절하는 메커니즘과 이를 담당하는 뇌 영역이 이제 막 밝혀지고 있다. 그러나 이러한 발견들은 소리(인류 진화의 중요한 특징들 중 하나다)를 이용해 소통하는 인간의 능력을 이해하는 데도 큰 도움이 될 것이다.

재그밋이 자메이카에서 연구한 콧수염박쥐는 카리브 해 연안과 중남미의 습한 기후 지대에 많이 서식하는데, 이 박쥐들의 의사소통에 대해서는 많은 학자들이 집중적으로 연구했다. 흡혈박쥐의 한 종인 보통흡혈박쥐(*Desmodus*)처럼 콧수염박쥐들도 매우 사회적인데, 한 동굴에서 수천 마리에서 수백만 마리까지 무리를 이루어 생활한다. 그런데 콧수염박쥐들은 서로 무슨 말을 주고받는 것일까? 연구에 따르면 콧수염박쥐들은 놀랄 만큼 많은 레퍼토리의 소리를 의사소통에 이용한다. 박쥐들이 사용하는 '단어'의 뜻을 우리가 알지 못할 뿐, 그들은 분명히 여러 가지 말을 한다. 갇혀 있는 박쥐들이 내는 최소한 19가지의 단순한 소리 어휘가 녹음되었으며, 이처럼 반半자연적인 갇힌 환경에서는 발산하지 않은 다른 소리들도 많을 것이다. 이것은 곧 콧수염박


소리로 찾고 대화하다

쥐들이 인간에 견줄 만한 음성 수준의 어휘력을 가지고 있다는 것을 뜻한다. 박쥐들이 이러한 소리를 조합하여 만들 수 있는 소리의 개수는 20개 이하로 크게 제한된다. 하지만 박쥐들은 단순 '음절'을 복잡한 소리로 조합할 수 있으며, 이것은 인간의 모든 언어에서 볼 수 있는 음성 구문과도 다르지 않다.

북아메리카 대륙에 서식하는 멕시코큰귀박쥐는 텍사스에서 북쪽으로 애리조나까지 이동한다. 이들의 의사소통에 대해서는 수년 전부터 여러 연구가 있었으며, 최근 신경생물학자들은 이러한 소리가 박쥐의 뇌에서 어떻게 표현되는지 이해하기 위해 큰 관심을 기울이고 있다. 멕시코큰귀박쥐와 함께 콧수염박쥐 같은 다른 박쥐들도 소리를 이용한 의사소통 능력을 발달시켜왔기 때문에 학자들은 인간의 음성 언어가 뇌에서 어떻게 표현되는지 이해하는 데 이들 동물들이 도움을 줄 수 있을 것으로 기대한다. 박쥐와 인간의 언어는 전혀 다른 것처럼 보인다. 하지만 이와 관련하여 이미 커뮤니케이션 연구뿐만 아니라 반향정위 연구까지 여러 가지 놀랄 만한 연구 결과들이 발표되었다. 사실 인류의 가장 중요한 진보 가운데 하나인 인간의 뇌가 복잡한 소리를 처리하는 과정에 대해 우리가 알고 있는 지식 중 상당 부분은 박쥐의 반향정위와 소리 처리 과정을 연구하여 얻은 것이다.

시력이 좋은 동물들은 망막에 있는 커다란 '중심와fovea'에 광수용기가 밀집해 있어 이미지를 상세하게 읽어 들인다. 이러한 중심와 덕분에 독수리는 맑은 날이면 수킬로미터 높이의 공중에서도 땅위를 달려가는 생쥐를 발견할 수 있다. 같은 방식으로 박쥐의 귀에는 청각 중심와가 있어서 자기가 발산한 음파의 주파수에 해당하는 좁은 주파수 영역에서 일어나는 작은 변화들을 분석할 수 있다.

뇌가 반향정위를 이용한 정보를 처리하는 과정을 이해하면 시각 장애인이 보는 데 도움이 될 수도 있다. 과학자들은 작은 스피커가 부착된 검은 안경을 개발하였는데, 여기서 음파가 발산되면 함께 부착된 마이크에서 그 반향을 모아 그 정보를 시각적 장면으로 전환시킨다. 야생의 동물 친구들이 이용하는 감각 능력은 그들의 생존에 도움이 될 뿐만 아니라 인간이 소리를 이용해 캄캄한 어둠 속에서 길을 찾아 나가는 데도 도움을 줄 수 있다.

## – 소리와 함께 헤엄치다 –

돌고래는 물속에서 살지만 포유동물이고 정수리에 있는 공기구멍으로 숨을 쉰다. 어떤 돌고래들은 20~30초마다 물 표면으로 올라와서 숨을 쉬지만, 또 어떤 종들은 30분 남짓 숨을 참을 수도 있다. 돌고래와 고래는 물속에서 헤엄치면서 반향정위를 하는 유일한 포유동물이다. 그러나 고래의 음파는 박쥐의 음파와는 다르다. 고래들은 주위 환경에 관한 정보를 얻기 위해 소리를 다른 방법으로 이용하는 방법을 발견했다. 박쥐처럼 일정한 주파수의 소리나 단일음을 연속적으로 발산하는 대신에 고래들은 고주파의 광대역 소리를 짧게 단절음으로 발산한다. 혀를 입천장에 붙였다가 입을 벌리면서 빠르게 떼면 우리도 이런 소리를 낼 수 있다. 그러나 우리 귀와 뇌에는 이런 단절음이 물체에 반사되어 돌아오는 반향을 수신하여 정보를 추출할 수 있는 특수한 구조가 없다. 돌고래는 그렇게 하는 데 아무 문제가 없다. 사실, 과학적 연구 결과 돌고래들은 이와 같은 능력이 매우 뛰어난 것으로 확인되었다.

인간이 들을 수 있는 소리의 주파수 영역은 평균 20만~2만 헤르츠 범위다. 예전에는 영어명을 그대로 따라 병코돌고래로 불린 큰돌고래(*Tursiops truncatus*)는 최고 16만 헤르츠까지 들을 수 있으며, 4만~10만 헤르츠 범위에서 가장 민감하다. 물속에서는 소리가 공기 중에서보다 4.5배나 빨리 전달되기 때문에 돌고래의 뇌는 반사되는 소리에 담긴 복잡한 정보를 빠르게 분석할 수 있도록 매우 잘 적응했을 것이다. 현재는 이빨고래류(이빨을 가진 고래와 돌고래 종류) 몇 종만이 반향정위 능력을 가진 것이 실험적으로 증명되었지만, 해부학적 구조로 볼 때 모든 돌고래에게 이와 같은 특징적 능력이 있을 것으로 보인다.

우리는 후두를 통해 공기를 폐로 들여 마시거나 밖으로 내보내면서 소리를 만든다(발성). 공기가 후두에 있는 성대 사이를 통과할 때 성대가 여러 다른 주파수로 급속히 열리고 닫히며 진동하면서 소리가 만들어진다. 목구멍과 혀, 입, 입술이 이러한 소리를 말로 만든다. 돌고래의 후두에는 성대가 없다. 대신에 비강(콧구멍) 내에 성대와 비슷한 '소리 주름'이라는 구조가 있는데, 이곳으로 공기가 지나갈 때 소리가

만들어져서 반향정위나 서로간의 커뮤니케이션에 이용된다.  생체청
각 연구에 첨단 과학기술이 활용되면서 고래의 코 구조 기능을 더 잘
이해할 수 있게 되었다.  연구 결과 고래의 코 속에 있는 '소리 주름' 은
복합적 신체 조직으로 이 부분에서 모든 소리가 만들어지는 것으로 확
인되었다.  배낭背囊, dorsal bursa이라 부르는 이 복합 조직에는 '발성 입
술' 이라는 비강 쪽으로 돌출된 구조도 포함된다.  공기가 비강을 통과
하면서 이러한 발성 입술을 지나가면 주위 조직들이 떨리면서 소리가
만들어진다.

　발산한 소리가 물고기 같은 물체에 반사되어 돌아오자마자 돌고래
는 또 소리를 낸다.  돌고래도 박쥐처럼 목표 대상인 물고기가 어디에
있고 어디로 가고 있는지 정확히 알아낸다.  자신이 발산하는 단절음과
메아리로 돌아오기까지 시간 간격을 이용해 목표 물체와 얼마나 떨어
져 있는지 거리를 측정한다.  그리고 돌고래의 머리 양쪽에서 수신되는
신호의 강도 변화로 목표물이 이동해 가는 방향을 알 수 있다.  돌고래
는 계속해서 단절음을 만들어 발산하고 그 메아리를 수신함으로써 목
표 물고기가 움직이는 방향과 속도에 대해 정확한 정보를 얻을 수 있
다.  돌고래가 목표물에서 멀리 떨어져 있다면 느린 속도로 소리를 만
들어낸다.  목표물에 가까이 갈수록 소리의 반사가 빨라지고, 돌고래는
더 빠르게 소리를 만들고 발산하여 그 물체를 감지한다.  이와 같은 방
식으로 끊임없이 소리를 발산하고 메아리를 수신하면서 돌고래는 목
표물을 추적한다.

돌고래의 반향정위 체계는 매우 민감하고 복잡하다. 큰돌고래는 부피나 표면적만이 10퍼센트 이하로 다를 뿐 실제로는 같은 두 물체를 청각만을 이용해 구분할 수 있다. 소음이 많은 환경에서도 이렇게 할 수 있으며, 소리를 내면서 동시에 반향정위를 할 수도 있고, 가까이 있는 목표물과 먼 곳에 있는 목표물을 동시에 반향정위를 할 수도 있다. 음파 탐지 전문가들도 하기 어려운 능력이다. 한쪽에는 반향정위 음파로 탐색할 면이 있고 반대쪽은 표면 질감을 다르게 한 금속 디스크 두 장을 앞에 놓으면 돌고래는 이 두 원판을 구별해낸다. 이렇게 내부 구조까지 감지하는 능력은 정말이지 놀랍다. 음파를 시각 대신으로만 사용하는 것이 아니다. 물속에서 슈퍼맨의 X－선처럼 투시하여 본다. 사실 돌고래는 반향정위로 50미터 이상 떨어진 곳에서 2센티미터만 한 물체도 감지할 수 있다! 돌고래들은 종에 따라 각각 먹잇감 물고기의 부레에 부딪쳐 돌아오는 소리의 주파수에 맞춰 뇌가 발달한 것으로 생각된다. 부레는 소리를 많이 반사시키는 구조이기 때문에 돌고래들은 이를 감지하여 물고기의 종류를 구별할 수 있다. 큰돌고래나 다른 돌고래들의 머리 모양은 단절음을 만들어 발산하고 또 반사되어 돌아오는 소리를 감지하는 데 에너지를 집중시킬 수 있도록 진화한 결과라고 설명할 수 있다.

많은 나라에서 돌고래의 비상한 능력에 관심을 갖고 바다 속에서 수중 작업이나 해상 구조 활동을 위해 돌고래를 훈련시키는 행동학적 연구를 지원해왔다. 이를테면 미 해군은 바다 포유류를 군사적으로 이


동물의 숨겨진 과학

용하는 연구를 하고 있는데, 주로 큰돌고래와 캘리포니아바다사자를 대상으로 선박과 항구 방어, 기뢰 감지와 제거, 장비 복구 같은 과제를 수행하도록 훈련시킨다.

훨씬 큰 뇌를 가진 고래들은 훨씬 더 영리하다. 영국 생물학회지에 발표된 최근 논문에 따르면, 일부 고래들은 음파 탐지 체계로 두 가지 소리를 동시에 발산하여 바다 속 물체를 감지할 수 있다. 그런데 그 정확도가 우리 인간이 최첨단 기술로 만든 장비보다 더 우수하다. 분리해서 발산하는 '두 가지 음파' 는 서로 매우 비슷하여 인간의 귀로는 구분할 수 없지만 컴퓨터 분석으로는 뚜렷이 구분된다. 고래의 숨구멍을 통해 내시경을 비강 상부까지 삽입하여 관찰했을 때, '발성 입술' 들이 동시에 또는 따로 소리를 만들어내는 모습을 확인할 수 있었다. 하와이대학교의 마크 래머스Marc Lammers와 스페인 오세아노그라픽수족관 Oceanografic Aquarium의 마누엘 카스텔로테Manuel Castellote는 흰돌고래를 집중 관찰한 후, 고래의 이중 음파 탐지 체계는 여러 가지 유리한 점이 있다고 주장했다. 소리에 힘이 실리는 것이 그 한 가지 장점이다. 즉, 두 음파의 에너지가 결합되어 고래가 감지할 수 있는 물체의 범위가 크게 확대된다. 그리고 또한 발성 입술이 각각 서로 다른 주파수의 소리를 만들기 때문에도 소리의 폭이 넓어지고, 따라서 '목표를 감지하고 분류하는 데 도움을 준다'. 다른 장점으로는 '흰돌고래는 각각의 음파를 발산하는 데 약간의 시간차를 두어 반향정위 빔의 폭과 방향을 적극적으로 조절할 수 있다' 는 것이다. 이와 같이 이중 음파를 만들어


소리로 찾고 대화하다

발산하는 능력과 관련된 특별한 기술은 고래목 동물 가운데 범고래, 거두고래, 향고래 같은 이빨고래들이 공통적으로 가지고 있다.

앞서 이야기했듯이 반향정위는 박쥐에서 처음 발견되었지만, 실제로는 많은 동물들이 이러한 듣기 감각을 새롭고 흥미로운 방식으로 이용하고 있다. 반향정위는 진화 과정에서 여러 동물 종들이 각자의 방식으로 발전시켜왔기 때문에 그 형태도 다양하다. 박쥐, 돌고래와 고래, 칼새와 쏙독새 같은 새들도 반향정위를 할 수 있는 것으로 알려져 있다. 박쥐와 공통 조상을 가진 현대의 땃쥐들은 수중에서 반향정위를 하며 공기 중에서도 가능한 것으로 추정된다. 그다지 많은 연구가 이루어진 것은 아니지만, 땃쥐들은 단순히 톡톡거리는 소리부터 복잡하게 쨱쨱거리는 울음소리나 휘파람 소리가 다양하게 섞인 형태까지 여러 가지 반향정위 신호를 이용한다. 자연에서는 공통된 문제를 해결하기 위해 매우 다양한 방법들이 동원된다. 이번 경우에는 자신의 주변 환경을 보기 위해 소리를 사용한 셈이다.

# 4
# 맛과 촉감

황량한 겨울날 그리고 더욱 황량할 내일에 대한 기대로 의기소침해진 나는
케이크 한 조각에 차를 적셔 입에 넣었다. 케이크의 따뜻한 액체가 입천장에 닿는 느낌과 함께
온 몸에 전율이 일었다. 그리고 나는 내 몸에서 일어나고 있는 무언가 예사롭지 않은 일에 집중했다.
어디서 비롯되는지 알 수 없었지만…… 형언할 수 없는 기쁨이 나의 감각을 파고들었다.
삶의 흥망성쇠가 내겐 차이가 없어졌다. 색즉시공이고 일장춘몽이었다.
—마르셀 프루스트, 《스완네 집 쪽으로》(1913)


## – 만찬을 준비하다! –


미각의 즐거움은 미뢰에서 시작하여 뇌 속의 보상 센터에 전기적 신호가 도달하는 것으로 끝난다. 우리의 미뢰는 3~4주마다 계속 재생되며, 이와 연결된 뇌세포는 신체적·심리적 상태에 따라 계속해서 다양한 수준으로 활성화된다. 어떤 음식이 매우 맛있을 때도 있지만 별로 맛이 없게 느껴지는 때가 있는 이유가 여기에 있다.

동물들도 우리 인간처럼 먹는 먹이의 맛을 느끼고 즐긴다. 마치 다섯 살짜리 아이처럼 먹는 것에 매우 까다롭게 굴며 아무것이나 먹지 않는다. 사실 미각은 동물의 세계에서 가장 중요한 감각 체계 가운데 하나다. 한 동물이 살고 죽음을 결정하기 때문이다. 이를테면 독이 있는 물질을 삼키기 전에 이를 감지하거나 경고하지 못하면 치명적일 수 있다. 그러므로 미각은 신체의 보호자로서 무엇이 성장과 생식을 위해 필요한 영양이 될지 판단하는 역할을 한다.

숲 속에서 다람쥐가 양 손으로 도토리를 쥐고 속을 갉아먹는 모습을 보면 가까이 다가가 자세히 관찰해보자. 다람쥐는 이빨로 도토리를 부지런히 갉아내면서, 입 안의 혀로는 잘게 부서진 먹이 조각들을 이리저리 돌리면서 맛을 본다. 그리고 맛이 있고 먹어도 될 것 같으면 삼킨다(먹어도 될 것 같기만 해도 된다!). 그러나 맛이 없거나 고약한 맛이 나면 뱉어버린다. 물론 맛을 보고 삼킬 만한 시간적 여유가 없으면 일단 입이 미어지게 채워 넣은 다음, 조금이라도 위험한 맛이 나면 뱉어내고 그렇지 않으면 안전한 장소에 가서 여유롭게 음식물을 삼킨다.

모든 동물에게는 맛을 느끼는 미뢰가 있다. 바다와 민물에 사는 수중동물뿐만 아니라 육지와 공중에 사는 동물들도 각각 고유한 화학적 감각기를 이용하여 먹이 속의 화학물질들을 감지할 수 있도록 진화했다. 말하자면 모든 생명체는 자기들만의 화학적 감각의 세계에 살고 있으며, 이러한 세계는 서로 다른 종끼리 겹치기도 한다.


동물의 숨겨진 과학

★　　★

　먼저 수중 세계로 여행을 떠나보자. 그곳에서는 신비로운 생명체들이 자기 몸에 자양분이 될 먹이를 조심스레 맛보고 선택하며 수백만 년 동안 생존해왔다. 사실 전 세계에서 경골어류(딱딱한 뼈가 있는 물고기)만큼 종류가 다양한 동물도 없다. 자연은 경골어류들을 대상으로 한 다양한 실험을 통해 사지동물(육지의 척추동물)의 혀 구조와 미각, 후각을 만들어냈으며 그 흔적을 현재의 경골어류에서 볼 수 있다. 지금도 새로운 어류가 발견되고 있으며, 아마도 언젠가 과학자들에게 발견되기를 기다리는 물고기들도 많을 것이다. 새로운 종이 확인될 때마다 우리가 세계를 새로운 감각으로 보게 될 가능성이 열릴 것이다. 그리고 적응과 생존을 위한 동물들의 행동 전략과 감각의 신비로운 진화가 우리의 상상을 뛰어넘는다는 사실을 배우게 될 것이다.

## － 식도락가 메기 －

　미국 몬태나 주에서는 겨울에 물고기를 양식하는 연못이 얼어붙는다. 그러나 루이지애나에서는 완전히 얼어붙지는 않고 얼음 조각들이 물 위에 떠다닌다. 1984년 12월 말, 재그밋은 루이지애나 배턴루지에 있는 얼음물에 뛰어들었다. 당시 루이지애나주립대학교 대학원생이었던 재그밋은 미각 체계를 연구하던 중에 실험실 동료와 함께 발바닥만 한 메기를 잡기 위해 연못에 덫을 설치했다.[†] 논문을 발표하기로 예정된 화학수용기학회의 겨울 회의가 얼마 남지 않은 데다 아직 데이터가 더 필요했기에 필사적이었다.

재그밋은 몸이 마비되는 느낌 속에서도 물 밑을 더듬거리며 덫을 찾아 얼룩메기 두 마리를 건져 올려서 양동이에 담을 수 있었다. 창백하고 주름투성이가 된 자기 손가락을 보고는 기겁을 했지만 건강한 메기의 매끈하고 고운 피부를 보니 마음이 흡족했다. 문제는 그 뒤였다. 대학 농장을 가로질러 1킬로미터쯤 떨어진 곳에 주차된 차를 향해 걸어가는데, 몸에서 이상야릇한 느낌이 들면서 전에는 한 번도 경험하지 못했던 타는 듯한 통증이 몰려왔다. 차에 올라 히터를 켰을 때는 몸이 격렬하게 떨리며 호흡도 매우 급해지고 거의 실신 상태가 되었다. 당시에 그는 심부 체온이 몇 도만 떨어져도 생명이 위험하다는 사실을 몰랐다. 메기가 어떻게 맛을 감지하는지 연구 주제에 대한 답을 얻는 데만 골몰했던 것이다.

메기의 미각 메커니즘을 이해하는 일이 얼마나 중요하기에 이런 고생까지 해야 했을까? 18세기 말 미국 과학자 C. J. 헤릭C. J. Herrick이 현미경으로 미세한 돌기를 관찰하여 '미뢰'라고 명명했다. 이러한 미뢰는 입속에 있는 경우가 보통이지만 메기는 피부에 있다. 헤릭은 메기의 피

---

[†] 메기를 맛있게 요리하는 갖가지 방법이 아니라 메기가 먹이의 맛을 알아내는 방법에 관한 연구였다.

부 전체가 미뢰로 덮여 있는 것을 관찰했다! 재그밋의 실험실 연구원들은 그래서 메기를 '헤엄치는 혓바닥'이라 부른다. 헤릭은 자신의 연구 생활 중 상당한 기간을 메기가 이러한 구조를 이용해 먹이의 맛을 본다는 사실을 입증하는 데 매달렸다. 그로부터 20~30년이 더 지나서야 인간의 혀에서도 미뢰 비슷한 구조가 발견되었다. 실제로 우리 인간의 미뢰는 혀의 표면에 뾰족뾰족 솟아 있는 작은 돌기인 유두 속에 존재한다. 혀를 내밀어 거울 가까이 비춰보면 이러한 유두를 관찰할 수 있다.

C. L. 헤릭C. L. Herrick은 19세기 말에 《비교신경학 잡지Journal of Comparative Neurology》를 창간했는데, 동생 C. J. 헤릭이 편집장을 맡아 소머리메기(Ictalurus nebulosus)를 대상으로 한 일련의 실험 결과를 논문으로 발표했다. 논문에서 그는 메기가 먹잇감의 피부에서 새어 나오는 화학물질을 감지할 수 있다고 주장했다. 가재가 들어 있는 물에 솜 조각을 담근 다음 메기의 옆구리 쪽으로 천천히 가져가는 실험을 했는데 솜 조각이 피부에 닿기도 전에 메기는 곧바로 머리를 그쪽으로 돌리고는 솜 조각을 덥석 물었다. 헤릭은 솜 조각에서 스며 나오는 화학물질들이 메기 옆구리의 화학수용기를 자극하는 것으로 결론 내렸다. 그는 해부학적 연구도 병행하여, 안면신경(12개의 뇌신경 가운데 하나로 모든 척추동물에 있다)에서 갈라져 나온 특수 신경이 메기에만 존재하는 것을 발견했다. 이 신경은 얼굴로 향하지 않고 옆구리로 가서 피부의 미뢰에 분포하는 것으로 확인되었다. 안면신경 되돌이가지recurrent branch라 불리는 이 신경은 맛 신호를 뇌간에 있는 큰안면엽large facial lobe으로

전달해준다. 안면엽은 뇌간의 일부로 맛 정보를 처리하는 곳이다. 그로부터 거의 100년이 지나서, 재그밋은 얼룩메기channel catfish 뇌의 안면엽을 해부학적으로 조사하여 주위 세포들보다 거의 20배나 큰 거대 신경세포들이 있는 것을 확인했다. 이 세포들에서 나오는 신경돌기망은 안면신경 되돌이가지나 다른 가지들을 통해 1초당 7미터에 가까운 속도로 전달되는 신호를 받아들인다. 비교적 수가 적은 이런 신경세포는 몸의 여러 다른 부위에서 전해오는 맛 정보를 순간적으로 비교 통합하여 먹잇감을 낚아채기 위해 어느 쪽으로 방향을 틀어야 할지 '결정' 하도록 최적화된 듯하다. 그들은 맛 정보를 받아 신경에 전달하여 옆구리 근육을 수축하도록 명령한 다음 머리를 뒤쪽으로 돌리고 먹잇감을 낚아채는 과제를 빠르고 효율적으로 수행한다.

메기에게, 아니 사실 모든 물고기에게 이와 같이 강력한 미각 분자는 소금이나 설탕이 아니고 단백질을 구성하는 기본 물질인 아미노산이다. 이 방법이 매우 효율적인 이유는 모든 동물들의 피부에서, 특히 상처가 생긴 동물의 피부에서 유리아미노산이 새어 나오기 때문이다. 메기는 잡식성이며, 그중에서도 얼룩메기 같은 일부 종은 매우 활동적으로 헤엄쳐 다니는 포식자들이다. 모든 메기들은 맛에 민감한 옆구리 외에도 네 쌍의 긴 촉수를 가지고 있다. 이것은 '물고기수염' 이라 불리는데, 수백만 개의 미뢰를 가진 미각기관이다. 이 물고기수염들은 물속에서 쉽게 흔들려 아미노산의 흐름을 '감지' 하고 흙탕물처럼 혼탁한 가운데서도 먹잇감을 확인한다. 사실 소머리메기는 눈이 매우 작아

잘 보지 못한다. 얼룩메기들이 맑은 물을 좋아하는 데 비해 소머리메기는 흙탕물에서 사는 경우가 많아 자신이 가진 모든 감각들을 이용한다. 심지어 전기수용기도 있는데, 이를 이용해 먹잇감을 찾고 공격하여 통째로 삼켜버린다.

20세기 후반, 메기가 먹는 행동에서 물고기수염과 같은 미각기관이 하는 역할에 대해 많은 연구가 있었다. 그 결과, 메기는 주위 물속에서 아미노산 농도의 미세한 차이를 비교하여 어떤 방향이든 먹잇감이 수백 미터 떨어진 곳에 있어도 그 위치를 알아낼 수 있는 것으로 확인되었다. 메기의 미뢰는 매우 민감하여 드넓은 호수의 한쪽 끝에서 헤엄치는 메기가 반대쪽 호숫가에 떨어뜨린 아미노산 용액 한 숟가락도 감지할 수 있다. 또한 상처 입은 동물이 있으면 수킬로미터 이상 떨어진 곳에서도 알아낸다. 머리의 미뢰와 물고기수염에서 받아들이는 정보는 물고기의 행동을 조절하는 뇌간의 반사중추에 도달한다. 정보는 복잡한 처리 과정을 거치며 서로 연결되어 3차원 공간에서 먹잇감이 있는 위치가 산출되고, 어떤 경로를 거쳐 그곳에 가라는 명령이 하달된다. 몸 한쪽의 물고기수염을 인위적으로 제거한 뒤 관찰한 연구에서는 메기가 물고기수염이 제거된 쪽으로 '장님'이 되는 것으로 밝혀졌다. 둥근 물탱크 속에서 미각 분자가 있는 곳을 찾아갈 때 늘 그 반대쪽 방향으로 돌면서 헤엄쳤다.

메기들은 몸 바깥뿐만 아니라 다른 동물들처럼 입속에도 미뢰가 있다. 실제로 몸의 다른 부위에도 미뢰가 있는 종들이 있지만, 모든 물고기들은 입속에도 미뢰가 있다. 재그밋을 포함한 일부 과학자들은 이러한 두 가지 미뢰에서 미각 물질에 대한 민감도와 특이도가 어떻게 다른지 연구했다.

입속과 입 밖의 미뢰에 분포하는 신경에서 생성되는 전기적 활동을 비교했을 때 두 미각 체계 사이에서 비슷한 점과 다른 점이 드러났다. 자연은 매우 실용적인 해결책을 찾아낸다는 것이 여기에서도 드러났다. 메기의 몸 바깥 표면과 입술 부위에 위치한 미뢰들은 쓴 물질에는 반응하지 않는 반면, 입속 뒤쪽에 위치한 미뢰들은 쓴맛에 매우 민감했다(쓴맛을 내는 물질은 삼켰을 때 독성을 나타내는 경우가 많다). 인간을 포함하여 육지동물들도 쓴 물질에 매우 민감한 미뢰들은 혀 뒤쪽에 위치하며, 이러한 구조는 연하반사를 억제하여 독소가 우리 몸으로 들어오지 못하게 해준다. 쓴맛이 나는 알약을 혀 뒤쪽에 놓고 삼키기 어려운 이유가 여기에 있다. 더욱이 쓴 물질은 한 걸음 더 나아가 트림이나 구역반사를 일으키도록 자극한다.

일부 아미노산은 동물이 먹으려는 욕구를 일으키는 데 중요한 역할을 하지만, 어떤 아미노산들은 특정한 종류의 먹이를 더 많이 또는 더 적게 먹도록 자극한다. 메기에서 미각수용기 세포와 입 바깥의(몸 외부 표면의) 미뢰에 분포하는 신경들은 단맛을 내는 엘-알라닌 같은 일부 아미노산에만 매우 민감하게 반응한다. 반대로 입속 미뢰에 분포하는 신경들은 쓴맛이 나는 엘-아르기닌이나 퀴닌 같은 다른 물질들에 훨씬 더 민감하다.


동물의 숨겨진 과학

　　많은 종류의 물고기들이 피부 손상을 막기 위해 몸을 비늘로 감싸고 있기 때문에 몸의 바깥 표면에 미뢰가 없고 입 밖의 미뢰는 입술에만 집중되어 있다.  이런 물고기 가운데 한 종이 우리에게 친숙한 금붕어다.  수족관 속의 금붕어를 자세히 관찰해보면, 수족관 바닥에 깔린 자갈에서 작은 입자들을 자주 빨아들였다가 내뱉는 모습을 볼 수 있을 것이다.  이 녀석들은 입속에 있는 비교적 큰 기관을 이용해 먹이 입자를 표본 조사하고 있는 중이다.  이 기관은 입천장의 윗부분에 위치하고 있어 입천장기관palatal organ이라 불린다.  미국 콜로라도대학교의 토머스 핑거Thomas Finger 등 여러 학자들은 이 장기가 미뢰로 가득 차 있는 것을 관찰하였다. 금붕어는 몸 바깥에 미뢰가 없기 때문에 메기처럼 멀리 떨어져 있는 먹잇감을 감지할 수 없다. 그 대신에 먹이 입자를 함유한 물을 한 입 가득 머금고 근육질의 입천장기관을 이용해 이를 조심스럽게 분류하는 것이다. 입천장기관이 먹을 수 있는 입자를 감아쥐면 물결 흐름을 거슬러 입천장 근육을 꽉 조인 다음 나머지 못 먹는 부분을 높은 압력으로 뱉어낸다. 물고기의 아주 작은 뇌에서 비교적 큰 부분을 차지하는 부위가 이러한 동작을 조절한다. 미주엽이라 부르는 이 부위는 미주신경가지를 통해 미각 정보를 받아들이는데, 인간의 대뇌피질처럼 여러 개의 이랑과 고랑이 매우 효율적으로 이루어져 있다.

　　물고기의 뇌는 진화론적 측면에서 놀랄 만한 적응력을 보여준다.

각각의 종들이 각자의 먹이 습관과 생태적 지위를 터득하기 위해 긴 진화의 역사를 통해 자연이 해왔던 수천 가지 실험의 결과가 그대로 드러나 있다. 뇌의 일부 구조는 입력된 맛 정보를 가장 효율적으로 활용할 수 있도록 여러 가지 형태로 수축되거나 확대되었다.[†] 그리고 주변의 물을 분석하기 위해 미각 체계를 진화시키지 않고 다른 혁신적인 방법을 이용하는 동물들도 있다. 관련 분자를 감지하도록 특화된 감각기 구조와 신경체계가 있어 화학적 감각 정보를 적절히 받아들여 먹이 행동으로 연결시킬 수 있다면 다른 화학수용기도 동일한 역할을 할 수 있다.

## – 손가락 핥기 –

성대sea robin는 최대 200미터 깊이의 바닷속 밑바닥에서 살아가는 신기한 물고기다. 헤엄칠 때 커다란 가슴지느러미가 새의 날개처럼 열렸다 닫혔다 하는 모습 때문에 '시 로빈sea robin'이라는 새 이름을 가지게 되었다. 또 다른 특징은 '북치는 근육'이 있는 것인데, 성대는 이 근육으로 부레를 두드려서 소리를 낸다. 이것은 성대가 동료들과 소통하는 방식으로 생각되는데, 인간이 서로 먼 거리에서 북을 쳐서 소식을 전하는 방식과 같다.

[†] 뇌의 미주엽이 코르크 병따개처럼 이상하게 생긴 물고기도 있다.

성대가 특히 과학자들의 관심을 끄는 것은 가슴지느러미의 처음 세 층 때문이다. 막이 없는 이 지느러미 층은 화학적 감각에 이용되는데, 화려한 빛으로 바다 속에서 일렁이며 환히 빛난다. 성대의 척수를 살펴보면 커다랗게 부풀어 오른 부위가 세 곳이 있는데, 각각 특화된 세 지느러미를 한 곳씩 담당한다. 지느러미는 마치 물고기의 손가락과 혀처럼 기능하여, 해초 속의 작은 동물들을 입속으로 넣기 전에 찔러보거나 맛을 본다. 척수 속의 부풀어 오른 부위는 매우 작은 뇌라 할 수 있는데, 금붕어의 경우 입천장기관에서 오는 정보를 받아들이는 뇌간의 미주엽과 같은 역할을 한다. 이러한 구조는 미각과 관련한 정보가 다량으로 들어올 때 빠르게 분석하여 물고기에게 그 먹이의 맛과 처리 방법을 말해준다.

먹이를 맛보는 척수의 능력은 동물의 왕국에서 매우 독특한 경우에 속해서 동물들 사이의 미각 연관성을 이해하고자 하는 많은 과학자들의 연구 대상이 되어왔다. 이러한 연구 결과 물고기뿐만 아니라 거미 그리고 여러 곤충들도 먹이의 맛을 느낄 수 있는 것으로 확인되었다. 이런 동물들은 주로 먹이와 가장 먼저 접촉하는 신체 구조를 이용했다. 많은 무척추동물들의 경우 발이 이러한 역할을 담당하는 것으로 밝혀졌다. 식탁 위를 걸어 다니는 파리와 잘 익은 복숭아 위에 앉은 초파리(*Drosophila*)는 발을 이용해 먹잇감을 맛본다. 이 녀석들의 발에는 가느다란 털처럼 생긴 구조물이 있는데, 그 끝에 구멍 하나가 나 있다. 구멍 입구에 있는 신경세포들 각각은 여러 가지 화학물질에 민감하다.

대부분의 곤충들은 소금, 설탕, 물 또는 아미노산에 반응하는 신경세포들 외에도 종에 따라 특별한 먹이의 핵심 성분에만 반응하는 특수한 신경세포들을 가지고 있다. 이와 비슷하게 거미는 미각 털이 발과 두 개의 더듬이에 달려 있다. 거미줄에 걸린 곤충들이 벗어나기 위해 필사적으로 몸부림칠 때 발생하는 진동은 완벽한 신호가 되고, 발로 이것을 감지한 거미는 맛있는 식사를 탐색하러 나선다. 거미를 쫓아내는 방법도 아주 간단하다. 집 벽에다 거미 방지용 레몬 세제를 뿌려두면 된다. 거미가 그 맛을 아주 싫어하기 때문이다. 늑대거미 암컷은 짝짓기 상대를 유혹하기 위해 페로몬을 칠한 거미줄을 치고, 수컷은 이 맛을 따라서 거미줄을 타고 온다.

혹 맛있는 음식을 먹을 때면 자신들의 생태적 지위 내에서 같은 행동을 하는 다른 동물들을 생각해보자. 인간과 마찬가지로 그 동물들도 자연이 그들에게 제공한 것을 모두 이용하고 있다. 수많은 미뢰와 정교한 미각 그리고 다음에 설명하겠지만, 자신들의 환경 속에서 가장 좋은 먹이를 찾도록 해주는 날카로운 후각 등을 말이다.

## - 냄새에 대하여 -

메기는 아미노산을 맛볼 뿐만 아니라 그 냄새도 맡는다. 그리고 미각처럼 후각 체계에서도 각각 다른 냄새 물질에 가장 잘 반응하는 수용기들을 가지고 있다. 그러면 물고기들은 어떻게 아미노산 냄새를 맡을까? 아미노산은 휘발성 물질이 아니다. 누군가 술을 많이 마셨을 때 떨어져 있어도 그 냄새가 풍기는 알코올과 달리, 아미노산은 상온에서 공기 중으로 쉽게 증발하지 않는다. 그러나 물고기들은 물속에서 살기 때문에 증발되지 않아도 냄새를 맡을 수 있다. 물을 통해 확산되기만 하면 된다. 그러므로 수중동물에게는 육지동물에서처럼 냄새와 맛 사이의 고전적 구분이 적용되지 않는다. 그러면 어째서 물고기들은 물속의 화학물질을 감지하기 위해 냄새와 맛이라는 별개의 감각을 가지고 있을까? 이와 같은 물음에 답하기 위해 각각의 화학적 감각 체계에 의해 나타나는 행동들을 생각해보자.

연구에 따르면 후각 정보가 들어오면 뇌의 동기 유발 체계로 입력된다. 메기의 입 바깥쪽 표면에 위치한 미각수용기들과 달리, 후각은 먹고자 하는 동기를 억제하거나 또는 강화한다. 그것은 우리 인간도 마찬가지다. 물고기, 그중에서도 특히 메기는 후각 체계가 아미노산과 쓸개즙염 등 여러 가지 자연적 화학물질에 민감하다. 이 중에는 미각 물질과 겹치는 경우도 많다.

어렸을 적 놀다가 집에 들어왔는데 구수한 과자 냄새가 풍겨오던 때를 떠올려보자. 집 안을 가득 채운 냄새는 입안에 군침이 돌게 만들고 우리는 기대에 차서 코를 킁킁거리며 그것이 무슨 냄새인지 알아보려 한다. 물론 이리저리 둘러보며 찾아 확인할 수도 있지만, 이미 알고 있는 냄새에 대한 기억만으로도 우리는 어디에 무엇이 있는지 유추할 수 있다. 그다음 행동은 과자를 손에 움켜쥐고 입속으로 밀어넣는 것이다. 그리고 이때부터 미각 체계가 작동하여 입속으로 들어온 것이 정말로 기대만큼 좋은지 어떤지 말해준다. 너무 오래 구웠거나 타버린 과자는 즉시 감지하여 뱉어낸다. 물론 너무 구워 퍼석퍼석한 과자라도 완전히 타서 쓴맛이 나지 않는 한 잘 먹는 사람도 있을 것이다. 이렇게 후각 체계는 떨어진 거리에서 음식물을 감지하고 그것을 찾아 먹고자 하는 동기를 일으켜주는 반면, 미각 체계는 삼킬 것인지 버릴 것인지 판단하게 해준다. 이처럼 기능적인 면에서 볼 때 후각 체계와 미각 체계는 완전히 다르다. 즉 각각 담당하는 역할이 있으며, 이것은 땅이나 물에서 살아가는 다른 여러 동물들도 별반 다르지 않다.

수중 환경이지만 메기도 냄새를 맡으며, 후각 정보는 뇌 속에서 처리되어 동기 유발 체계로 기능한다. 후각 신호는 동물이 먹이를 찾도록 동기를 유발시킨다. 그리고 이것을 이어받아 네 쌍의 '맛 안테나'를 가진 정교한 미각 체계가 작동한다. 뇌는 주위 여러 지점에서 아미노산 분자의 농도 차이를 비교하는 방법으로 빠르게 미각 물질의 분포를 3차원 공간에서 계산해낸다. 그리고 물고기는 이러한 정보를 이용해 먹잇감이 있는 지점을 향해 헤엄쳐 간다. 목적지 부근을 몇 차례 맴돌 수도 있다. 하지만 마치 방출된 후 자기 집으로 돌아가기 위해 도시의 지형지물이나 지구 자기장을 이용해 방향을 찾는 집비둘기처럼 결국은 원하는 지점에 도달한다. 그리고 그때부터 먹잇감이나 죽은 동물을 한 입씩 베어 물면서, 입속의 미각 체계가 촉각과 협력하여 먹을 수 없는 부위에서 부드럽고 맛있는 부분을 찾아낸다. 그런 다음 메기는 미각과 후각 체계를 총동원하여 다른 먹잇감을 찾아 나서고, 이렇게 또 하루를 생존한다.

모든 동물에서 냄새는 동기 유발 스위치를 켜서 먹는 행동을 시작하게 하는 작용을 하고, 미각은 섭취와 연관된 반사작용을 조정한다. 물론 누구나 특정 맛에만 허기를 느낄 때가 있는데(공원에서 파는 아이스크림이나 디저트가 들어갈 자리는 거의 항상 남아 있다), 이 때문에 동기 유발 스위치가 켜짐으로써 의식적으로 맛이나 냄새를 분류하는 행동에 혼란이 생기기도 한다. 그리고 특정 맛에만 포만감을 느끼는 경우에는 특정한 미각 신호가 스위치를 끄는 효과를 줌으로써 먹는 행동을 적절히 중단시킨다. 이렇게 스위치가 적절히 작동하지 못하면 비만이 나타나기도 한다. 제멋대로 애완동물을 내버려둔 경우가 아니라면, 비만은 다른 동물에서는 거의 찾아볼 수가 없다.

– 북극곰 –

화학적 감각 능력을 최대로 발휘하는 동물은 메기 외에도 많이 있다. 그러나 파충류들은 미각이 그리 뛰어나지 않으며, 새들은 주로 청각과 시각에 의존해 비행할 뿐 혀에는 미뢰 수가 많지 않다. 후각도 떨어지는 경우가 대부분이다. 그러나 독수리는 예외여서 수십 킬로미터 이상 멀리 떨어진 곳에서 사체가 풍기는 냄새도 맡을 수 있다.

포유류 가운데 북극곰은 믿을 수 없을 만큼 뛰어난 후각을 가지고 있다. 북극곰은 눈 덮인 북극 한가운데서 살아가지만 물속에서 헤엄치거나 잠수하는 데도 능숙하다. 정상 체온은 인간과 비슷하게 37도이며, 덥수룩한 털과 단단한 가죽 그리고 단열 작용을 하는 지방층이 체온을 유지해준다.

북극곰은 북극해의 얼음 세계를 지배하는 포식자다. 털외투는 먹잇감 동물들이 알아차리기 힘든 색을 하고 있다. 이러한 위장술에 더하여 아주 민감한 후각 덕분에 북극곰은 눈과 얼음 천지인 황량한 극지 환경에서 성공적인 사냥꾼으로 살아가고 있다.

북극곰의 코에는 혈액이 풍부하게 공급되는데, 이것은 두 가지 기능을 한다. 첫째는 과잉으로 발생한 열을 내보내는 것이고(극한 환경이지만 곰들은 몸이 과열되지 않도록 천천히 움직인다), 둘째는 콧구멍 속 깊숙이 있는 후각 구조에 산소를 충분히 공급하는 것이다. 30킬로미터 이상 떨어진 곳에 있는 고래 사체나 눈과 얼음 아래 2미터 깊이에 있는 바다표범에서 나는 냄새도 맡을 수 있다. 먼저 코를 하늘을 향해 치켜들고 쿵쿵거린 다음 눈에다 코를 박는다. 그러고는 먹잇감, 이를테면 북극 바다사자 새끼를 향해 다가간다. 북극곰은 바다사자의 은거지를 발견하면 강력한 앞다리를 이용해 눈과 얼음을 깨뜨려 저항하지 못하도록 한다. 어떤 경우에는 바다표범이 숨 쉬는 공기구멍을 찾아내어 그 위에 슬그머니 올라가 앉아 있다가 바다표범이 숨 쉬러 올라오면 구멍 밖으로 끄집어낸다. 얼음이 녹는 계절에는 흰갈매기 새끼나 흑기러기 같은 땅 위의 먹잇감을 사냥한다.

북극곰은 극지방의 극한 환경에서 이루어지는 섬세한 균형 속에서 생존해왔지만, 현재는 지구온난화로 얼음과 빙산이 갈라지고 녹아내려 서식지가 크게 위협받고 있다. 이러한 기후 변화가 계속되어 북극을 심각하게 파괴하는 결과를 초래한다면, 북극곰과 그 새끼들은 먹이를 구하기 위해 더 먼 거리를 헤엄쳐 가야 하며 새끼들이 살아갈 곳은 차츰 없어질 것이다. 이것은 결국 종의 소멸로 이어진다. 북극곰의 사냥이 줄면 바다사자들이 크게 늘어나고, 따라서 그들의 먹이가 부족해질 것이다. 그리고 먹잇감의 부족은 바다사자 개체수의 감소로 이어진다. 자연의 섬세한 균형이 이뤄지는, 그물처럼 연결된 생태계에서 한 종의 소멸은 전체 생태계에 부적응과 혼란을 초래한다. 그러므로 감각 및 형태의 적응은, 다윈이 관찰했던 것처럼 한 종의 관점에서 중요할 뿐만 아니라 생태계 전체의 관점에서도 매우 큰 의미를 지닌다.

## – 은밀한 감촉 –

촉각은 매우 민감한 신경세포가 세포막에 어떤 변형이 가해질 때 이에 반응함으로써 나타나는 감각이다. 이러한 촉각에 대해서는 아직 다른 감각들만큼 많이 연구되지 않았다. 촉감은 우리 신체 어디에서나 감지되기 때문에 당연시 여기는 경향이 있다. 맛을 느끼는 혀나 냄새를 맡는 코와 같이 관련되는 뚜렷한 감각 구조나 신체기관이 없기 때문에 우리는 촉각을 특별하게 생각하지 않는다. 그러나 피부 밑에는 여러 가지 형태의 작은 감각 구조들이 있다. 또 많은 동물들이 정교한 촉각을 가지고 있으며, 이를 잘 이용하는 방법도 알고 있다.

수염은 많은 동물들의 감각 체계에서 중요한 부분을 차지한다. 쥐를 비롯한 모든 설치류에게 이와 같은 수염이 있으며, 고양이와 개, 버펄로, 바다사자, 박쥐들도 수염을 가지고 있다. 수염이 있는 원숭이도 있지만, 인간을 포함한 대부분의 영장류는 수염이라는 흥미로운 구조물을 소실했다. 즉, 인간의 경우 자극에 매우 민감한 손가락 피부 주름이 수염의 기능을 넘겨받은 것으로 생각할 수 있다. 바로 촉각을 말한다. 손가락 끝이 피부의 다른 부위에 비해 얼마나 민감한지 알아보려면 눈을 감고 손가락 끝으로 여러 질감의 사포 표면을 살짝 문질러보기만 하면 된다. 사포 표면의 거친 정도에 따라 쉽게 순서를 정할 수 있을 것이다.

하지만 대부분의 다른 동물들은 팔다리를 걷는 데 이용하기 때문에 다리를 대신하여 촉각을 담당할 신체 구조가 필요하다. 수염이 있는 동물들의 뇌를 연구한 결과에 따르면, 뇌의 감각피질 한 부위는 수염에서 오는 감각을 처리하는 데만 전적으로 이용된다. 뇌 피질 중 이러한 부위를 '배럴피질'이라 부르는데, 각각의 수염에서 오는 정보가 모이는 뇌의 신경세포들이 배럴(술통) 모양으로 연결되어 있다고 해서 붙여진 이름이다. 뇌가 수염에서 오는 감각 정보를 어떻게 추출하고 해석하는지는 아직 잘 알지 못하지만 공학자들은 이미 수염이 있는 로봇을 설계하고 있다. 이와 같은 구조가 로봇이 주위 벽에 부딪히지 않고 길


동물의 숨겨진 과학

을 찾는 데 크게 도움을 줄 수 있기 때문이다. 수염은 유연한 구조로 되어 있어 어느 정도 거리를 두고 촉각을 느낄 수 있고, 따라서 머리나 몸통이 물체의 표면에 충돌하지 않게끔 거리를 유지시켜준다. 이것은 로봇은 물론이고 동물들이 주위 환경을 탐색하는 동안 발생할 수 있는 손상을 방지하는 기능을 하며, 특히 밤에 더욱 중요한 역할을 한다.

– 넌 어디에 있니? –

바퀴들도 수염이 있다. 하지만 다른 동물들과 달리 앞이 아닌 뒤에나 있다. 미엽cercus이라 부르는 이 특수한 구조물은 공기 흐름에 매우 민감해서 원거리 감각수용기와 같은 역할을 한다. 바퀴나 귀뚜라미의 수염 구조, 즉 미엽은 동물의 왕국 전체에서 가장 민감한 감각 구조 가운데 하나로 크기가 1미크론(100만 분의 1미터)보다 작은 공기 입자의 움직임도 감지할 수 있다.

수중동물 중에서는 매너티(바다소)가 가장 민감한 촉각을 가지고 있다. 매너티는 비교적 멀리 떨어진 물속에서 일어나는 사건과 물체도 느낄 수 있는데, '닿지 않고도 만진다'고 표현할 만큼 매우 정교한 촉각을 가지고 있다. 최근 미국 플로리다대학교의 로저 리프Roger Reep와 디애나 사르코Diana Sarko 교수의 연구·관찰에 따르면, 이 거대한 포유류의 몸은 감각기 역할을 하는 수염과 비슷한 특수 털로 덮여 있다. 감각모라 부르는 이 감각기들은 여러 가지 유형의 감각에 아주 민감하여서 매너티들은 물의 흐름과 온도 변화도 정확히 감지할 뿐 아니라 수천 킬로미터 떨어진 곳에서 몰려오는 조석력도 (그리고 쓰나미도) 알 수 있다. 허리케인이 다가오면 매너티들은 위험 지역을 빠르게 벗어난다.

매너티들은 시력이 좋지 않지만 미로처럼 얽힌 수로, 이를테면 플로리다 주 네이플 인근의 '만 개의 섬'이라 부르는 지역과 같은 곳에서도 길을 잘 찾아낸다. 과학자들은 매너티의 몸을 덮고 있는 감각모가 물의 움직임을 감지하여 자신들이 어떤 환경에 있는지 말해주기 때문에 이와 같은 능력을 발휘하는 것으로 추정한다. 말하자면 감각모를 항법 장치로 활용하는 것이다. 매너티의 뇌에서 촉각을 담당하는 부위는 다른 포유류들보다 훨씬 넓다. 매너티의 뇌에서 촉각과 관련된 뇌 영역은 특별히 뛰어난 감각을 가진 동물로 알려진 별코두더지보다도 더 넓다.

촉각은 가벼이 취급되는 경우가 많지만 생각보다 훨씬 더 복잡하고 중요하다. 우리 인간들에게도 주위 환경을 안전하게 탐색할 수 있게 도와줄뿐더러, 민감한 손끝으로 느끼는 촉감은 아주 중요한 역할을 한다. 사실 바퀴에서 인간까지 거의 모든 동물은 촉각이 중심적 위치에 있다. 연구 결과, 성체가 된 후 청각을 소실한 동물들은 뇌에서 소리를 처리하는 부위가 촉각에 반응하도록 전환되는 것이 확인되었다. 다음에 설명하는 박쥐의 예에서도 보겠지만, 동물들이 감촉과 관련해 무의식적 반사를 조절하는 감각 체계는 일상생활에서 매우 중요한 기능을 한다.

## – 박쥐의 곡예술 –

한 번쯤 자신의 발바닥을 살짝 두드리거나 긁어본 적이 있을 것이다. 이렇게 하면 간지러울 뿐만 아니라 발가락이 발바닥 쪽으로 오그라지는 반사가 일어난다. 의사들은 사고를 당한 환자의 척수 기능이 정상인지 판단하기 위해 이러한 반사작용을 검사한다. 운동신경 경로에 손상이 있으면 발바닥을 두드릴 때 오그라지지 않고 반대로 펴지게 된다. 의학에서는 이런 현상을 바빈스키증후라 부른다. 정상적 반사는 바닥 표면을 움켜잡아 걷는 데 도움이 된다. 그러므로 촉각은 우리 인간이 넘어지지 않고 걷는 데도 매우 중요하다.

박쥐의 몸은 여러 부위에서 촉각이 크게 발달했다. 콧수염에서부터 갈퀴날개의 섬세한 피부 그리고 발바닥이 매우 민감하다. 박쥐는 발가락 반사 능력을 이용해 나뭇가지나 동굴 천장에 거꾸로 매달릴 수 있는데, 이것은 발바닥이 자극될 때 나타나는 단순한 반사로 보인다. 이와 같은 촉각 반사는 박쥐의 본능으로, 새끼 박쥐들은 발부터 먼저 태어나고 또 매우 큰 발을 가지고 있다. 인간의 아기를 포함하여 대부분의 동물들에서 갓 태어난 새끼는 머리가 상대적으로 크지만, 박쥐 새끼들은 태어날 때 머리와 발이 모두 크다. 태어나자마자 이렇게 큰 발을 이용해 어미에게 매달린다. 그렇게 하지 못하면 동굴 바닥으로 떨어지고, 그것은 곧 동굴 바닥에 사는 다른 동물들에게 죽임을 당한다는 의미가 된다. 박쥐는 완전히 다 자라서도, 나뭇가지나 튀어나온 동굴 벽에 내려앉아 몇 시간씩 매달려야 할 때마다 발을 오므리는 반사작용을 이용해야만 한다.

2009년 3월 〈뉴욕타임스〉의 헨리 파운틴Henry Fountain 기자는 다음과 같은 기사를 썼다. "바닥에 밀착하며 착지하는 동작은 체조선수들에게 매우 어려운 동작으로, 한쪽 발을 들고 반대쪽에 체중을 싣게 되기 십상이다. 그러나 박쥐의 행동을 생각해보자. 발로 매달린 채 잠을 자야 하기 때문에 아래에서 위를 향해 동굴 천장이나 나뭇잎에 내려앉아야 한다. 중력을 거슬러 날아서 착지하는 것이다." 미국 브라운대학교의 대니얼 리스킨Daniel K. Riskin은 박쥐의 이와 같은 동작이 어떻게 가능한지 관찰하였다. 박쥐는 공중제비를 한다. 어떤 경우에는 한 차례 몸을 뒤튼 후 고난도 착지를 한다. 박쥐의 뒷다리는 매우 가늘고 약하기 때문에 안전하게 착지해야 하는데, 착지 순간의 충격은 매달리는 장소에 따라 다르다. 리스킨은 압력을 측정할 수 있는 접촉판과 비디오카메라를 이용하여 세 종류 박쥐의 착지법에 대해 연구했다. 그중 두 종은 동굴에서, 다른 한 종은 나무에서 생활하는 종이었다. 나무 박쥐의 경우 평균 최고 압력이 거의 몸무게의 네 배에 달했지만, 네 다리 모두로 착지하여 다리 각각에 가해지는 충격을 완화시켰다. 나뭇잎도 충격을 줄이는 데 도움이 되는데, 빠른 속도로 착지해도 다치지 않고 오히려 붙잡을 곳을 만들어준다. 동굴 박쥐들의 경우는 좀 더 부드럽게 한쪽으로 비스듬히 착지하는데, 비트는 동작을 거쳐 뒷다리로 착지한다. 동굴 천장이 단단하기 때문에 손상을 피하기 위해 부드럽게 착지해야 한다.

★　　★

　　우리 인간은 외부 세계를 탐색하고 그 속에서 생존해 나가기 위해 의식적 또는 무의식적으로 이용할 뛰어난 감각 능력을 부여받았다. 우리는 이 감각을 이용해 우리가 사는 세계를 이해한다. 제1장에서 보았듯이, 동물들도 이렇게 하지만 많은 동물들이 이러한 능력 외에도 독특한 능력과 자극 감지기를 가지고 있다. 전기장과 자기장 그리고 아주 약한 소리들을 이용하는 능력 등이 여기에 포함된다. 동물들은 눈을 대신하는 이러한 전략을 통해, 안정적이고 익숙한 단서를 탐색하여 주위 환경을 자세히 살피고 생존과 번영을 추구한다. 우리 인간과 같은 감각을 가진 다른 동물들 중에는 우리가 보기에 이상한 방법으로 감각을 이용하는 종들이 있다. 자연은 해결책을 찾아내며, 동물들이 자신의 생태적 지위에서 적응이라는 목표를 달성할 수 있도록 어떤 경우에는 진화의 긴 역사 동안 같거나 비슷한 방법의 해결책이 여러 차례에 걸쳐 동원되기도 한다. 뇌의 신경회로도 이와 같은 여러 형태의 감각적 적응과 함께 진화하였는데, 관련된 정보를 가장 효율적 방법으로 처리하고 목표 지향적인 행동을 하도록 만든다.

제2부

# 생존

*5*

# 위험을 알리고 살아남기 위한 전략

그리고 우리들이 서 있는 이 어둠의 광야는
전투와 패주를 알리는 소리들이 뒤섞인 혼란의…….
—매슈 아널드, 〈도버 해협〉(1867)

몇 년 전 빈에서 캐런은 몇몇 대학 친구들과 함께 절대 잊지 못할 광경을 보았다. 조용히 벤치에 앉아 아름다운 합스부르크궁전의 정원과 뜰을 감상할 때였는데, 갑자기 무언가 연못에 풍덩 빠지더니 물방울을 튕기며 필사적으로 날갯짓하는 소리가 정적을 깨트렸다. 그러더니 오리 한 마리가 그들 앞의 연못 기슭까지 헤엄쳐 와서는 새끼 새를 조심스럽게 내려놓았다. 물 위로 뻗은 나뭇가지에 있는 둥지에서 떨어진 것이었다. 오리는 익사 직전의 갓 부화된 새끼가 괜찮은지 확인하고는 어미가 돌아올 때까지 기다렸다. 새끼 새의 생명을 구한 오리는 그다음에야 연못 건너편으로 헤엄쳐 돌아갔다.

사고든 포식자든 또는 쓰나미나 지진 같은 자연재해든, 우리는 동물들이 곧 발생할 위험을 인식하고 서로에게 이를 알려 보호한다는 사실을 오래전부터 알고 있다. 지금부터는 동물들이(때로는 식물들도) 보내는 여러 가지 경고신호들에 대해 살펴보자. 그리고 동물들의 타고난 생존 전략에 대해서도 알아보자. 그런 다음, 2004년 동남아시아 해안을 휩쓴 무시무시한 쓰나미가 닥칠 때 스리랑카 얄라국립공원의 동물들이 어떤 신호를 감지하고 서로 전달하여 스스로 목숨을 구할 수 있었는지 대답해볼 것이다.

## – 위험! 위험! 대피하라! –

카누를 타고 강을 따라 내려가다 보면 가끔 비버가 꼬리로 수면을 때리는 모습을 볼 수 있다. 그 동작은 비버가 위험을 알리는 경고신호로, 카누를 위험으로 인식한 것이다. 흰꼬리사슴이 빠르게 '사슴 경고음'을 내고 꼬리털을 다른 사슴 앞에서 흔들면 이렇게 말하는 것이다. "여기서 떠나자." 다람쥐가 소란스러우면 포식자를 조심하라는 신호를 자기만의 방식으로 보내는 것이다. 까마귀가 내는 날카로운 소리나 고양이의 가느다란 울음, 방울뱀 소리 또는 개가 이빨을 드러내고 으르렁거리는 모습이 무엇을 의미하는지 모르는 사람은 거의 없다. 동물들의 경고신호는 구체적인 어느 한 종을 보호하는 경우도 있지만, 어떤 경우에는 아프리카 초원에서 사자의 위협을 받는 얼룩말, 가젤, 기린 등처럼 서로의 경고신호를 알고 있는 여러 동물 집단을 보호하기도 한다. 또한 식물들도 경고 체계의 한 부분이 될 수 있다.

박테리아도 경고신호를 보낸다는 것이 한참 전에 밝혀져, 현재 학자들은 정교한 기술을 이용해 식물들이 어떻게 경고신호를 만들어내는지 연구하고 있다. 물속에서는 해초들이 나름대로 바다의 경고를 보낸다. 연구 결과 일부 녹조류(예를 들어 유글레나*Euglena*와 클라미도모나스*Chlamydomonas*)와 같은 단세포생물들이 위험을 알리는 화학물질을 내보내는 것이 확인되었으며, 진동과 전기신호를 포함하여 식물의 경고 체계 일부를 이루는 다른 유형의 신호들도 계속해서 밝혀지고 있다.

과학자들은 식물이 전기적 신호를 발생시키면 이를 다른 식물들과 곤충들이 감지한다는 것을 발견했다. 아마도 다른 동물들도 이 신호를 감지할 것으로 추정된다. 1873년 영국의 생리학자인 존 버든 샌더슨 John Burdon-Sanderson 경이 식물을 자극했을 때 발생되는 전기생물학적 활동을 확인한 이래, 기온 변화, 습도, 빛, 손상 등 환경적 자극들이 식물에서 발산되는 전기적 신호 및 전기장에 미치는 영향을 더 자세히 이해하기 위해 여러 연구가 진행되었다. 한 연구에서는 토란과 식물인 필로덴드론의 줄기와 잎에 전극을 삽입하여 열 명의 사람들에게 한 사람씩 방으로 들어와서 그 식물 옆에 서 있거나 만지게 했다. 그중 한 사람이 잎을 몇 장 찢자 식물의 전기적 활동이 활성화되었다. 다음 날 그 열 명을 다시 방으로 불러 한 사람씩 식물 옆에 서게 했는데, 전날 잎을 손상시켰던 사람이 방으로 들어오자 식물의 전기적 활동이 또다시 높은 수준으로 상승했다. 연구진은 방에다 필로덴드론과 함께 다른 식물들을 추가로 들여놓았다. 그 다음 날 열 명이 각각 여러 식물들이 놓인 방으로 들어갔다. '잎을 찢은' 사람이 방으로 들어가자 필로덴드론이 강한 경고신호로 보이는 전기적 활동을 발산했다. 다른 식물들도 이러한 경고를 감지했음이 틀림없었다. 사람들이 방문한 넷째 날, 잎을 찢은 그 사람이 들어서자 방 안의 모든 식물들이 일제히 전기적 활동을 증가시켰기 때문이다.

이와 같은 전기생물학적 신호들은 대부분 전형적인 신경전위 활동과 비슷하다. 이러한 신경전위는 양이온(나트륨, 칼륨, 칼슘) 통로가 특정한 순서에 따라 열리고 닫힐 때 발생한다. 전위가 역치값에 도달하면 수만 개의 양이온(보통은 나트륨) 통로가 순차적으로 열리고 닫혀서 세포 안으로 그리고 바깥으로(칼륨 이온을 통해) 전하가 급속히 흐르게 된다. 이것은 세포막 전위의 변동으로 이어지며, 이러한 변동을 '활동전위'라 부른다. 전기적 전위의 변화에 대해서는 이끼류의 일종인 차축조나 녹조류 같은 식물의 거대 세포에서 많이 연구되었다. 이러한 식물에서는 줄기의 끝부분에서 뿌리로 흥분파가 전달되었다가 다시 줄기 끝으로 돌아간다. 그러나 흥분파가 늘 같은 속도로 전달되지는 않는데, 전기전달의 속도가 내부 또는 외부 환경의 여러 요인들에 의해 결정되기 때문이다. 외부 환경 요인에는 앞에서 언급한 여러 자극 외에도 전자기장과 중력장도 포함된다.

과학자들은 활동전위 외에도 또 다른 수준 또는 범주의 전기 활동


동물의 숨겨진 과학

이 있을 것으로 보고 연구를 계속하여 '시스템전위system potential'라 부르는 전기적 신호의 존재를 확인했다. 독일의 막스플랑크연구소와 기센대학교의 연구진들은 2009년에 이와 관련하여 좀 더 발전되고 정교한 전기생리학적 연구를 수행했다. 기공(식물 잎 표면의 미세한 구멍으로 수분 증발과 공기 교환이 일어난다)을 통해 잎의 내부 조직 속으로 아주 가느다란 섬유전극을 직접 삽입하여 세포벽에 위치시켰다. 이처럼 정교한 전극을 이용하여 연구진은 '시스템전위'를 확인할 수 있었는데, 이것은 식물이 손상을 입을 때 발생되고 조절되는 전기신호를 말한다.

식물 잎에 손상이 발생하면 다른 식물 잎들이 이러한 위험을 통보받는다. 연구 보고서는 다음과 같다. "식물의 잎에 손상이 생기면 여러 가지 다른 강도의 신호가 발생할 수 있는데, 이것은 손상된 잎에서 멀리 떨어진 곳에서 증가한 양이온(예를 들어 칼슘, 칼륨, 마그네슘)의 종류와 농도를 통해 측정될 수 있다. 전압의 변화가 잎에서 줄기로 그리고 다시 다른 잎으로 전달되는데, 이러한 전압 변화는 이온들이 수동적으로 세포막을 통과하여 유발되는 것이 아니라 양성자(프로톤) 펌프가 활동한 결과다. 기센대학교의 허버트 펠레Hubert Felle는 '측정되는 시스템전위가 동물의 신경과 식물에서 나타나는 고전적인 활동전위와 다른 이유가 여기에 있다.'고 말한다." 시스템전위는 활동전위보다 훨씬 더 민감하고 동시에 여러 가지 다른 유형의 정보를 전달할 수 있다. 담배, 옥수수, 보리, 강낭콩 등 관찰 대상인 모든 식물들에서 이와 같은 시스템전위가 관찰되었다.


위험을 알리고 살아남기 위한 전략

식물들 사이에서 이루어지는 여러 가지 커뮤니케이션 방법에 대한 연구도 막 시작되었다. 일부 동물들, 특히 곤충과 거미류는 식물들의 경고신호를 알아차린다. 물론 곤충과 거미 그리고 다른 절지동물도 그들 나름의 여러 가지 경고 체계를 가지고 있다. 소리, 진동, 시각, 전기, 감촉, 화학적 신호 등 그 형태는 다양하지만 연구의 대부분은 뒤쪽 두 가지에 집중되며, 특히 페로몬에 많은 관심이 모아지고 있다. 벌과 개미 같은 곤충과 물고기 그리고 여러 다른 동물들이 발산하는 페로몬이다. 《초개체》의 저자인 베르트 횔도블러와 에드워드 윌슨에 따르면, 개미들은 화학적 커뮤니케이션에 천부적 재주를 가진 곤충이다.

개미의 몸에는 외분비샘이 가득 차 있으며, 신호로 이용되는 화학물질인 페로몬이 이곳에서 생산된다. ……개미들은 화학물질 통로를 여러 방법으로 활성화시키는데, 여러 외분비샘에서 만들어진 페로몬들을 섞거나, 같은 페로몬이라도 농도에 따라 다른 의미를 부여하고, 상황에 따라 의미를 변화시키기도 한다. 그리고 이와 함께 촉감이나 진동 등 다른 보조 신호들도 추가한다.

개미가 천재라면, 말벌 무리는 가장 겁 많은 족속에 속한다. 만약 말벌 한 마리를 둥지에서 약 6미터 정도 떨어진 곳에서 눌러 죽이면 15초 이내에 그 말벌을 구하기 위해 몰려나온 분노한 군대에 포위되고 만다. 그들은 쓰러진 동지의 페로몬(또는 다른 진동신호도 추가되었을 수도 있다) 경고를 감지한 것이다. 일부 과학자들은 곤충들이 경고 페로몬을 이용하는 방식이 우리 주위의 해충이나 다른 동물들로부터 우리 자신을 보호하는 데 도움을 주리라 기대하고 이러한 경고 페로몬에 대해 연구 중이다.

작은 곤충이든 애벌레든 마찬가지다. 보통 낚시를 위해 미끼용 벌레를 잡으려면 밤에 나가야 한다고 알고 있다. 그런데 신기하게도 벌레들은 침입자의 출현을 이미 알고 있다. 모든 종류의 지렁이들은 점액질을 분비하는데, 이는 땅 위를 미끄러지듯 기어가는 데 도움이 될 뿐만 아니라 길을 찾고 자신들이 판 구멍을 단단히 고르는 데도 이용된다. 위험이 닥치면 이를 알아차린 지렁이가 점액질을 다량으로 내보내는데, 그 속에는 위험경고 페로몬이 들어 있다. 이러한 신호를 한 방울이라도 감지한 지렁이는 재빨리 움직여 위험 구역을 벗어난다(다른 종의 동물들도 지렁이의 경고신호를 감지할 수 있는 것으로 보인다).

일부 벌레들은 '마치 달음박질치는 것처럼 땅 바깥으로 나온다'. 밴더빌트대학교의 케네스 커태니어 Kenneth Catania는 〈뉴욕타임스〉의 과학 칼럼에서 이렇게 표현했다. 낚시용 미끼로 쓸 지렁이를 잡는 특이한 '지렁이 유인 소리'에 관해 쓴 매우 참신한 기사였다. 이 소리를 만들 때는 나무막대 하나를 땅에 박아놓고 그 윗부분을 편평한 금속판으로 문질러서 마찰음을 낸다. 조건이 잘 맞는다면 수백 마리의 지렁이들이 땅 위로 몰려나온다. 커태니어가 미국 플로리다에서 수행한 연구에 따르면, 이와 같이 지렁이를 유인하는 소리는 진동주파수가 그들의 포식자인 미국 동부 두더지가 땅을 파고 이동할 때 내는 소리와 매우 비슷하다. 지렁이들이 이러한 마찰음을 들으면 두더지가 쫓아온다고 생각하고는 땅속에서 달려 나와 결국은 낚시를 준비하는 인간 포식자들의 손아귀로 들어가게 되는 것이다. 이렇게 '달음박질치는' 지렁이가 발산하는 경고 페로몬에 대한 연구는 아직 없지만, 다른 벌레들과 마찬가지로 위험 경고 점액을 분비한다고 생각하는 것이 합리적일 것이다.

어떤 페로몬은 특정한 동물 종에만 적용되지만, 대부분의 페로몬은 많은 동물 종들이 서로 공유한다. 이렇게 페로몬을 공유하면 여러 가지 장점이 있는데, 이를테면 다른 종의 동물이 내는 경고들도 해석하여 방어할 수 있다. 무엇보다도 하나의 공통된 적이나 태풍, 모래폭풍, 지진 또는 쓰나미 같은 자연재해를 알리는 경고신호의 경우 다양한 종의 동물들이 모두 혜택을 입을 수 있다. 많은 유형의 동물들이 경고 물질을 내보내며, 스컹크 같은 경우는 자기 몸에 뿌리기도 한다. 개미와 일부 말벌은 적에게 경고 화학물질 '꼬리표'를 달아 그들이 위험하다는 것을 모두가 알 수 있게 한다. 진딧물이나 진드기처럼 아주 작은 동물들도 자신들만의 페로몬을 발산하며 말미잘, 올챙이, 무리 짓는 물고기 등 수중생물들에게도 페로몬이 있다. 시궁쥐나 땃쥐 같은 작은 포유류들은 위험을 알리는 경고 냄새를 발산한다. 하이에나와 사슴처럼 몸집이 큰 동물들도 경고물질을 발산하는 경우가 많다.

아마 인간도 마찬가지일 것이다. 우리는 사람에게서 풍기는 냄새가 싫을 때가 많이 있다. 그리고 많은 사람들이 냄새만 맡고도 누구인지 알 수 있다고 말한다. 개는 매우 민감한 후각 체계를 이용해 모든 종류의 냄새들을 감지하는데, '두려운 냄새 신호'를 발산하는 사람들에게 공격적으로 대응하는 것으로 알려져 있다. 인간 감정과 관련된 페로몬과 진동에 대한 연구는 이제 막 시작된 단계이지만, 인간이 그와 같이 '동물적 행동'을 한다고 상상하지 못하는 사람들은 때때로 이러한 연구에 반대하기도 한다. 호모사피엔스가 주위의 많은 동물들이 발산하는 경고신호를 감지하지 못하는 데는 물론 그런 마음자세도 하나의 이유가 될 것이다.

동물들은 종종 난처한 상황에 처하는데, 위험이 가까이 왔을 때 포식자가 모르게 동료들에게 경고하고 도움을 청해야 하기 때문이다. 인간들도 침입자가 모르게 은밀히 경찰에게 알리는 전략을 구사한다. 유럽 개똥지빠귀의 전략은 날카로운 단순음 소리로 경고음을 내는 것이다. 이 소리는 매우 급속히 사라지기 때문에 하늘을 맴도는 매와 같은 포식자들이 경고가 발산된 지점을 찾을 수 없다. 캐나다의 리처드슨땅다람쥐 같은 일부 다람쥐들은 초음파 경고를 발산하는데, 이런 신호는 같은 종의 다람쥐들 외에 대부분의 동물들 귀에는 들리지 않는다. 적들이 들을 수 있는 범위를 벗어난 주파수의 소리로 경고하는 전략은 다른 여러 곤충들과 절지동물, 박쥐 등의 동물들도 이용하며, 식물들도 이렇게 하는 것으로 추정된다. 그리고 인간이 귀나 다른 보조 장치를 이용해 들을 수 없는 소리로 경고음을 내는 동물들은 훨씬 더 많을 것이다.

포식자가 어디에 있는지 확인이 가능한 범위로 가까이 유인하기 위해 또는 포식자의 정신을 혼란시키고 그 틈을 타서 도망치기 위해 신호를 발산하는 전략도 있다. 그러나 이보다 더 영악한 전략도 있다. 이를테면 작은 새는 신호를 보내어 매와 같은 적이 어떤 특정 지점을 덮치게 한다. 그곳에는 생쥐 같은 먹잇감(매에게는 비슷하게 만족스럽다)이 있고, 불쌍한 생쥐가 자신을 대신하여 매에게 희생되는 동안 작은 새는 날아서 도망친다. 그리고 우리가 잘 알듯이, 어미 새가 시끄러운 소리를 내거나 다친 것처럼 행동하여 적의 관심을 자신에게 돌려 새끼가 있는 둥지로부터 멀리 유인해내는 전략도 쓰인다. 동물들이 매우 정교한 경고신호를 발산하고 이를 감지하고 해석한다는 사실은 동물을 유심히 관찰해온 사람들에게는 예전부터 알려져 있었다. 과학자들은 이제 그것을 과학적으로 증명하기 시작했다.

<h2 style="text-align:center">– 적에 따라 달라지는 경고들 –</h2>

새일까? 표범일까? 아니면 뱀이? 아프리카 버빗원숭이의 경고신호를 해석하면 이와 같은 물음에 답할 수 있다. 1980년 세이파스R. M. Seyfarth와 동료 학자들의 연구에서 버빗원숭이들이 포식자의 구체적 유형에 따라 다른 경고신호를 내는 사실이 확인되었다. 연구진은 이 원숭이들이 내는 여러 가지 다른 경고신호들을 녹음하여 근처의 여러 구

체적 포식자들과 연결하였다. 그리고 주위에 어떤 포식자도 없을 때 이렇게 녹음된 소리를 재생시켜 들려주었다. 원숭이들이 표범의 경고로 이용했던 경고신호를 들려주자 신호가 들리는 범위에 있던 원숭이들이 다급히 나무 속으로 뛰어 들어갔다. 버빗원숭이들이 '독수리 경고'를 들었을 때는 모두가 하늘을 쳐다보았다. 그리고 뱀을 경고할 때 주로 내는 경고신호를 들려주자 원숭이들이 아래를 내려다보면서 뱀이 있는지 살피는 행동을 보였다.

미국 동부에서 흔히 볼 수 있는 아주 작은 새인 북방쇠박새는 이 새가 내는 울음소리를 따라 '치커디chick-adee'라는 이름으로도 불린다. 이 울음소리는 위험이 닥치면 '디'라는 경고 소리가 더해져서 '치커디디'로 바뀐다. 위험의 크기와 접근 정도에 따라 '디'를 더 많이 덧붙여 소리를 낸다. 20번 이상 녹음된 적도 있다. '디' 소리가 아주 많이 들리면 동고비들도 그 신호가 무엇을 의미하는지 알아차릴 테고, 박새를 비롯한 여러 새들 그리고 아마 다른 동물들도 알아차릴 것이다. 동고비나 박새 같은 작은 새들은 대부분 '디' 경고 소리의 특성에 따라 각자 나름의 방법으로 대응한다.

워싱턴대학교의 크리스토퍼 템플턴Christopher Templeton 박사는 15종의 다른 포식자의 출현을 알리는 박새들의 경고신호를 분석했다. '디' 소리의 횟수가 다른 것은 물론이고, 박새들은 가까이 날아오는 포식자 새가 눈에 띄면 높은 음으로 '싯' 하는 소리를 내는 것으로 확인되었다. 이 소리를 들은 주위의 모든 새들은 재빨리 숨거나 눈에 띄지 않도


위험을 알리고 살아남기 위한 전략

록 그 자리에서 꼼짝하지 않았다. 그리고 추가 정보나 지시를 기다렸다. 이와 같은 상황에서 '디' 소리의 횟수는 포식자의 종류와 거리에 대해 그리고 최선의 대응책을 알려주는 것으로 보였다. '디' 소리가 더 많이 들릴수록, 더 많은 박새와 다른 여러 새들이 적의 면전에서 푸드득거리며 오르내리거나 날카로운 소리를 내어 포식자를 혼란시켜서 결국 그 구역을 떠나게 만든다. 경고신호에 대한 이런 식의 떼거리 반응은 여러 종의 새를 비롯하여 많은 동물들에서 볼 수 있다. 템플턴과 동료 학자들의 연구는 우리 인간의 주위에서 끊임없이 발산되는 여러 가지 의미 있는 소리와 신호들에 좀 더 관심을 가지게 해주었다.

오스트레일리아 뉴잉글랜드대학교의 신경과학자 레슬리 로저스 Lesley Rogers는 오스트레일리아 까치의 모습, 정확히는 까치의 눈 모양과 관련된 흥미로운 경고신호를 포착했다. 포식자를 발견한 까치는 왼눈으로 포식자를 응시하여 어느 쪽으로 도망칠지 신호를 보낸다. 또 아마도 좀 더 자세히 살펴보기 위해 가까이 다가가야 할 때는 오른 눈으로 포식자를 응시한다. 레슬리 로저스는 이러한 관찰을 인간의 뇌 연구와 연결했다. 뇌의 오른쪽 반구에서는(왼 눈을 통해 들어온 정보가 이곳으로 간다) 새롭거나 잠재적으로 위협이 될 만한 정보를 처리하고, 왼쪽 뇌 반구는 정보 분석에 더 집중하는 경향이 있다(그래서 오른 눈은 살피듯이 주시한다).

　같은 언어를 쓰는 사람들 사이에서도 서로 말을 알아듣지 못해 곤란할 때가 있다. 캐런은 소말리아 북부에서 평화봉사단 소속으로 수년 동안 활동했는데(다른 미국인 봉사자들과 함께였다), 당시 상영되던 영국 영화의 대사 중에 알아들을 수 없는 부분이 많아서 놀라곤 했다.

　인간만이 여러 가지 다른 사투리를 사용하는 동물이 아니라는 사실은 점점 더 많은 관찰 연구를 통해 확인되고 있다. 미국 노던애리조나 대학교의 비안카 페를라 Bianca Perla와 콘 슬로보드치코프 Con Slobodchikoff는 플래그스태프 인근 지역에서 다람쥣과 동물인 거니슨프레리도그 (Cynomys gunnisoni) 여섯 무리가 내는 서로 다른 경고 소리를 분석하여 각각의 무리에 그들만의 사투리가 있는 것을 확인했다. 무리의 구성원들은 자기들만의 사투리로 경고 소리를 냈다. 무리의 고립, 지형과 날씨, 거주 환경의 차이 등으로 사투리가 만들어지는 것으로 보인다. 이를테면 사막 지역과 숲이 우거진 장소에서는 소리가 다르게 전달된다. 산악 지역의 프레리도그는 메아리를 섞어서 소리를 낸다. 그리고 습도도 동물이 내는 소리의 특성에 영향을 준다. 인간과 마찬가지로 프레리도그들도 '악센트'로 어떤 특정 무리(집단)에 소속된 구성원임을 확인하는 셈이다.

　버빗원숭이처럼 프레리도그들에게도 매우 정교한 경고 체계가 있다. 인간이 근처에 있음을 경고하며 짖는 소리가 들리면 아주 어린 프레리도그들까지도 자신들의 피난처인 굴 속으로 황급히 도망친다. 매가 나타났다는 경고 소리에는 모든 동물들이 위를 쳐다보지만, 매의 공격 경로에 있던 동물들만이 안전 구역으로 달려간다. '코요테를 조심하라'는 경고로 짖는 소리가 들리면 작은 설치류들이 모두 자신들이 파 놓은 굴 입구를 향해 달려가면서 코요테를 주시한다. 위험이 급박하다면 짖는 속도가 빨라지는데, 포식자가 다가오는 속도에 직접 비례한다.

최근에는 슬로보드치코프와 프레더릭슨J. K. Frederiksen이 관찰 연구를 통해 텍사스 검은꼬리프레리도그black-tailed prairie dog도 거니슨프레리도그와 비슷한 방식으로 포식자에 대한 정보를 담은 경고음을 발산하는 것을 확인했다. 이 연구에서는 인간에 대한 경고신호를 더 자세히 분석했다. 거니슨프레리도그와 비슷하게 검은꼬리프레리도그들도 자기들 영역으로 다가오는 인간의 크기와 모습에 따라 다른 울음소리를 냈다. 심지어 입고 있는 옷의 색상에 따라서도 신호가 달랐다.

검은꼬리프레리도그들은 무리에 다가오는 침입자가 '좋은 인간'인지 '나쁜 인간'인지 여부에 따라서도 다른 소리를 냈다. '좋은 인간' 역할의 실험자는 3주 동안 매일 프레리도그 무리에게 먹이를 주었고, '나쁜 인간' 실험자는 5일 동안 매일 부근 땅을 향해 12구경 엽총을 한 방씩 발사했다. 프레리도그는 우리가 생각하는 것 이상으로, 인간 외모의 여러 측면과 의도를 잘 인식하는 것으로 보인다. 인간은 수백 또는 수천 년 동안 프레리도그들을 사냥해왔기 때문에 이 동물들이 인간에게 나타나는 위험 수준을 바탕으로 서로 다른 경고음을 발산하는 것


동물의 숨겨진 과학

은 전혀 놀라운 일이 아니다. 학자들이 과거에 생각했던 것보다 동물들이 주변 상황을 더 잘 인식하고 또 그 영향을 받으며 의사소통이 훨씬 더 활발하게 이루어진다는 사실이 이 연구뿐만 아니라 최근의 여러 관찰 연구에서 속속 확인되고 있다.

**- 위장, 허세 또는 책략 -**

숨는 동물들이 있는 반면 어떤 동물들은 자신을 드러내는데, 그들 나름의 이유가 있다. 모든 동물들에게는 생존을 위한 여러 가지 전술이 있다. 누구든 적에게 발견되어 공격당하거나 잡히는 것 또는 먹히는 것을 원하지 않는다. 물론 발견되지 않으려면 좋은 은신처를 찾거나 위장을 해야 한다. 자연에는 주위와 아주 잘 섞여 찾아낼 수 없는 동물들의 사례가 많이 있다. 그리고 계절이 바뀔 때처럼 주위가 변하면 동물의 외투, 즉 피부색도 따라서 변하는 경우도 많다.

때로는 주위 환경의 변화를 인간이 초래한 경우도 있다. 19세기 말 영국 맨체스터와 같은 시커먼 매연 도시에서 일어난 점박이나방(*Biston betularia*)의 색깔 변화는 아주 유명한데, 이에 관해 논란이 분분했다. 공장에서 검은 매연을 뿜어내고 도시가 공업화되자, 몸의 대부분이 흰색인 점박이나방은 거무튀튀한 주위 배경에서 너무 눈에 띄게 되었다. 그래서 결국 비교적 짧은 시간 만에 더 검고 음침한 환경에서 잘 보이지 않도록 짙은 회색 또는 검은색의 변종으로 바뀐 것으로 생각된다.

동물의 색은 포식자의 유형에 따라 달라지기도 한다. 오스트레일리아 멜버른대학교의 데비 스튜어트 폭스Devi Stuart-Fox는 스미스난쟁이카멜레온Smith's dwarf chameleon이 포식자의 두 가지 유형에 따라 행동은 같지만 색상이 달라지는 것을 관찰했다. 포식자가 가까이 있을 때 카멜레온은 나무줄기에 꼼짝 않고 있으면서 색깔을 재빨리 변화시킨다. 그런데 뱀의 위협을 받을 때보다 새가 가까이 있을 때 카멜레온의 색이 주위에 더 빈틈없이 일치된다. 왜 이렇게 차이가 날까? 뱀은 색을 구분하는 능력이 떨어지기 때문에 카멜레온이 힘들게 완벽하게 위장할 필요가 없을 것으로 추정된다. 색을 변화시키는 데 생리적 비용이 들 것을 생각하면 카멜레온은 뱀에게서 자신을 숨기기 위해 필요 이상의 에너지를 투입할 이유가 없다.

그러나 아무리 능숙한 위장술도 실패할 때가 있다. 캐런의 친구 중에는 집 부근에 알비노 다람쥐가 살고 있는 이가 있다. 북아메리카에는 회색다람쥐가 많아서 이 특별한 다람쥐도 자신을 회색다람쥐처럼 생각한다. 문제가 생길 때면 이 알비노 다람쥐는 근처의 회색 나무줄기를 타고 올라간다. 그러고는 사람들이 자기를 절대로 보지 못하리라 확신하는 듯 사람들 바로 앞에서 꼼짝 않고 가만히 있는다. 최근 몇 년 동안에도 이 알비노 다람쥐는 실제로 전혀 가려지지 못함에도 아주 당당히 위장 속으로 숨는다. 사람들은 그저 그가 오랫동안 살아남은 것을 신기해할 뿐이다. 이 책 전체에 걸친 주제는 동물들이 매우 놀랍고 현명하며 살아남기 위해 전력을 투구한다는 것이지만, 자연이 늘 완벽한 것만은 아니라는 사실도 유념해야 한다.

　한편 잘 드러나 보이길 원하는 동물들도 있다. 그들은 빨강, 주황, 노랑 등 밝은 색을 띠지만, 대부분 적에게 해를 입히거나 적을 퇴치할 독극물을 가지고 있다. 플로리다의 산호뱀이 극단적 예다. 더 치명적인 동물로는 남아메리카 화살독개구리가 있는데, 검은색이나 강청색 바탕에 빨간색, 흰색, 노란색의 밝은 무늬로 꾸미고 있다. 콜롬비아 원주민들은 이 개구리의 독을 화살촉에 발라서 적을 마비시키거나 죽이는 데 이용한다. 많은 동물들이 자신들의 밝은 색상에 독이 있어 공격해 오는 적을 해칠 수 있다고 과시한다. 그리고 화려한 색상에 치명적 독을 가진 동물을 모방하는 경우도 있다. 이 동물들은 자신도 적들에게 위협적인 존재라고 허세를 부리듯 치명적 동물과 고약하게 꼭 닮은 모습을 하고 있다. 밝고 선명한 색상은 포식자들에게 이렇게 선포하는 듯하다. "가까이 다가오지 마라. 내 몸은 독으로 또는 지독한 맛이나 냄새로 가득 차 있다."

　어떤 동물들은 몸을 부풀려서 허세를 부린다. 어떤 수단을 이용해 자신이 실제보다 크게 보이도록 몸을 팽창시킨다. 목 주위의 느슨한 피부를 공기로 채우는 방법만으로 두 배나 크게 보이게 만드는 개구리도 있다. 어떤 새들은 공격하려는 적들의 기세를 꺾기 위해 깃털을 불룩하게 하여 훨씬 크게 보이게 한다. 복어는 가시투성이 몸체를 물과 공기를 이용해 부풀려 적들에게 겁을 준다. 이렇게 하면 무서운 모습으로 보일 뿐만 아니라 또 다른 방법의 방어 체계로 작용할 수도 있다.


위험을 알리고 살아남기 위한 전략

한 관찰 연구에 따르면, 멋모르는 곰치가 복어를 덥석 물면 복어는 생존 모드로 팽창하여 곰치의 입안을 꽉 채워버린다. 곰치는 너무 아파서 팽창된 복어를 삼킬 수 없다. 이제 포식자와 희생자는 떨어질 수 없게 되고, 둘은 서로에게 묶인 채 주위를 헤엄쳐 다닌다. 뜻하지 않게 어쩔 수 없는 자세로 붙어버린 운명의 한 쌍처럼 말이다.

독이 있는 살무사나 머리를 곤두세운 코브라처럼 몸 일부를 부풀리는 뱀들도 있다. 그리고 검은목코브라(*Naja nigricollis*)는 아프리카인이라면 누구나 공포를 느낄 만큼 악명이 높다. 캐런은 이 뱀의 강력한 독 때문에 실명한 소말리아인을 만난 적이 있다. 모잠비크의 이 검은목코브라는 3미터 남짓한 거리까지 발사되는 치명적인 독으로 무장하고 위협적인 자세를 취한다. 자기 몸을 크고 위협적으로 보이게 하기 위해 기다란 몸의 앞부분 3분의 1과 머리를 공중으로 높이 치켜세운다. 그리고 목을 활짝 펼쳐 크게 만들고 항상 앞뒤로 흔들어 가장 위협적인 모습으로 행동한다. 이렇게 해도 겁먹지 않으면 뱀은 적의 눈을 향해 강력한 신경 독을 정확히 발사한다. 캐런이 만났던 남자가 이렇게 시력을 잃었다. 검은목코브라에 물릴 경우는 거의 없는데, 예의 그 위협적인 자세와 두려운 명성에 겁을 먹은 적들이 가까이 접근하지 않기 때문이다. 그러나 꼭 물어야 할 상황에서는 물 수도 있다. 그리고 이 코브라에게는 또 다른 숨겨진 기술이 있다. 즉 적이 버티면서 계속 공격해 오면, 이따금 죽은 척하여 적이 흥미를 잃고 떠나가도록 만든다.

자연에는 수많은 공격과 방어 전략들이 있다. 늑대나 사자, 호랑


동물의 숨겨진 과학

이, 곰 같은 동물은 적들의 공격에 싸움으로 맞선다. 도망치는 것들도 있다. 어떤 놈은 땅 위에서, 어떤 놈은 바다에서, 어떤 놈은 공중에서 도망친다. 어떤 동물들은 포식자에 대항해 인해전술을 펼친다. 말벌들의 여단이나 새들의 소대가 그렇다. 단단한 껍질이나 날카로운 가시로 자신을 보호하는 동물들도 있다. 털북숭이 왕거미는 끈끈한 털을 내던져서 적을 얽어매거나 물리친다. 버지니아주머니쥐는 죽은 척하여 위기를 넘긴다.

캘리포니아땅다람쥐는 '뜨거운 꼬리' 가 무기다. 이 다람쥐들이 특정 포식자(방울뱀)에 맞서 자신을 지키기 위해 실제로 꼬리를 뜨겁게 만든다는 사실이 최근에 확인되었다. 다람쥐들이 위험한 새나 포유류 등으로부터 안전거리를 유지하기 위해 소리를 이용하는 것은 오래전부터 잘 알려져 있다. 땅다람쥐들은 이 외에도 꼬리를 흔드는 꼬리깃발을 이용해 위험을 경고하고 포식자를 격퇴하기도 한다. 뱀에 맞설 때는 항상 꼬리깃발을 이용하는데, 뱀은 공기 중으로 전달되는 소리를 들을 수 없기 때문이다. 그러나 방울뱀들은 적외선에도 민감한 것으로 밝혀졌다. 캘리포니아대학교의 아론 룬더스Aaron Rundus와 도널드 오윙스Donald Owings는 적외선 카메라를 이용한 연구를 통해 땅다람쥐가 아주 뛰어난 적외선 무기를 가지고 있는 것을 발견했다. 땅다람쥐는 방울뱀을 맞닥뜨리면 꼬리를 가열하면서 자신이 더 크고 위협적으로 보이도록 흔든다. 그러나 '뜨거운 꼬리' 는 적외선을 감지하는 특정한 뱀에만 대항하는 방어 무기로 이용된다. 방울뱀과 달리 구렁이gopher


위험을 알리고 살아남기 위한 전략

snake를 만나면 꼬리를 가열시키지 않고 꼬리깃발만 흔든다. 구렁이에게는 적외선 감지 능력이 없기 때문이다.

캘리포니아대학교의 바버라 클루커스Barbara Clucas와 또 다른 연구자는 캘리포니아땅다람쥐가 다른 방법으로도 천적 방울뱀을 속이는 모습을 보고했다. 땅다람쥐는 방울뱀이 탈피할 때 벗어놓은 껍질을 씹은 다음 자기 몸과 새끼들의 몸을 핥아 구석구석에 뱀 냄새가 풍기는 침을 발라둔다. 그러나 뱀 냄새가 다른 다람쥐들을 괴롭히거나 벼룩을 내쫓지는 못하는 것으로 관찰되었다. 뱀 냄새를 풍기는 주된 목적은 뱀의 위협을 차단하고 다른 포식자들의 접근을 막는 데 있는 것으로 보인다. 땅다람쥐는 땅속에서 많은 시간을 보내는데, 뱀 냄새로 몸을 감싸면 다른 사냥꾼 동물이나 청소부 동물들이 기피하는 장소가 돼 굴 속에서 더욱 편히 잠잘 수 있다. 다른 동물들의 냄새로 자기 몸을 덮는 동물은 캘리포니아땅다람쥐만이 아니다. 쥐는 족제비 냄새로, 고슴도치는 두꺼비의 피부 '향기'로 몸을 감싸 천적을 피한다.

잡힌 다음 탈출에 성공하는 동물들도 많이 있다. 도마뱀은 적에게 잡히면 꼬리나 다리를 떼어주고 도망가는데, 잘린 부위는 곧 다시 자라난다. 도마뱀의 일종인 아프리카 푸른꼬리도마뱀 (*Cryptoblepharus egeria*)은 자신의 반짝이는 푸른색 꼬리를 미끼로 이용해 포식자가 어디가 머리인지 혼돈하도록 만든다. 포식자가 반짝거리는 꼬리를 머리로 알고 공격하면 꼬리가 떨어져 나가서 한동안 계속 꿈틀거린다. 포식자는 더욱 혼란스러워하고, 도마뱀은 이 틈을 타 안전한 곳으로 도망친다.


동물의 숨겨진 과학

많은 동물들이, 특히 양서류와 일부 어류는 신체 여러 부위를 재생시킬 수 있다. 이를테면 '제브라피시'라는 열대어는 비늘과 지느러미, 망막, 척수 그리고 심장 일부를 재생시킬 수 있는 것으로 알려져 있다. 불가사리는 팔이나 몸체의 더 넓은 부위까지 대체할 수 있다. 포유류도 신체 일부를 재생할 수 있다. 사슴의 뿔은 매우 빨리 다시 자라는데, 하루에 거의 2.5센티미터나 자란다. 모든 포유류의 간은 재생된다. 인간의 간은 수술로 4분의 3을 잘라내도 2~3주면 정상 크기로 회복된다. 피부가 칼에 베일 때 상처가 치유되는 과정도 재생력을 보여주는 사례다. 사실 인간의 손가락 한 마디 정도는 절단될 경우 다시 자라나기도 한다.

보통 상처 부위의 성숙세포들 중 일부가 미성숙세포 덩어리인 재생아로 되돌아가 그 부위에 저장되었던 배아기의 유전정보를 활성화시킴으로써 소실된 신체 부위가 다시 자라나게 한다. 따라서 상처 부위에서 손실된 신체를 대체할 미성숙세포와 성숙세포들 사이에 조정이 이루어지면서 재생이 완성된다.

재생의 비밀을 밝히기 위한 의학 연구도 활발히 진행되고 있다. 도롱뇽은 재생력이 매우 강해서 좋은 연구 대상이 된다. 도롱뇽은 잘려나간 다리를 재생하는 데 1개월도 채 걸리지 않는다. 꼬리도 재생되며 위턱과 아래턱, 눈의 수정체와 망막 그리고 창자도 재생된다. 그뿐 아니라 학자들이 도롱뇽의 뇌를 꺼내 잘게 간 다음 다시 원위치에 넣어주자, 도롱뇽은 곧바로 원래 기능을 되찾았다. 뇌의 연결이 놀라운 속


위험을 알리고 살아남기 위한 전략

도로 회복된 것이다.

모든 종은 어느 정도 재생력을 갖고 있다. 그래서 학자들은 미래의 치료에 크게 희망을 가지고 재생에 관계하는 유전적·환경적 요인들을 연구하고 있다. 그러나 분자학적 변화와 세포 성장의 구체적 사례를 '재생'으로 볼지, 아니면 '추가'로 생각해야 할지 학자들에 따라 의견이 다르다. 뇌에서는 두 가지가 모두 일어나는 듯하다. 즉, 신경섬유와 연결 부위에서는 재생되는 현상이 확인되었다. 동시에 우리가 일생 동안 (뇌를 아주 많이 사용한다면) 기존에 없던 위치에 새로운 세포와 신경 연결이 추가될 수도 있다. 이미 우리는 신경발생학의 최신 지식을 이용하고 있다. 즉, 뇌세포와 신경 연결은 일생 동안 끊임없이 성장한다는 사실을 뇌졸중 등 여러 형태의 뇌손상 치료에 적용하고 있다. 그 밖에 건강한 혈액이 빠르게 대체되는 현상도 의학적 연구가 집중되는 또 다른 영역이다.

텍사스 뿔도마뱀은 꼬리를 자르지 않고 몸속의 피를 3분의 1가량 희생해 적의 공격에 맞선다. 뿔도마뱀은 피부가 두꺼비처럼 거칠고 울퉁불퉁하며 온몸에 날카로운 가시가 돋아 있고 머리에는 '가시면류관'까지 있어 흉측스러운 모습의 대명사로 불린다. 포식자들은 뿔도마뱀의 이 모습을 보고 공격할 마음을 포기하는 경우가 많다. 이 모든 것에도 불구하고 적이 공격해 올 때면 뿔도마뱀은 한쪽 눈꼬리에서 마치 레이저처럼 피를 내뿜는다. 분출되는 피는 거의 2미터까지 나가는데, 늑대나 개, 코요테 등 거의 모든 포식자들을 쫓아낼 만큼 지독한 맛을


동물의 숨겨진 과학

풍기는 화학물질이 들어 있다.

## - 최후의 생존자, 바퀴와 코요테 -

만약 어리석은 인간에 의해 지구가 파괴된다면 바퀴들이 살아남아서 완전히 새로운 동물 세계를 건설할 것이라고들 오래전부터 말해왔다. 몇 년 전 워싱턴의 록크리크공원에 서부 코요테를 입주시켰을 때, 캐런은 과학자들에게 코요테도 마찬가지로 매우 험난한 환경 조건에서 잘 적응하여 생존할 수 있다는 얘기를 들었다. 미국 동부 연안에서 갑자기 서부 코요테에 대한 논의가 불붙었는데, 〈워싱턴포스트〉에 코요테에 대한 찬양의 기사가 실리기도 했다(그러나 그 뒤 게재된 기사에서는 코요테가 그렇게 뛰어난 동물이라면 왜 여전히 도로경주뻐꾸기 한 마리 못 잡느냐며 비판하였다). 아마도 우리 인간이 바퀴나 코요테 그리고 다른 동물(이를테면 도로경주뻐꾸기)에게 배울 수 있는 생존 전략들이 있을 것이다.

오랜 세월을 생존해온 동물들은 적응력이 뛰어나고 서식지뿐만 아니라 먹이와 짝짓기 습관도 변화시킬 수 있다. 연구 결과 동물들의 유전물질은 놀랄 만큼 빠르게 변화될 수 있는 것으로 확인되었다. 이것은 신체적 특성의 변화에서 가장 쉽게 관찰할 수 있다. 예를 들어, 갈라파고스제도의 다윈방울새는 같은 먹이를 먹는 경쟁자가 침입하자 부리의 크기를 바꾸었다. 불과 몇 세대, 즉 20년 정도 만에 부리가 눈


위험을 알리고 살아남기 위한 전략

에 띄게 커졌다. 그렇게 특화된 방울새들은 과거보다 훨씬 더 큰 씨앗을 까서 먹을 수 있었다. 더욱 놀라운 것은 불과 한 세대 만에도 DNA의 변화가 일어난다는 사실이다. 활동일주기(밤과 낮을 주기로 반복되는 생명현상)나 옥시토신이라는 생화학물질 등에 대한 최근의 유전학적 연구에 따르면, DNA는 우리가 태어날 때부터 가지고 있는 운명을 결정지어놓은 불변의 '지도'가 아니다. 우리의 생각과 경험들이 유전자의 발현에(휴면 또는 잠복 상태에서 활동하는 상태로) 영향을 줄 뿐만 아니라 우리의 유전자와 DNA에 실제적 변화를 가져올 수 있다. 이와 같은 방식으로 바퀴와 코요테가 그 놀라운 적응성을 보여주는 것이라 추정할 수 있다. 이와 비슷하게 적응력이 뛰어난 동물들이 많이 있지만, 이들 두 종에는 동물들 가운데에서 최고의 생존력을 갖게 해주는 특징들이 있다.

바퀴는 대부분의 사람들에게 배척당하는 신세지만, 연구가 거듭될수록 믿을 수 없을 만큼 놀라운 능력의 소유자인 것이 드러나고 있다. 가장 먼저, 바퀴는 목이 잘리고도 2주 동안이나 살 수 있다. 즉, 머리가 없는 상태로 2주 동안이나 산다는 말이다. 독일 바퀴는 먹이 없이 1개월 또는 물 없이 1주일을 살아남았다. 아직 머리가 붙어 있는 바퀴라면 숨을 쉬지 않고 40분을 버틸 수 있으며, 암컷 바퀴는 새끼 바퀴를 1년에 200만 마리나 생산할 수 있다. 방사선에도 강하여, 인간의 허용치보다 10만 배 이상의 방사선량을 견딜 수 있다. 바퀴의 세포들을 둘러싼 껍질을 방사선이 빠르게 통과하기 어렵기 때문이다. 다른 곤충들도 이와 비슷하게 방사능으로부터 보호된다. 따라서 바퀴들도 방사 능낙진의 영향을 받지만, 인간이나 다른 동물들처럼 순식간에 영향을 받는 것은 아니다.

바퀴들은 3억 년 이상 동안 생존해왔으며 매우 다양한 환경에서도 살아갈 수 있다. 현재 5000종 이상의 바퀴가 있는 것으로 추정되며, 극 지방을 포함하여 전 세계에서 바퀴가 발견된다. 언제 어디서나 존재하 는 이 곤충은 비상 방식으로, 즉 '중앙본부' 로부터 지시를 받을 필요가 없는 자기조직화 집단으로 급속히 수를 불릴 수 있다. 그 대신 바퀴들 은 환경에서 정보를 추출하여 특정 지역의 요구에 맞게 자신들의 행동 을 빠르게 조직한다. 자신들에게 친숙한 주위 환경이 변하면(예를 들어 수년간 가뭄이 지속되면) 먹이 구하는 방식이나 번식 습관을 그에 맞춰 변화시키는 혁신적인 곤충이다. 또한 매우 빨리 적응할 수 있기 때문 에, 거의 그럴 필요가 없지만 다른 지역으로 이주할 수도 있다.

어쩔 수 없는 경우에 바퀴들은 단순히 포식자나 다른 위협에서 벗 어나기 위해 새로운 거주지로 이주한다. 위험으로부터 숨거나 도망가 는 다른 방법들이 작동하지 않으면 정교하게 대각선 방향으로 움직이 며 이동하는 신비한 전략을 구사하는데, 이렇게 하면 대부분의 적들은 혼란에 빠지게 된다. 바퀴들은 보통 밤에 냄새를 감지하는 더듬이의 도움을 받아 먹이를 찾기 때문에 주위에 위협이 되는 포식자들이 많지 않다. 바퀴는 도처에 널린 식품들을 먹이로 하며(그중에는 인간이 버린 것들도 있다) 배설물을 남기거나 페로몬 등 화학적 메시지를 통해 다른


위험을 알리고 살아남기 위한 전략

바퀴들에게 먹이에 관한 정보를 제공한다. 그리고 전자기적 진동이나 공기 중에 떠다니는 여러 가지 유형의 정보를 발산하고, 또 이에 반응한다.

바퀴의 몸을 싣고 빠르게 달리는 6개의 뾰족한 다리 또한 공학자들이 로봇 다리 설계에 참고할 만큼 특징적인 구조를 하고 있다. 각각의 다리에는 최소한 3개의 관절이 있으며, 1초에 25회까지 휘저을 수 있다(어떤 동물들보다 빠른 속도다). 부속지에 달린 감각 가시들은 주변의 물체들을 감지하고, 매우 어려운 지형 위에서도 잘 기어갈 수 있게 해준다. 털이 많은 다리, 특히 제4장에서 살펴본 것처럼 맨 뒤 2개의 부속지에 달린 매우 작은 털인 미엽尾葉 덕분에 바퀴들은 주위의 공기 흐름에 특히 민감할 수 있다.

그리고 마지막으로, 아직 모르는 사람들이 많은데, 바퀴들은 때때로(특히 짝짓기 시기에) 날아다닌다. 따뜻하고 습기 많은 밤이면 바퀴들이 천장에서 내려와 우리 손목을 물어뜯기도 한다는 사실도 잘 모르기는 마찬가지다.

코요테도 바퀴들처럼 새로운 환경을 빨리 발견하고 적응한다. 갖가지 종류의 먹이를 먹을 수 있으며, 퓨마와 같은 포식자들이 없을 때는 사냥할 기회를 엿보며 어슬렁거린다. 코요테는 갯과의 다른 동물들처럼 컹컹 짖거나 으르렁거리는 발달된 의사소통 체계를 가지고 있지만, 페로몬이나 다른 화학적 신호 체계도 발산하고 감지할 수 있다. 마찬가지로 지진의 다양한 진동을 감지하고 그에 맞춰 행동한다.

어느 뜨거운 여름날 밤 10시경 워싱턴 록크리크공원 주변에 위치
한 캐런의 집 부근에서 10대 청소년들이 몰려다니며 내지르는 것처럼
떠들썩한 소리가 들려왔다. 그 소리는 이어서 컹컹대는 새된 소리로
변하더니 곧이어 사이렌 소리가 울리다가 다시 이상한 소리들의 '잔
치'가 시끄럽게 반복되었다.

코요테는 우우 하고 길게 울부짖기도 하고 컹컹거리는 고음으로 짖
기도 한다. 때로는 진짜 사이렌 소리를 흉내 내거나 여기에 반응하기
도 한다. 이렇게 울음소리가 다양하기 때문에 움직일 때나 적을 방어
할 때 등 상황에 따라 다른 소리를 낸다. 코요테가 서로 다른 어조를
이용하는 능력이 실로 어찌나 놀라운지, 그때 캐런이 들었던 여러 가
지 소리는 실제로 한 마리가 짖은 것이었다.

코요테는 여러 기술로 적들을 속인다. 다른 동물들에게 특히 민감
하여 그들을 이용하거나 허를 찌르는 방법을 알고 있다. 예를 들어,
코요테는 오소리를 따라가서 그들이 잡은 먹이를 가로채기도 한다. 자
기 스스로 소굴을 짓지 않을 때는 오소리나 다른 동물들의 은신처로
들어간다. 코요테는 적응을 잘하고 약삭빠르기 때문에 여러 가지로 유
리하다. 특히 인간의 습성을 잘 알아서 그 사촌 격인 늑대들보다 인간
주위에서 훨씬 더 성공적으로 살아간다. 그리고 늑대와 달리 젖을 먹
이는 암컷들도 무리 내에서 함께 지낸다. 때때로 개나 늑대와 짝짓기
하기도 하는데, 늑대가 코요테를 좋아하지 않기 때문에 늑대와 짝짓기
하는 경우는 흔하지 않다(미국 뉴잉글랜드의 코요테들은 늑대의 일종으로


위험을 알리고 살아남기 위한 전략

생각된다).

　코요테가 소리를 들을 수 있는 범위는 늑대나 개보다 더 넓다. 들을 수 있는 소리의 주파수 상한이 60킬로헤르츠인 개에 비해 80킬로헤르츠다(인간은 20킬로헤르츠). 그리고 늑대의 발바닥에는 땀샘이 없지만 코요테는 개처럼 발바닥에 땀샘이 있다. 갯과의 다른 동물들이 그렇듯이 코요테도 잘 달리고 뛴다. 최고 시속 70킬로미터로 달릴 수 있으며, 점프하는 높이는 4미터에 이른다. 코요테는 무리를 이루어 행동하지만 새로운 영역을 개척하기 위해 또는 생존을 위한 다른 목적에서 한 마리가 200킬로미터에 가까운 먼 거리를 혼자 정찰 나가는 경우도 드물지 않다. 그래서 '약삭빠른 코요테'는 생존의 명수다. 비단 코요테만이 가진 특성이나 행동은 아니지만, 온갖 자연재해 속에서도 코요테는 잘 생존하고 건강하게 살아간다.

## – 지진을 감지하고 경고하는 동물들 –

　인간에게는 발생 가능한 재해를 현재보다 더 민감하게 감지할 능력이 있다. 우리의 경험이나 주위 환경이 이러한 감지 능력과 감지할 신호에 영향을 준다. 예를 들어, 캘리포니아 주민들은 다른 지역의 주민들보다 땅의 진동에 더 민감하다. 런던이나 뉴욕 등의 도시 주민들은 농촌 주민들보다 테러리스트의 위협에 더 민감할 것이다. 눈이 내릴 것 같은 냄새나 비를 예고하는 구름의 모양과 공기의 느낌을 더 잘 알


동물의 숨겨진 과학

아차리는 사람들이 있는가 하면, 또 어떤 사람들은 바람의 다양한 형태를 정확히 감지한다. 우리는 어떤 소리를 특히 예민하게 듣거나 눈에 보이는 어떤 것에서 단서를 찾아내어 스스로를 보호하도록 배우며 성장한다. 경험이나 훈련 그리고 과학적 지식도 중요하다. 그러나 많은 동물들이 자연재해의 발생을 미리 감지하고 이에 반응하는 과정을 더 많이 이해한다면 우리 모두에게 도움이 될 것이다. 인간 외의 다른 생명체에 대해 더욱 주의 깊게 관찰하고 배우려는 의지가 우리 생명을 구하는 길이 될 수도 있다.

플로리다대학교 연구진의 관찰에 따르면, 허리케인이 다가오기 전에 상어들은 위험 지역을 떠난다. 아마도 기압에 나타나는 미세한 차이를 감지할 수 있기 때문으로 보인다. 새는 날카로운 소리를 내고, 고양이는 신경질적으로 창밖으로 뛰어나가며, 두꺼비와 뱀, 도마뱀들은 도망치고, 설치류들은 숨어 있던 구멍에서 나와 내달리며, 개들은 짖어대고, 물고기는 해변에서 멀찍이 물러나고, 벌들은 결의에 찬 모습으로 신속히 무리를 이룬다. 이 모두가 지진이 임박했을 때 동물 세계에서 관찰되는 행동들이다. 최근 이탈리아에서 거대한 지진이 그 지역을 강타하기 사흘 전에 두꺼비 무리들이 서식지를 떠나 대탈주를 감행하는 모습이 영국 과학자들에게 관찰되기도 했다.

2004년 엄청난 규모의 지진과 쓰나미가 발생했을 때 여러 종의 동물들이 온전하게 살아남았다는 현지인의 말을 이 책의 첫머리에서 소개했다. 앞서 살펴본 것처럼 특별한 감각 능력을 지닌 동물들 가운데


위험을 알리고 살아남기 위한 전략

에는 여러 유형의 지진과 쓰나미에 의해 발생된 감각 자극의 변화를 감지하는 경우가 많다. 대형 자연재해가 발생할 때 동물들은 그와 같은 재앙이 임박했음을 경고하는 매우 다양한 형태의 신호들을 알아차린다.

곧 지진이 발생할 것임을 동물들에게 경고해주는 신호에는 땅의 미세한 기울어짐과 움직임, 진동, 습도와 기압, 전자기장의 변화 등이 있다. 캘리포니아공과대학교의 조지프 커슈빙 Joseph Kirschvink에 따르면, 대부분 땅이 실제로 흔들리기 전에 이러한 신호들이 온다. 인간은 땅이 기울어져도 감지하지 못하지만 많은 동물들은 훨씬 예민한 감지 체계(속귀의 전정기관을 비롯한 여러 평형감각기관)를 가지고 있다. 예를 들어, 땅 밑에서 생활하는 설치류는 그와 같은 체계가 땅 위에서 사는 종에 비해 훨씬 더 잘 발달해 있다. 땅속 굴에서는 중력만을 느낄 뿐 하늘이나 나무와 같이 위아래를 구분해주는 다른 어떤 시각적 단서도 없다. 집비둘기도 항법 체계의 일부로 정교한 수직 감각을 가지고 있어 땅의 기울어짐을 잘 인식하는 것으로 생각된다.

습도는 지진뿐만 아니라 쓰나미에서도 중요한 신호가 된다. 지하수 수위의 변화 외에도 땅 위의 대기 속으로 빠져나가는 습기가 있어 땅 아래에 사는 동물들과 땅 위에 사는 동물들 모두가 습도 상태를 감지할 수 있다. 인간을 포함하여 대부분의 동물들은 습도 변화에 민감하다. 일부 동물들은 특히 민감하여, 어떤 곤충들과 거미들은 습도와 기온의 변화를 감지하는 털 모양의 흡습성 구조물과 특수한 감각세포

를 가지고 있다. 기압의 변화는 하늘에서 폭풍이 모여들고 있는 신호
가 될 뿐만 아니라 땅 밑의 빈 공간에서 공기가 새어 나오는 지표로 감
지될 수 있다. 허리케인이 덮치기 전에 상어들이 위험 지역을 떠나는
모습이 관찰되었듯이, 많은 동물들이 기압의 변화를 감지할 수 있다.
그 예로 바퀴들의 미엽은 공기 흐름을 극히 민감하게 감지한다.

제1장에서 살펴본 것처럼 동물의 세계에서는 진동을 비롯한 여러
가지 미세한 움직임과 전자기장을 감지하는 경우가 흔하다. 이와 같은
신호들은 지진이 실제로 발생하는 동안만이 아니라 수주일 전에도 발
산된다. 지각을 구성하는 암석과 용암, 지하수 등이 끊임없이 움직이
고 서로 충돌함에 따라 지표면 위나 아래에서 전자기장이 변화하고,
또 그 압력에 의해 증폭되기도 한다. 이러한 전기 흐름은 단절적으로
발생할 수도 있는데, 마치 두 암석이 서로 부딪치거나 마찰을 일으켜
스파크가 발생하는 현상과 비슷하다.

서로 다른 두 종류의 암석이 층을 이룰 때는 좀 더 미세하게 전자기
장의 축적이 일어날 수 있다. 두 종류의 암석으로 이루어진 불연속면
은 특정한 조건 하에서 거대한 에너지를 만들어낼 수 있다.[†] 아울러,
경계면 주위의 물질(변화에 특히 민감하다)들은 상대적 전하가 계속 변
하기 때문에 자기장이 움직이게 된다. 경계면 사이의 화학적 변화는

[†] 이러한 불연속의 결과로 2차 지진파가 발생할 수 있다. 이것은 P파와 S파로 구성되는 훨씬 강력한
1차 지진파와 대조된다(138쪽 참조).

물도 끓게 만들 수 있어, 온천에서는 축적된 압력으로 수증기와 뜨거운 물이 솟아오른다. 그와 같이 미세하지만 거대한 움직임과 에너지의 축적은 전자기장과 에너지를 끊임없이 변화시키고, 많은 동물들은 그것을 감지하게 된다.

첨단 도구들을 이용한 미세 지각 구조 연구가 크게 발전하면서 아주 작은 규모로 일어나는 암석의 움직임도 기록할 수 있게 되었다. 거의 원자 수준의 움직임도 파악할 수 있다. 어떤 과학자는 지렁이가 지각의 미세한 균열을 감지할 수 있다고 주장하였는데, 지진과 쓰나미 형태로 나타나는 경계면의 거대한 균열과 지각의 움직임에 앞서 압력이 축적되고 팽창되면 미세한 규모의 지각 균열이 나타난다.

지진파의 진동은 매우 먼 거리까지 전달된다. 앞 장에서 살펴보았듯이, 많은 동물들은 미세한 진동을 감지하는 능력이 있다. 캘리포니아 캥거루쥐 같은 설치류들은 느린 주파수의 진동성 '발구르기'를 이용해 굴과 굴 사이에 메시지를 주고받으며, 포식자 뱀을 발견할 경우 위험을 알린다. 이와 같이 진동을 발산하는 쥐뿐 아니라 그들의 포식자인 뱀도 지진에 의한 진동과 지진 발생 이전에 전해 오는 진동신호를 감지할 수 있다. 그리고 토끼들도 땅을 '두드려서' 서로 의사소통할 수 있다.

제2장에서 보았듯이 코끼리들도 진동에 매우 민감하여, 몸체와 발에 분포한 압력 감지 신경들은 가청 범위를 벗어난 진동까지 감지할 수 있다. 짝짓기 준비가 된 암컷 코끼리는 수컷들에게 우르릉거리는 진동 신호를 보내는데, 이 신호는 공기 속에서는 3킬로미터 이상 전해

지고 땅 속으로는 그보다 세 배 이상 먼 거리까지 간다. 코끼리들은 또한 수백 킬로미터 이상 떨어진 곳에서 무리들이 몰려다닐 때 발생하는 진동을 감지할 수 있다. 그러므로 코끼리들도 지진과 쓰나미 신호를 감지하여 다른 동물들에게 경고를 보낸다고 생각할 수 있다. 그리고 각종 벌레들과 땅이나 물속에서 생활하는 다른 여러 동물들도 마찬가지일 것이다.

동물들은 지진이 발생할 때 다양하게, 때로는 서로 모순되는 방식으로 반응한다. 각각의 지진들이 모두 서로 다르기 때문이다. 지구의 내부는 헤아릴 수 없을 만큼 다양한 지질 구조로 되어 있다. 기후와 지하의 액상 구조가 다르고, 여기에 더하여 인간이 유발한 변화 등으로 인해 지각의 압력과 물리적 구성 요소들이 모두 서로 다르다. 예를 들어, 스위스에서는 지표에 온천수 구멍을 뚫는 등의 공사를 제한하고 있는데, 그로 인해 작은 지진들이(그보다 큰 규모의 지진들도) 발생하기 때문이다. 과학자들은 일부 지역에서 유정油井 굴착으로 발생할 수 있는 영향에 대해서도 비슷한 관심을 가지고 있다.

지질 구조도 이렇게 다르지만, 진동을 초래하고 동반하는 지진파에도 최소한 4가지 유형이 있다. 두 종류의 지진파는 지표면 가까이에서, 다른 두 종류는 지구 중심부에서 전달된다. 그리고 일부 동물들은 다른 지진파들보다 특정 지진파에 더 예민한 것으로 생각된다.

두 가지 표면파는 과학자의 이름을 따서 레일리파와 러브파라고 불린다. 레일리파는 땅을 흔든다기보다 굴리는 것 같다. 지구 중심부에


위험을 알리고 살아남기 위한 전략

서 오는 실체파보다 느리고 수면 위의 잔물결처럼 진행하는데, 주차된 자동차가 바다의 파도처럼 출렁이게 만든다. 러브파는 조금 더 빠르게 진행하며 수평전단을 일으켜 땅이 갈라지게 만든다. 제2장에서 보았듯이, 두더지처럼 땅 속에 굴을 뚫고 생활하는 동물들은 레일리파와 러브파 모두에 특히 민감하다.

'P파'와 'S파'는 지하 깊은 곳에 시작돼 직선으로 진행하지 않고, 또 진행 속도도 일정하지 않다. P파는 지진파 중에서 가장 빨라서 1초당 약 6킬로미터 속도로 움직인다. 음파가 공기 중에서 밀고 당기며 압축을 만들며 진행하는 것처럼 P파도 암반 속을 밀고 당기면서 진행한다. 그리고 S파와 달리 액체를 통과한다. 연구 결과, 일부 동물들은 P파가 지각의 액체와 고체 물질 속을 진행하는 소리를 들을 수 있을 뿐 아니라 이것을 이어서 다가올 더 큰 진동의 경고신호로 받아들인다는 것이 밝혀졌다. 대개의 인간은 덜컹거리는 것쯤으로 느끼지만 말이다. P파는 진행 방향으로 진동이 일어나는 압축파인 반면, S파는 진행 방향과 수직으로 진동하면서 땅이 갈라지게 하는 전단파다. S파는 속도가 느리고 액체 물질은 통과할 수 없지만, 진폭이 P파보다 몇 배나 크며, 지진에 의한 파괴 대부분이 S파에 의해 일어난다.

지각 구조 상태가 다르고 지진파의 유형 및 전달 시점 등에 차이가 있기 때문에, 지진이나 그로 인한 화산 활동, 쓰나미 같은 재앙이 발생하기 몇 주 전부터 몇 초 전까지 수많은 다양한 신호들이 감지될 수 있다. 동물들은 그들 주위 세계의 특성에 매우 잘 맞춰져 있어서, 진앙이 너무 가까워서 경고 시간이 거의 없이 땅이 흔들릴 경우가 아니면,  지진이 발생시키는 재난을 피해 도망갈 시간이 있다.  예를 들어, 진앙에서 10킬로미터 정도 떨어진 지역에 사는 동물들은 P파를 감지한 다음 수초에서 수분 후에 더 강력한 S파에 의한 파괴가 시작되므로 그 시간 동안 도망갈 수 있다.  그리고 대형 지진이 발생하기 며칠 전부터 또는 어떤 경우에는 수주 전부터 여러 가지 형태의 작은 충격이나 낮은 강도의 파장이 전해지는 경우가 많기 때문에 동물들은 그와 같은 지진 경고신호들도 감지하고 경계하게 된다.  때로는 인간도 임박한 지진 신호를 감지할 수 있다.  하지만 그러한 경고에 대한 우리 인간의 인식은 다른 동물들만큼 예민하지 않다.  그럴 바에는 차라리 다른 동물들의 경고신호에 더 주의를 기울이는 편이 낫다.


위험을 알리고 살아남기 위한 전략

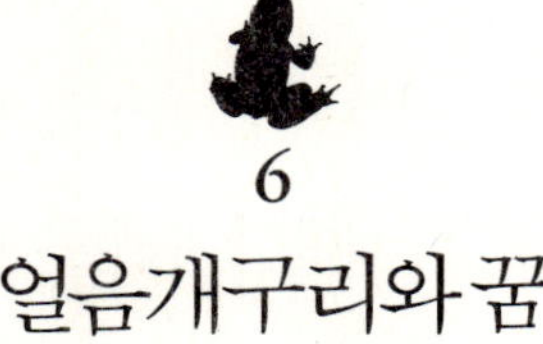

# 6
# 얼음개구리와 꿈



워싱턴DC의 록크리크공원은 야생생물학자 켄 페어비Ken Ferebee가 많은 동물들을 관찰할 수 있는 좋은 장소다. 2002년부터 넓은 이 숲 속의 상자거북들에게 전파 장치(안테나 등의 송수신기)를 장착하여 그 습성을 확인하고 개체수가 크게 감소한 원인을 찾는 연구가 있었다. 연구번호 #72가 부여된 거북은 자주 캐런의 농장을 돌아다녔는데, 낙엽 부스러기들 아래 약 15센티미터 깊이에서 동면하는 것으로 관찰되었다.

최근 기후 변동의 폭이 커졌지만, 이 때문에 동면하는 동물들이 혼돈을 일으키지는 않은 것으로 보인다. 많은 동물들은 동면에 들어가는 조건을 대기 온도가 아니라 태양의 각도와 그에 따른 낮의 길이로 결정하기 때문이다. 물론 록크리크공원의 동물들 중에도 예외가 있어서, 봄의 작은 전령 청개구리는 온도 변화의 영향을 더 많이 받는데, 이 녀석들은 겨울 동안에 실제로 얼어붙는다.

어느 쪽이든 동면하는 동물들은 한 해 중 가장 험한 겨울의 기후 조건을 피해 몸을 최대한 움직이지 않고 지낸다. 그렇다면 거북이 동면하는 동안 어떤 경험을 할지 궁금한 사람들이 많을 것이다. 추운 겨울 몇 달 동안 거북은 꿈을 꾸면서 지낼까? 동물들이 겨울 동안 단지 모든 것을 정지시킨 상태로 지내다 봄이 되면 다시 원상태로 돌아오는 것이 아니라는 연구 결과가 많이 발표되고 있다. 동면하는 많은 동물들이 잠을 자기 위해 일주일에 한 번씩 깨어난다는 관찰도 있다. 이것은 잘못 쓴 게 아니라 정말로 그렇다.

대부분의 동물들에게 깊은 동면과 휴면休眠이라 부르는 얕은 동면 모두 꼭 필요한 실제적인 잠이 아니다. 황금망토땅다람쥐(*Spermophilus lateralis*)는 동면하는 동안 5~7일마다 체온을 높인다. 그리고 약 24시간 비렘수면으로 들어간다. 그다음 몸이 차가워지면서 다시 동면 상태로 돌아간다. 이렇게 동물들은 깊은 동면 상태에서도 충분한 양의 잠이 필요한 것으로 보인다. 그리고 일부 동물들은 잠자는 동안 꿈을 꾼다는 사실을 입증해주는 관찰 결과도 속속 발표되고 있다.

– 죽었니, 살았니? 곰에게 묻지 마라 –

죽은 동물은 밟고 넘어가도 된다고 생각할 것이다. 움직이지 않으니, 사실 만져도 되고 주위를 어슬렁거려도 된다. 몸은 차갑다. 심장 박동이나 호흡 증후도 뚜렷하게 보이지 않는다. 한겨울에 이렇게 '죽은' 동물은 동면하는 중일 가능성이 많다.

기온이 내려가고 먹이 공급이 적거나 없어지면 몸의 에너지를 보존하기 위해 많은 동물들이 동면에 들어간다. 동면하는 동물들 중 일부는 실제로 얼어붙어(연못 속의 얼음개구리) 체온이 바깥 기온에 맞춰 내려간다. 그러나 일반적으로 체온은 37도에서 약 영하 1도 정도까지 차가워진다. 앞니가 계속 자라기 때문에 딱딱한 먹이를 먹어 더 길게 자라지 못하도록 '갈아' 주어야 하는 설치류들은 깊이 동면하는 동안에는 이러한 앞니의 성장이 멈춘다. 분당 80회였던 심장박동은 4~5회까지 느려진다. 많은 포유류들은 동면 시기에 털이 세 배나 길게 자란다. 그리고 긴 겨울 휴식에 들어가기 전에 미친 듯이 먹어치운다. 두 종류의 지방, 즉 보통의 흰 지방과 더 조밀한 갈색 지방(뇌, 심장, 폐처럼 중요한 신체 장기를 둘러싸고 있다)을 축적하기 위해서다. 동면에서 깨어날 때 이러한 갈색 지방은 빠르게 에너지로 바뀌어 둘러싸고 있는 장기를 따뜻하게 데워서, 깨어난 동물이 빨리 다시 생각하고 움직일 수 있게 해준다.

동면에도 여러 가지 수준이 있다. 실제로 얼어붙는 양서류와 파충류가 있는가 하면, 동면에 들어가고 깨어나기를 반복하는 포유류도 있고(그러므로 큰곰이 깨어나서 덤벼들지 않을 것이라 안심해서는 안 된다), 동면의 가벼운 형태인 휴면을 하는 동물들도 있다. 그리고 더울 때 동면하는 동물들도 있다. 극심한 추위 속에서 살아남기 위해 동물들이 동면에 들어가듯이, 일부 동물들은 극심한 더위를 피하기 위해 또는 먹이와 물이 바닥났을 때 동면한다. 만약 우리가 기온이 섭씨 57도까지 올라가는 사막에서 생활한다면 지중해 연안 주민들의 시에스타 풍습처럼 식후 낮잠을 자는 것이 좋을 것이다. 이것을 하면夏眠, 곧 여름잠이라 부른다. 최근까지만 해도 영장류와 관련해서는 동면이나 하면에 대한 과학적 증거가 없었지만, 현재 마다가스카르 섬에서 이런 행동을 하는 영장류들이 관찰되었다. 그 섬의 영장류인 여우원숭이들은 기후가 너무 뜨겁거나 먹이 공급이 심하게 부족할 때 일종의 하면 상태로 들어간다.

곰이나 다른 여러 포유류들은 기후 조건이나 먹이와 물의 공급뿐만 아니라 짝짓기 관련 상황에 따라서도 다양한 형태의 동면 상태에 들어간다. 예를 들어, 갈색곰들은 매일 40킬로그램의 먹이를 먹어서 몸무게를 두 배나 늘린 다음 동면에 들어가는데, 보통은 언덕 면에 굴을 판다. 그리고 암컷들은 동면에 들어갈 때 새끼를 밴 경우가 많은데, 그동안 가벼운 동면 상태가 되어 한 마리 또는 그 이상의 새끼를 낳아서 봄이 될 때까지 젖을 먹인다. 긴귀박쥐도 특이한 형태로 동면하는 포유류다. 긴귀박쥐들의 거대한 귀는 보통은 곤두선 상태로 숫양의 뿔처럼 말려 있는데, 큰 귀가 펴지면 열을 많이 빼앗기기 때문이다.

잘 알려지지 않았지만, 우리 주위에서도 동물들의 동면이 계속 일어나고 있다. 에너지를 너무 많이 소비하는 동물들은 매일 몇 시간씩 동면 상태로 들어간다. 어떻게 벌새는 하루 종일 쉬지 않고 날갯짓을 할 수 있을까 궁금했던 사람들도 있을 것이다. 사실 그렇지 않다. 재충전을 위해 몇 시간씩 잠든다. 햄스터 같은 동물은 매일 휴면 상태가 되었다가 깨어난다. 그렇지만 이 동물들은 여전히 고전적 의미의 잠도 충분히 자야만 한다.

동면하는 동물들이 일주일에 한 번은 깨어나서 24시간 정도 잠을 잔다는 사실이 잘 이해되지 않을 수도 있다. 스탠퍼드대학교의 신경학자 크레이그 헬러Craig Heller가 관찰 연구를 통해 이러한 행동을 확인했다. 즉, 어떤 동물들은 휴면 단계 이후에도 깊은 잠을 자는 것으로 나타났다. 동면과 휴면 기간이 지나면 세포에서 단백질이 빠져나가 신경세포섬유(수상돌기)가 위축된다. 뇌의 발달과 학습과 기억에 이용되는 단백질이다. 하지만 이런 단백질이 파괴될 때 나타나는 신경병증과 달리, 깊은 또는 가벼운 동면 기간 이후에 잠을 자는 동안에(고전적 의미의 잠이다) 이러한 단백질이 다시 확보되어 뇌의 수상돌기들이 다시 성장한다. 복잡해 보이지만, 일부 동물들은 좀 더 극단적 형태로 동면을 한다. 즉 생명을 잠시 중지시켰다가 다시 찾는다.

— 얼음개구리의 노래 —

청개구리(*Pseudacris crucifer*)는 겨우 손톱만 한 크기지만 봄이 오면 겨

울잠에서 깨어나 시끄러울 정도로 개골거리고 커다란 나무 위를 뛰어

오르다가 겨울이면 다시 얼음덩이로 변한다. 나무개구리라고도 부르

는 이 작은 개구리는 봄의 전령으로 알려져 있지만, 정확히는 수컷만

이 소리를 낸다. 이 개구리는 높은 나무에도 올라갈 수 있으나 보통은

높이가 낮은(약 1미터 정도 되는) 나무를 타고 올라가며, 접착력이 있는

발바닥 살 덕분에 미끄러지지 않는다. 겨울이 물러나기 시작하면 연못

이나 개울가 풀밭 또는 늪지에서 수천 마리 수컷 청개구리들이 흥분한

상태로 마치 고무공처럼 풀쩍풀쩍 뛰어오르며 짝짓기 상대를 찾는다.

수컷 청개구리가 소리를 내는 동안 소리주머니는 거의 두 배로 커진

다. 놀랍게도 청개구리들은 얼음 상태에서 녹아 깨어나자마자 이렇게

활기차게 뛰어다니고 소리를 낸다. 불과 몇 시간 전만 해도 개구리의

뇌와 심장, 심지어 강인한 다리들은 딱딱한 얼음 같았다.

봄의 전령 청개구리와 사촌 격인 나무숲산개구리(*Rana sylvatica*)에는

'냉동내성'이라는 특성이 있다. 바깥 기온이 내려가면 개구리 체내 수

분의 3분의 2가 얼어붙는다. 심장과 뇌의 기능도 정지된다. 체온은 영

하 6도와 영하 1도 사이로 급강하한다. 이와 같은 냉동내성 덕분에 나

무숲산개구리들은 북극권과 같은 북쪽의 극한 기온에서부터 미국 남

부의 비교적 따뜻한 지역까지 넓은 범위의 기온 지대에서 살아갈 수

있다. 이 개구리들이 극한의 추위 속에서 생존할 수 있는 것은 자연적

부동액이 있기 때문인 것이다.

이러한 유기질 부동액은 얼음 상태로 있는 동안 개구리 세포들이

너무 심하게 탈수되지 않도록 해준다. 그래서 세포 깊숙한 곳에 일부 수분이 액체 상태를 유지하며 남을 수 있다. 개구리 간에서 만들어진 포도당이 조직의 어는점을 낮춰주는데, 이것은 암모니아가 자동차 와이퍼액의 어는점을 낮추는 것과 같은 원리다. 이것은 냉동 과정에서 세포 위축으로 손상이 생기는 것을 막아준다. 날씨가 풀리면 이 작은 개구리는 내부에서 외부의 순서로 녹기 시작한다. 몇 시간 이내에 심장이 녹고 다시 힘차게 박동한다. 그다음은 뇌의 차례다. 마지막으로 다리가 녹는다. 그러고는 짝짓기 상대를 찾아 뛰어다닌다.

냉동과 해동이 일어나는 야생 동물은 개구리만이 아니다. 여러 종의 곤충과 또 다른 종류의 북아메리카 개구리들, 유럽 도마뱀 한 종류 그리고 북아메리카 거북 여러 종이 깊은 냉동 상태를 견디는 것으로 알려져 있다. 아시아에 서식하는 동물들 중에도 여러 종이 이렇게 행동하는 것으로 생각된다. 그러나 포유류나 어류 중에서는 냉동 상태를 견디는 종이 아직 발견되지 않았다.

물고기 중 한 종류는 독특한 동면을 하면서 거의 냉동 상태까지 가는 것으로 보인다. 남극 대구는 깜깜한 겨울 동안 바다 밑바닥으로 내려가는데, 이때 심장박동은 느려지고 거의 먹지도 않는다. 남극의 겨울 기온은 극도로 차가울 뿐만 아니라 태양빛도 너무 옅어서 대구가 먹이를 찾기 어렵다. 영국 남극연구소의 해양생물학자 케빈 프레이저 Kevin Fraser에 따르면, 남극의 겨울에 이들 대구는 혼수상태가 된다. 그러나 일주일에 한 번씩 깨어나서 몇 시간 동안 헤엄쳐 다닌다. 과학자들은 대구가 이렇게 행동하는 정확한 이유를 아직 알지 못한다. 그러나 이 물고기들도 조금이라도 실질적 잠을 자기 위해 이렇게 하는 것으로 생각해볼 수 있다. 그와 함께 남극 대구를 연구한 오스트레일리아 퀸즐랜드대학교의 해미시 캠벨Hamish Campbell의 말에 따르면, 많은 민물고기들이 겨울의 낮은 기온을 휴면 상태로 견디지만 남극 대구는 좀 더 극단적 형태에 속한다.

여러 가지 깊이의 동면, 그리고 특히 일부 동물에서 보이는 냉동내성에 대한 연구에서 얻는 지식은 우리 인간들의 의학에 이용할 수 있을 것으로 기대된다. 예를 들어, 몇 년 전 프로 미식축구 선수가 시합 도중에 입은 부상으로 사지마비에 빠졌다. 그러나 체온을 급속히 낮추는 처치가 가능했다면 그의 목숨을 구하고 팔다리도 다시 이용할 수 있었을지 모른다. 냉동요법은 뇌와 척수손상, 장기이식뿐만 아니라 뇌졸중과 심장마비의 처치에도 도움이 될 수 있다. 학자들은 동물들이 (이를테면 얼음개구리) 심장을 멈추고, 오랫동안 심장이 정지되었다가 다시 정상적이고 건강한 형태로 박동하고 기능하는 과정에서 어떤 일이 벌어지는지 알아내기 위해 노력하고 있다.


## – 갖가지 형태로 잠들다 –


말은 선 채로 잠을 잔다. 그리고 소는 낮잠을 잘 때 눈을 뜨고 있다. 높은 나무에서 발끝으로 서서 잠자는 비비들도 있다. 돌고래와 남방물

개는 뇌 반구가 한쪽씩 교대로 잠을 잔다. 칼새common swift는 날면서 잠잘 수 있다. 무리를 이루는 새들은 집단으로 잠자는데, 무리의 가장 자리에 있는 새들은 한 눈을 뜬 상태로 계속해서 포식자들의 출현을 감시한다. 반대쪽 뇌가 깨어 있는 것이다. 파충류, 양서류 그리고 물고기들도 모두 잠잔다. 해파리도 역시 잠자는데, 오후 3~4시쯤에 바다 밑바닥으로 가라앉아 다음 날 아침 해가 뜰 때까지 그곳에 머문다. 초파리들도 마찬가지로, 워싱턴대학교의 연구진이 최초로 이를 입증했다. 그들은 유리병 속에서 죽은 듯이 들어 있던 초파리들이 병을 두드리자 서서히 깨어나는 것을 관찰했다. 잠시 자고 있었던 것이다.

모든 동물들에게 충분한 양의 수면이 필요하다. 잠을 못 자게 한 쥐와 파리는 먹이를 주지 않은 때보다 더 빨리 죽는다. 잠이 부족하면 집중력이 떨어지며, 판단과 정서에도 영향을 준다. 잠을 충분히 자지 못하면 짜증만 나는 것이 아니다. 심장마비가 수면 문제로 발생하는 경우가 많다는 사실은 이미 밝혀졌다. 그 밖에도 여러 가지 급성 및 만성 질환들이 수면 부족의 결과로 생긴다. 우리의 모든 신체 기능을 유지하고 성장하기 위해서는 적절한 수면이 꼭 필요하다. 학습과 기억을 정리하기 위해서도 우리는 잠을 자야 한다.

윌리엄 디멘트William Dement 박사는《수면의 약속The Promise of Sleep》에서 수십 년에 걸친 연구 결과 "건강과 행복, 편안한 수면 사이에 매우 밀접한 관련이 있다"는 사실을 확인했다고 말한다. 성인은 하룻밤에 8시간 정도의 잠이 필요하지만, 10대들은 성장과 두뇌 발달을 촉진시키기 위해 9시간 반 이상을 자야 한다. 어린아이는 그보다 더 많이 잘 필요가 있으며, 유아들은 대부분의 시간을 잠으로 보낸다(물론 아기와 씨름하느라 지친 부모들에게는 그렇게 보이지 않겠지만 말이다). 동물들마다 필요한 수면의 양이 다르다. 예를 들어 말이나 기린, 코끼리들이 잠자는 시간은 하루에 2시간에서 4시간 정도에 불과하지만, 주머니쥐와 대부분의 박쥐들은 24시간 주기에서 거의 20시간을 잠으로 보낸다. 시궁쥐들은 낮과 밤 여러 시간에 띄엄띄엄 잠을 자는데, 잠자는 시간을 합하면 24시간 주기에서 10~12시간 정도 된다. 인간의 경우는 활동일주기circadian rhythm[†]에 따르기 위해 밤에(그리고 대부분의 경우 깜깜한 환경에서) 한꺼번에 많이 잘 필요가 있다. 최근에는 세포가 자신의 에너지 체계를 주위의 빛과 어둠에 일치시킨다는 사실이 정밀 기술을 이용한 연구를 통해 입증되었다(빛과 어둠은 활동일주기의 기초를 이룬다). 크고 작은 뇌 활동과 뇌파의 발산이 1시간 반 정도 단위로 일어나는 짧은 주기의 생체리듬도 있으며, 주기가 24시간보다 훨씬 긴 1년 주기 생체리듬도 있다. 수면을 연구하는 분야에서는 최근 이러한 리듬을 다루는 시간생물학에 관심을 가지고 특히 이와 같은 주기적 영향에 대해 연구하는 학자들이 많아지고 있다. 이 분야 연구에서 선구자인 미네소타대학교의 프란츠 핼버그Franz Halberg 교수는 생체리듬에 미치는 환경의 영향이 동물의 DNA도 변화시킬 수 있다고 주장한다. 이것

---

[†] 영어 'circadian'은 라틴어 'circa'(대략)와 'dia'(날/하루)에서 파생된 합성어다.

은 우리가 특정 DNA 지도를 가지고 태어나 신체 활동도 그 지시대로만 진행된다고 보는 유전학적 가정을 과거의 생각으로 허물어버리는 과학적 발견이라 할 수 있다.

동물들 중에서 칼새나 다른 여러 철새들은 비행을 하는 와중에 양쪽 뇌가 번갈아 잠을 자는 것으로 생각된다. 실제로 모든 새들은 이동 중에 잠을 줄이지만(때로는 3분의 2 수준만 자는 경우도 있다), 마침내 겨울을 보낼 장소에 도착하면 이를 보충한다.

물고기들은 자기들만의 독특한 수면 습관을 가지고 있는데, 많은 종들이 활동기와 비활동기가 있다. 대서양수염상어 같은 일부 상어들은 바다 밑바닥에서 움직이지 않고 가만히 있는 모습이 관찰되었다. 따뜻한 대양의 산호 암초 사이에서 발견되는 2미터 길이의 백기흉상어(*Triaenodon obesus*)들은 낮 동안 암초 위에 누운 상태로 잠자는 모습이 사진으로 찍히기도 했다. 밤에 사냥을 나서기 위한 준비로 낮잠을 자는 것이다. 물결선상어streamlined shark와 귀상어들은 잠자는 동안에도 호흡하기 위해서 계속 움직인다. 이들 상어들은 지느러미가 너무 약하기 때문에 산소가 녹아 있는 물을 아가미 위로 밀어주기 위해서는 움직여야만 한다.

우리 인간도 자기 전에 일련의 잠자리 준비를 한다. 하지만 어떤 물고기가 잠자기 위해 치르는 절차에 비할 수는 없다. 앵무새 부리 모양으로 치아가 모두 하나로 붙어 있어 영어 이름이 '패럿 피시parrot fish'인 파랑비늘돔(*Scarus iseri*)은 잠자기 전에 아주 특별한 의식을 치른다. 이 물고기는 밤잠을 자기 전에 머리에 있는 분비샘에서 끈적끈적한 점액을 토해내어 자기 몸을 점액질 외피로 둘러싼다. 30분에서 60분이면 이렇게 끈끈한 보호막이 형성되어 파랑비늘돔을 보이지 않게 숨겨준다. 이렇게 특별한 '수면 랩'에서 풍기는 지독한 냄새와 맛 또한 포식자들을 막아주는 작용을 한다.

## - 줄행랑을 치다 -

말에게는 위협적인 이빨이나 방탄복이 없으며, 스컹크처럼 적에게 발사할 지독한 냄새도 없다(또는 파랑비늘돔처럼 몸을 랩으로 둘러싸지도 못한다). 그래서 위험이 닥치면 재빨리 도망갈 준비가 되어 있어야 한다. 말은 도주형 동물이다.

말은 늘 준비 상태로 있기 위해 선 채로 잠을 잘 수 있도록 정교한 다리와 골반 구조가 진화했다. 수의사들이 '고정 장치stay apparatus'라 부르는 이 구조는 잠을 자는 동안에 다리와 상부 관절의 움직임을 막아주어 말의 다리가 구부러지지 않게 한다. 그리고 무릎과 주변부를 움직이지 않게 고정시키는 메커니즘이 있어, 앞다리나 뒷다리 한쪽씩 번갈아 체중을 실으면서 다른 쪽은 쉴 수 있다. 모든 말들은 골반과 다리를 일정한 방법으로 돌려 고정 장치를 작동시켜 잠금 상태가 되는데, 이로써 효과적인 수면 '자세'를 취할 수 있다. 따라서 말이 머리를 아래로 한 채 아랫입술을 내밀고 한쪽 엉덩이를 내리면 잠깐씩 겉잠을 자는 것이라 생각해도 좋다.

　말도 잠시 동안 누워서 잠을 자야 할 때가 있는데, 일부 말들은 자주 이렇게 한다. 그러나 일반적으로 말이나 그 사촌 격인 당나귀, 노새 등의 동물들은 항상 도망칠 수 있도록 준비 상태를 유지하며, 잠잘 때도 그렇게 한다. 좀 더 먼 친척에 해당하는 얼룩말 또한 선 채로 잠잔다. 야생 얼룩말은 주위에 다른 얼룩말이나 자기들처럼 약한 다른 동물이 깨어서 위험을 감시하지 않으면 잠자는 경우가 거의 없다. 파수꾼 동물이 주위에 잠복해 있을지 모를 사자나 치타 그리고 다른 포식자들을 감시해야 한다. 그와 같은 포식자들은 장차 그들의 먹이가 될 동물보다는 더 깊은 잠을 잘 수 있다. 그리고 수사자는 대개 사냥을 하지 않기 때문에 실제로 길고도 달콤한 잠을 즐긴다.

　흰꼬리사슴 같은 동물은 수풀 속에서 정교하게 위장한 상태에서 누워 잔다. 눈은 뜬 경우와 감는 경우가 모두 보고되었지만 항상 어느 정도 경계 상태를 유지한다. 인간들도 야생 지역의 일부 주민들은 경계 상태로 있어야 한다. 캐런은 칼라하리사막에서 생활하며 쿵 족 주민들의 풍습을 조사한 적이 있는데, 당시 주민들이 주로 잠깐씩 짧은 잠을 자며 최소한 한 사람은 깬 상태로 닥칠지 모를 위험을 감시한다는 이야기를 들었다. 캐런이 알고 지냈던 소말리아 유목민들은 물론, 아마도 많은 다른 야생 지역의 주민들이 오랜 세월 살아오면서 야생동물들이 가까이 오지 못하게 하기 위해 밤새 모닥불을 피워놓았을 것이다. 우리 중 많은 사람들이 잠자는 동안 침입자 경보기나 화재감지기 같은 장치를 이용해 '보초병'으로 세워두듯이 말이다.

## – 동물들도 꿈을 꾼다 –

"잠들면 아마도 꿈을 꾸겠지."(셰익스피어의 희곡 《햄릿》 제3막 제1장에 나오는 대사―옮긴이) 사람들은 평균적으로 하룻밤에 네 차례 꿈을 꾸지만, 그중 기억하는 것은 일주일에 한 번 정도뿐이다. 대부분의 사람들은 동물들도 꿈을 꾼다고 생각한다. 집에서 키우는 개나 고양이가 자면서 얕은 소리로 킁킁대고 그르렁거리는 모습을 본 적이 있을 것이다. 과학자들은 오래전부터 동물들이 꿈을 꾸는 것을 알고 있었다. MIT의 매슈 윌슨Matthew wilson이 이끄는 연구진은 동물들이 어떤 꿈을 꾸는지 그리고 그 꿈이 복잡하다는 것을 최초로 확인했다. 윌슨과 대학원생 켄웨이 루이Kenway Louie는 시궁쥐가 둥근 트랙을 한 바퀴 돌 때마다 상으로 먹이를 주고 쥐가 이 과제를 수행하는 동안 어떤 뇌세포가 활성화되는지 검사했다. 그리고 나중에 쥐가 잠들었을 때 MIT 연구진은 앞서 트랙을 돌 때 활성화되었던 신경세포들과 동일한 신경세포들이 렘수면(빠른눈운동수면) 때 활성화되는 것을 관찰할 수 있었다. 렘수면은 수면의 한 단계로 대부분의 꿈을 이 단계에서 꾼다. 그리고 꿈 검사 도중의 특정 시점에 각각의 쥐가 트랙 또는 미로의 어느 부분에 위치해 있는지도 말할 수 있었다. 쥐는 낮에 자신들이 했던 일에 대해 꿈을 꾸고, 그것을 장기기억 속에 넣어두고 있었다. 동물들은 이렇게 꿈의 도움을 받으면서 학습했다.

이전에는 어떤 사건의 발생 결과를 기억하고 평가할 능력을 가진 동물은 침팬지나 돌고래 같은 몇 종에 불과하다고 생각되었다. 그러나 이 연구는 시궁쥐들도 그리고 아마도 훨씬 더 많은 유형의 동물들이 앞서 경험했던 사건을 기억하고 재평가할 수 있음을 입증하였다. 윌슨은 실험실 밖의 동물들은 더 복잡한 꿈을 꿀 것으로 추정한다. 그들은 더 흥미로운 삶을 살아가기 때문이다. 윌슨과 루이는 또한 각각의 쥐가 자신의 고유한 뇌파 유형을 가지고 있는 것을 관찰했다(스탠퍼드대학교와 조지타운대학교의 칼 프리브램이 인간을 대상으로 한 실험에서 확인했던 결과와 동일하다). 이와 같이 개별 동물들 각각이 고유한 뇌파 유형을 가지고 있다는 것은 매우 큰 의미를 지니지만, 아직 과학계에 널리 알려져 있지는 않다.

얼어붙은 개구리에서 꿈꾸는 상태까지, 동면의 여러 단계와 잠 그리고 꿈은 동물들의 여러 가지 비밀 가운데 일부에 지나지 않는다. 인간은 끝없이 흥미로운 이런 비밀을 이제 막 찾아 증명하고 있다.

# 7

# 바다와 육지에서 벌어지는 동물들의 마라톤

천리 길도 한 걸음부터.
–노자(기원전 604~531)

집 안에 들어온 들쥐를 잡아서 멀지 않은 밖으로 쫓아내고는 그놈들이 다시 돌아오지 않을 것이라 생각하는 사람들에게 생쥐들은 키득거리면서 참 순진하다며 비웃을지도 모른다.[†] 이 장에서는 동물들이 얼마나 멀리 여행하고, 자신들의 현재 위치와 목적지의 방향을 어떻게 아는지 살펴보자. 인간 여행자들과 마찬가지로 다른 동물들도 태양과 달 그리고 별을 여행의 길잡이로 이용하며, 우리 인간에게는 꼭 필요한 정밀 기술의 도움 없이도 '무선' 주파수와 지구 자기장을 이용하는

[†] 제9장에서 생쥐가 키득거리는 이유를 자세히 알아본다.

방법을 알고 있다. 왕나비(모나크나비)는 바늘귀보다 작은 뇌 속 구조물인 이른바 '시간 보정 태양 나침반'을 이용해 멕시코시티 인근의 작은 지점까지 수천 킬로미터를 날아간다. 이러한 나침반은 몸속의 생체 시계에 의해 끊임없이 조정된다. 놀랍게도 왕나비의 복잡한 항법 체계는 다른 곤충들보다 생쥐와 더 유사하다.

멀리 이동하는 새, 즉 철새들 중에서도 북극제비갈매기가 이동하는 거리는 극단적으로 길다. 매년 이 새들은 북극에서 남극까지 날아갔다가 다시 돌아온다. 대륙의 동물들도 먼 거리를 여행하는데, 매년 동아프리카의 세렝게티 대평원을 가로지르는 수백만 마리 누(영양) 떼들의 이동 모습은 장관을 이룬다. 그리고 여러 다른 동물들이 갖가지 방식으로 이동하는 흥미로운 모습들이 계속 발견되고 있다.

특이하게 혼자서 멀리 날아가는 동물 중에는 산들바람에 실려 가느다란 실에 의지해 수백 킬로미터를 여행하는 종도 있다.

## – 거미가 날다 –

바다 건너 수백 킬로미터나 떨어진 화산섬에 거미가 살고 있고 멀리 대양 한가운데를 지나는 배에서도 살아 있는 거미가 발견되지만, 최근까지 과학자들은 거미가 어떻게 이렇게 먼 거리를 여행할 수 있는지 설명하지 못했다. 일반적으로 거미는 겨우 몇 미터 정도만 이동한다. 하지만 일부는 날아올라 믿기지 않는 거리를 '비행해' 간다. 영국 로덤스테


동물의 숨겨진 과학

드연구소의 앤디 레이놀즈Andy Reynolds가 이끄는 연구진이 이러한 작은
동물을 연구하여 그들의 놀라운 여행 방법을 알아내기 전까지는 거미
의 이와 같은 장거리 여행에 대해 설명할 수 있는 이론이 없었다. 발끝
을 딛고 서서 거미줄 한 가닥에 매달린 채 낙하하면서 바람에 몸을 실
는다. 포식자를 피하기 위해 또는 새로운 장소를 개척하기 위해 단거리
비행을 할 요량으로 거미줄에 의지해 훌쩍 뛰어내렸겠지만, 난기류에
휩쓸려 수십 수백 킬로미터까지 날아갈 수도 있는 것이다.

　　난기류는 자체 동력을 가지고 무질서하게 움직이며 일시적으로 안
정되었다가 다시 불안정해지고 그런 다음 계속해서 재편되면서 커진
다. 소용돌이와 회오리바람이 이와 같이 불규칙한 공기 흐름이다. 기류
는 물보다 훨씬 더 자유롭지만, 일부 난기류는 상승온난기류 기둥의 일
부가 되어 난기류를 지탱하고 만들어내기도 한다. 태양에 의해 땅이 데
워지고 가열된 공기가 상승할 때 형성되는 상승온난기류의 외풍을 타
고 맹금류들은 수직으로 솟구쳐 올라 먹이를 사냥한다. 모든 철새들이
상승온난기류 기둥의 효과를 이용하는 것은 이미 잘 알려져 있지만, 그
것은 겨우 일부일 뿐이다. 난기류 이론과 수학적 계산식들이 이와 같은
상승온난기류 기둥과 외풍이 어떻게 형성되고 거미가 이런 현상을 어
떻게 이용하는지 설명해줄 것이다. 그동안 한 가닥 거미줄에 의지해 뜻
하지 않게 500킬로미터 이상의 장거리 여행에 나선 작은 거미는 새로
운 섬이나 먼 대양 위를 떠가는 배에 내려앉아 잠시 쉴 것이다.


바다와 육지에서 벌어지는 동물들의 마라톤

# - 하늘에서 벌어지는 마라톤 -

비행기를 타지 않고 자신의 날개로 800만 킬로미터 이상을 날아간다고 생각해보자. 수명이 50년인 슴새류 중 일부가 일생 동안 여행하는 거리다(아마 현재도 날고 있을 것이다). 비행하는 힘이 세고 특히 수명이 긴 이 새는 일생 동안 여행하는 거리가 가장 긴 동물로 알려져 있다. 영국과 아일랜드 해안과 주변 섬에서 태어나 자라는데, 그중 스코콤 섬과 스커머 섬은 전 세계에서 이 새들이 가장 많이 서식하는 곳이다. 이 두 섬에서 관찰한 연구에 따르면, 일부 슴새들은 겨울을 지낼 브라질이나 아르헨티나까지 거의 1만 킬로미터나 되는 거리를 단 2주 안에 날아간다. 이 새가 하늘 높이 멋지게 솟구쳐 오를 때면 몸통이 검은색에서 흰색으로 변하는데, 마치 머리 부분부터 검은 물속을 통과하여 올라가 마침내 몸통 아래 흰 부분이 밝게 빛나며 빠져나오는 것같이 보인다. 뛰어난 장거리 비행 클럽 회원들이 펼쳐 보이는 매우 아름다운 광경이다.

장거리를 비행하는 또 다른 새가 있다. 신천옹이라 불리는 알바트로스는 날개를 활짝 펼치면 3미터가 넘어 다른 어떤 새보다도 크며, 오래전부터 문학 작품에도 자주 등장하여 우리 상상력을 사로잡았다. 이 새는 생의 처음 10년 동안에는 땅에 내려앉는 경우가 거의 없다. 바다의 출렁이는 파도 위에서 쉬거나 때로는 고기잡이배를 따라가면서 배에서 버려지는 물고기들을 주워 먹는다. 아마도 때로는 광대한 바다


동물의 숨겨진 과학

위를 외로이 날아가는 작은 거미와 만나기도 할 것이다. 신묘하다고 표현되는 이 새는 태어나 자란 남극 주위의 섬에서부터 지구 남반구를 가로질러 적도 지역까지 날아가며, 종종 먹이를 찾아 지구를 한 바퀴 돌기도 한다. 한 마리를 추적하며 관찰한 연구에서는 12일도 안 되는 시간 동안 6000킬로미터를 날아간 것으로 확인되었다. 짝짓기를 할 준비가 된 알바트로스는 어린 시절을 보냈던 수풀이 무성하게 덮인 섬으로 돌아와 둥지를 짓는다. 그곳에서 보통 단 한 개의 알을 낳아서 암컷과 수컷이 번갈아 알을 품으며, 한쪽이 먹이를 찾아 날아가면 다른 한쪽이 새끼를 돌본다.

명금류의 새들은 무착륙 장거리 비행을 하지 않는다. 이동하는 경로 중에 내려앉아 오랫동안 머문다. 캐나다 요크대학교의 브리짓 스터치버리Bridget Stutchbury가 이끄는 연구진은 최근 이러한 새들에 맞게 설계된 소형 위치 추적 시스템을 통해 놀라운 사실을 확인하였다. 새의 등 쪽 엉덩이 윗부분(새에게도 엉덩이가 있다)에 무게가 1그램이 조금 넘는 감지 장치를 부착하고 양쪽 다리 주위로 작은 고리를 감아서 고정시켰다. 명금류의 새들은 예상보다 세 배나 빠른 속도로 여행했다(일부는 하루에 50킬로미터 이상을 기록했다). 제비과에 속하는 암청색큰제비 한 마리는 가을날 캐나다에서 브라질까지 날아가는 데 43일이 걸렸지만(멕시코 유카탄반도에 내려 몇 주 동안이나 푹 쉬고 갔기 때문이다), 봄에 같은 경로를 통해 북쪽의 고향으로 돌아오는 여행은 13일 만에 완료되었다. 이 제비는 미국에서 매우 흔히 볼 수 있는 철새로, 봄에 무리가 돌아오기 전 북쪽으로 척후를 먼저 보내서 둥지를 틀 지역을 점검하는 것으로 유명하다.

제비들 중에는 매년 정확히 같은 날짜에 자신들의 둥지가 있는 지역으로 돌아오는 전설적인 종들도 있다. 그중 한 종은 특히 시간을 정확히 지키는 것으로 유명하다. 캐런은 10대 시절에 친구들과 함께 로스앤젤레스 남서쪽에 있는 산후안 카피스트라노 선교구에 간 적이 있다. 매년 3월 19일이면 돌아오는 '카피스트라노의 제비'를 마중하기 위해서였다. 제비들은 돌로 된 옛 성당 처마 밑에 있는 둥지로 매년 같은 날짜에 돌아온다. 다른 많은 철새들처럼 이 제비들도 성 요셉의 날 이른 아침에, 무리의 본진이 날아오기 며칠 전에 '척후병 제비들'이 먼저 돌아온다. 그리고 역시 뛰어난 시간 감각으로 추위가 닥치기 전에 다시 날아서 떠나간다. 매년 10월 23일, 산후안의 날에 카피스트라노의 제비들은 겨울을 나기 위해 떠난다. 작별 의식으로 선교구를 몇 차례 선회한 다음 커다란 무리를 이루어 멀리 날아간다.

가장 아름다운 나비 중 하나인 왕나비는 매우 놀랍게 행동하는 것으로도 유명하다. 매사추세츠대학교의 스티븐 엡버트Steven Epbert는 5000킬로미터 이상을 이동하는 철새들을 관찰하여 그들이 '시간 보정 태양 나침반'을 이용한다는 사실을 확인했다.† 엡버트는 이 나비들의 작은 뇌 속에 있는 생체시계를 연구하였다. 이것은 태양 나침반 정보

---

† 놀랍게도, 몇몇 특별한 사례에서는 한 차례의 이동이 한 세대 이상에 걸쳐 이루어지기도 한다.


동물의 숨겨진 과학

를 엄격히 따르는데, 눈으로 들어온 빛 감각을 중뇌의 신경회로망에서 자체 처리한 정보들이다. 시계와 나침반 사이에는 끊임없이 조율이 이루어진다. 생체시계가 망가지면 나비가 태양에 따라 움직일 수 있을지라도 날마다 생기는 태양 각도의 변화를 보정해주지는 못한다. 시계와 나침반은 함께 작동하는데, 이러한 체제를 '포지티브 피드백 회로positive feedback loop' 또는 '빨리감기 피드백'이라 부른다. 정보가 시계와 나침반 사이에서 앞으로 뒤로 계속 입력되고 그에 따라 비행 방향이 보정된다. 이와 같이 놀라운 생체시계에 대해 이해하게 된 계기들 중 한 가지는 파리와 생쥐의 시계-유전자에 관한 연구였다. 이러한 유전자는 RNA(리보핵산-전사와 조절을 담당하는 분자)와 함께 작용하며 단백질을 생산한다. 수천 마리가 함께 무리를 이루어 여행하고, 믿을 수 없을 만큼 아름답고 정확하게 비행 춤을 연출하는 이들 생명체들의 정교한 능력에는 감탄하지 않을 수 없다.

## – 체중 조절 또는 체형 만들기 –

멋진 모습의 왕나비들은 체중 걱정을 하지 않아도 된다. 하지만 그렇지 않은 동물들도 많다. 동물들이 하는 계산과 보정의 형태 중에서, 철새가 장거리 비행을 감당할 만큼 체중이 나가야 하지만 너무 무거워서 비행의 효율성이 떨어지지는 않게 해야 하는 과제가 있다(정확히 말하면 전혀 날지 못할 정도로 무겁지는 않아야 한다). 루비목벌새(*Archilochus colubris*)는 중앙아메리카까지 800킬로미터에 달하는 비행에 나서기에 앞서 벌레와 달콤한 꿀, 수액을 먹고 몸무게를 불린다. 이 작은 새는 이러한 무착륙 장거리 비행에 앞서 체내 지방을 보통 때 무게의 두 배에 해당하는 2그램 정도 늘린다.

반대로 어린 칼새들은 다이어트를 한다. 노르웨이과학기술대학교의 조너선 라이트Jonathan Wright의 관찰에 따르면, 이 어린 새들은 날개를 이용해 자신들의 몸무게를 가늠한다. 그리고 수천 킬로미터의 무착륙 여행에 적당한 몸집이 되려면 체중을 줄여야 하는지 어떤지 결정한다. 이 새들은 쉬지 않고 날아야 하는데, 제6장에서 보았듯이 잠을 자면서도 날아서 번식지까지 간다.

인도기러기도 빠르게 비행하는 철새들 가운데 한 종으로, 히말라야산맥을 넘을 때는 10킬로미터 상공에서 한 시간에 80킬로미터를 날 수 있어야 한다. 이 새들은 하루에 1500킬로미터 이상 비행할 수 있다. 살아남기 위해서뿐만 아니라 공기가 희박하고 산소가 부족한 그와 같이 높은 고도에서 빠르게 날기 위해서는 이 새들의 적혈구는 다른 새들보다 훨씬 더 효율적으로 산소를 흡수할 수 있는 구조여야 한다. 그 밖에도 높이 치솟는 데 필요한 상승력을 얻기 위해 몸무게 대비 날개 면적의 비율이 다른 새들보다 커야 한다. 이 높이에서 우리 인간들은 몇 킬로미터나 뛸 수 있을까.

– 낙오자 없이 함께 날아가다 –

기러기 떼의 이동에 대해 말하자면 그들의 정교한 비행 정보 체계에 대한 연구를 빼놓을 수 없다. 활짝 뚫린 고속도로에서 커다란 트럭이 더 큰 트럭 뒤에 위험할 정도로 바싹 붙어서 운전하는 모습을 볼 때면 신경이 날카로워지곤 한다. 하지만 이렇게 하면 기름 값이 절약되고 역학적으로도 유리한 운전이 된다. 앞의 트럭이 바람을 뚫고 가며 뒤따르는 차의 바람막이가 되어주기 때문에 뒤차에는 마찰이 줄어드는 효과가 생긴다. 사이클 선수들이 무리를 이루어 달리는 것도 같은 이유에서이다.

기러기들은 언제나 이 방법을 이용한다. 기러기 무리가 V자 대형을 이루어 날아가는 이유가 여기에 있다. 25마리 기러기가 V자 대형을 이룬 무리를 관찰했을 때, 각각의 새들에게 가해지는 공기저항이 최대 65퍼센트까지 줄어들고, 비행거리는 71퍼센트까지 늘릴 수 있는 것으로 확인되었다. 따라서 효율적으로 장거리 비행을 할 수 있다. 무리 맨 앞의 새를 제외한 모든 새들이 앞선 새의 날개 끝에서 비롯되는 소용돌이로부터 위로 밀어올리는 힘을 받아 비행한다. 이와 같이 밀어올리는 힘은 비행 중에 체중을 떠받치는 데 도움이 되며, 글라이더들도 같은 방식으로 상승기류를 타고 자신들의 몸을 유지하거나 상승시킬 수 있다(상승온난기류를 기억해보라).

기러기는 선두를 교대해 가며 비행한다. 맨 앞에서 나는 기러기가

지치면 뒤로 빠진다. 가장자리에 있는 새들도 주기적으로 교체한다. V자 대형은 자주 기울어져서 한쪽이 반대쪽보다 조금 길게 된다. 이러한 형태는 두 가지 면에서 도움을 주는 것으로 생각된다. 첫째, 힘을 아끼는 효과가 있다. 각각의 새들은 자기 앞에서 나는 새보다 약간 위쪽에서 비행하여 앞의 새 날개와 꼬리가 일으키는 소용돌이 작용에 의한 상승기류를 이용한다. 그리고 바람의 저항도 줄어든다. 둘째, 이런 대형을 이루면 각각의 새들이 무리의 다른 모든 새들을 관찰하면서 함께 비행하기가 쉬워진다. 인간도 이와 같이 정밀한 비행 형태를 비행술에 적용하고 있다. 오래전부터 전투기 조종사들은 기러기의 비행 대형을 연구하고 그 장점을 채택해왔다. 또한 유가 상승 등 여러 가지 재정적 어려움 때문에 민간 항공기들도 이와 같은 비행 형태를 활용하는 방법을 찾고 있다.

작은 새에게도 힘을 아끼는 것이 중요한 문제다. 벌새는 거의 멈추지 않는 것처럼 보인다. 1초에 80회까지 날갯짓을 하고, 심장박동은 1분당 1200회에 달한다. 이와 같이 엄청난 대사 속도를 유지하기 위해 정력적인 이 작은 새는 당분이 많은 꿀을 끊임없이 먹어서 에너지를 만들어야 한다. 그러나 제6장에서 보았듯이, 벌새의 그와 같이 필사적인 움직임도 잠깐씩 쉬거나 휴면(가벼운 동면 상태)을 취하기 위해서는 멈춰야 한다. 벌새가 날 때는 그 재능이 유감없이 발휘된다. 옆으로 날거나 수직 방향으로 치솟고 낙하할 수도 있다. 잠깐씩 머리를 아래로 한 채 날거나, 뒤로 날기도 한다. 벌새 말고 뒤로 나는 모습이 관찰된 새는 딱새와 울새류 몇 종뿐이다. 벌새는 특수한 날개 모양과 근육, 대사 활동 덕분에 살아있는 헬리콥터처럼 공중에서 맴돌 수 있다. 그리고 이렇게 공중을 맴돌며 떠 있는 능력을 이용해 여러 가지 독특한 비행술 묘기를 부릴 수 있다. 사람들은 현재 벌새처럼 회전하고 앞뒤, 위아래로 움직이고 공중에 떠서 한 장소에 머무는 기능을 가진 작은 로봇을 만들기 위해 연구하고 있다. 이러한 로봇은 매우 큰 역할을 할 수 있는데, 이를테면 위험에 처한 사람들을 발견하고 구조하는 활동이나 정교한 감시 전략과 같은 데 이용할 수 있다.

## – 육지에서의 대이동 –

캐런은 아프리카에 머물 때 세렝게티 대평원에서 2주 동안 천막을 치고 지내며 수백만 마리 누 떼의 대이동을 그 한복판에서 관찰하는 경이로운 경험을 할 수 있었다. 누 떼는 수천 마리의 얼룩말과 가젤영양, 일런드영양들과 함께 거대한 무리를 이루어 케냐와 탄자니아에서 건기 동안 푸른 목초지를 찾아 수천 킬로미터를 여행한다. 물과 먹이, 미네랄, 특히 동물의 건강에 중요한 인 성분을 찾아서 세렝게티국립공원을 둥글게 돌아서 이동한다.

캐런과 친구들은 사자와 뱀이 무서웠지만 대이동의 시기가 사람들이 야영하기에는 오히려 가장 안전할 것으로 생각했다. 동물들의 이동을 뒤쫓아 가는 포식자 사자들 앞에는 다른 먹이가 넘치도록 있었기


바다와 육지에서 벌어지는 동물들의 마라톤

때문에 실제로 사람 고기는 거들떠보지도 않았다. 사람은 아주 맛이 없어서 멋진 암사자의 만찬 거리로는 별로이다. 단지 버젓이 다른 식단을 준비하지 못할 정도로 병들거나 아주 늙은 사자들만 어쩔 수 없이 인간에게 덤벼든다.

하이에나도 이동하는 무리를 뒤따르며 밤이 되면 불량배처럼 행동에 나서 사자가 먹던 먹이를 빼앗거나 먹다 남긴 것을 마저 먹어치운다. 그러나 하이에나도 독수리와 마찬가지로 청소부로서 필요한 존재다(누군가는 청소를 해주어야 한다). 가까운 강에 숨어서 기다리는 포식자 악어는 이동 무리의 모두가 경계해야 한다. 그러나 육지 동물들의 이동 중에서 가장 장엄한 이러한 이동 행렬은 매년 점점 더 큰 위협에 처하고 있다. 기후 변화와 도시 개발, 밀렵꾼들의 포획 등이 그 주범들이다. 30년 전 캐런이 대이동을 경험했을 때 이동하는 누 떼들의 수는 500만 이상으로 추정되었지만, 2004년 동아프리카를 다시 방문했을 때는 겨우 100만을 조금 넘는 수준으로 줄어 있었다.

최근 호사가들의 입방아에 많이 오르내린 이동 포유동물이 있다. 나그네쥐(레밍)가 그 주인공으로, 이들이 절벽을 뛰어내려 집단 자살을 하는 행동을 두고 많은 이야기가 있었다. 사실 이와 같은 대참사를 불러온 것은 집단적 공포다. 한 예로 노르웨이나그네쥐는 개체 수가 너무 많아서 특정 지역 안에서 편안히 살기 어려워질 때면 몇 년마다 주기적으로 이동을 한다. 이 동물들은 겨울 동안 눈 아래의 굴속에서 지내고 봄이 오면 산악의 목초지나 숲으로 가서 산다. 그러나 겨울 기


동물의 숨겨진 과학

온이 예년보다 높으면 봄이 빨리 오고 가을이 늦게 오는 법. 그러면 먹이가 풍부해지고 날씨도 쾌적하여 새끼들이 많이 태어난다. 여름이 되면 나그네쥐의 개체 수가 너무 많이 늘어나서 집단 이주를 촉발시킨다. 이동 도중에 비정상적으로 많은 수의 나그네쥐 무리는 암석이나 강 또는 절벽과 같은 장애물을 만나고 무리의 이동에 병목 현상이 발생한다. 곧 이 작은 동물들 무리는 공황 상태에 빠져 집단으로 높은 절벽 위로 올라가거나 물속으로 들어간다. 나그네쥐의 공멸은 전설로 전해지는 이야기와는 사뭇 다르지만, 그 결과는 전설처럼 참혹하다.

## – 바다 속의 여행자 –

이동하는 포유동물들 중에서는 고래가 가장 멀리까지 여행한다. 북반구의 혹등고래는 여름을 북대서양과 태평양 서식지에서 보내고 겨울이면 하와이와 일본, 멕시코, 카리브 해 그리고 서아프리카 인근의 번식지로 이동한다. 남반구 혹등고래는 여름을 깨끗하고 차가운 남극해에서 보내고 겨울이면 오스트레일리아와 남아프리카 및 남아메리카의 따뜻한 바다를 향해 이동한다. 이들은 이동 주기의 전반기 동안 5000킬로미터 이상 여행할 수 있다. 그리고 적도 인근의 따뜻한 물로 갈 때면 수컷 고래가 암컷을 호위하고 복잡한 노래로 사랑의 세레나데를 부르면서 번식지까지 간다. 이러한 결혼 의식을 방해하는 경쟁자가 있으면 화난 수컷이 거세게 꼬리를 휘둘러 쫓아낸다. 번식지에서 태어난 새끼 고래는 어미 곁에서 수천 킬로미터를 헤엄쳐 차가운 물로 돌아와서 1년 동안 함께 머문다. 혹등고래는 언제든 위험이 느껴지면 이상한 소리를 내는데, 그르렁거리면서 중간중간 거칠게 거품을 내뿜는다.

혹등고래는 때때로 다른 고래 종들과 경고신호 또는 울음소리를 주고받는 모습이 목격된다. 수컷은 아름다운 결혼의 노래를 부르며 놀기도 한다. 그리고 특별히 화창한 날이면 고래의 '엿보기 점프spy-hopping' 모습을 보는 행운이 생기기도 한다. 이러한 엿보기 점프는 고래가 갑자기 물 위로 솟아올라 회전하면서 기나긴 이동의 여정에 활용될 표식을 확인하는 동작이다. 수많은 사람들이 매년 벌어지는 고래의 웅장한 이동 모습을 목격한다. 해변에 거주하는 사람들은 '고래의 계절'이 되면 즉시 이 거대한 수영 챔피언들을 관찰할 수 있도록 망원경을 항시 곁에 두고 지낸다. 더 가까이서 보기 위해 배를 타고 나가는 사람들도 있다. 그러나 야생동물들의 삶에 대해 더 많은 지식이 쌓이고 이를 감상하는 사람들이 많아질수록 장점도 있지만 문제도 많이 발생한다. 예를 들어, 보트와 구경꾼들의 소리는 고래의 짝짓기나 수면 행태를 방해할 수 있다. 더 가까이 다가가고 싶은 인간들의 열정이 야생의 생명들을 유지하는 데 필요한 리듬을 깨트리거나 해를 끼칠 수 있는 것이다. 이러한 생체리듬에 대해서는 아직 더 많은 연구가 필요하다.

임신 중 장거리 비행을 해야 한다면 어떻게 할까 망설이게 마련이다. 하지만 바다거북(*Chelonia mydas*)은 임신 상태에서 전형적인 임신 과


동물의 숨겨진 과학

정의 일부로 1000킬로미터 이상을 헤엄쳐 간다. 이 바다거북들은 녹색거북이라고도 불리는데, 짙은 갈색 등껍질을 갖고 있지만 등껍질 아래 부분의 특징적인 녹색 지방층 때문에 이런 이름이 붙었다. 임신한 예비 어미 바다거북은 생활 근거지인 브라질에서 남대서양 한가운데에 있는 어센션 섬의 출생지로 돌아간다. 섬에 도착한 거북은 모래 해변에 둥지를 파고 알을 낳은 다음 다시 머나먼 브라질로 향한다. 어미 거북은 한 번에 60~100개의 알을 낳을 수 있으며, 며칠 동안 11차례까지 알을 낳을 때도 있다. 알을 낳은 후 약 한 달이 지나면, 새끼들이 모두 동시에 알을 깨고 나온다. 새끼들의 암수는 온도에 따라 결정된다. 알의 온도가 28.5도보다 낮으면 수컷으로 태어나고, 30.3도보다 높으면 암컷으로 태어난다. 부화된 새끼들은 곧바로 바다로 돌아간다.

바닷물을 가르며 임신한 거북과 고래가 헤엄쳐 가는 동안 바다 아래에서는 '닭새우'라는 이름으로 알려진 바닷가재 무리가 행진한다. 옅은 갈색 껍질에 노란 점이 있는 이 바닷가재들은 10월과 11월이면 카리브 해 해저 모랫바닥을 횡단하는 여행을 떠난다. 가을 폭풍 때문에 소용돌이 물살이 생기고 카리브 해의 얕은 바닷물 온도가 종종 내려가면, 이 가시투성이 동물들은 따뜻한 대양의 해협까지 60킬로미터에 달하는 거리를 여행한다. 이 바닷가재들은 마치 새들이 난기류를 타고 솟구쳐 오르듯이 소용돌이 물살을 '타고' 가지만 해저면을 벗어나지는 않는다. '줄을 지어' 행진하는데, 각각의 바닷가재들은 더듬이와 앞다리를 이용해 앞에 가는 가재와 닿을 수 있는 거리를 유지한다.


바다와 육지에서 벌어지는 동물들의 마라톤

트럭과 사이클 선수 그리고 V자 대형으로 날아가는 기러기와 마찬가지로, 가재들의 줄지은 행진도 마찰을 줄여준다. 폭풍이 몰아치는 계절의 바다에서 매년 벌어지는 이러한 대이동 시기에는 수만 마리의 바닷가재가 바하마의 비미니제도 서쪽 해안을 떠나 남쪽으로 밤낮없이 며칠씩 행진하는 모습이 관찰되는데, 많게는 65마리가 한 행렬을 이룬다.

제2장에서 언급했듯이, 니컬러스 마크리스와 동료 학자들에 따르면 이와 같은 대이동이나 동물들이 무리를 이루는 여러 형태에는 몇 가지 공통된 요소들이 관찰된다. 특정 구역에 개체들이 일정한 수만큼 모이고 기후 조건, 특히 온도와 태양의 각도 등이 갖춰지면 이동이 시작된다. 여러 가지 방법으로 거대한 여행이 준비되기 전 수주 동안은 이동 무리가 불안정한 상태에 있는 모습이 관찰된다. 개체 수가 증가해도 다양한 형태의 집단행동이 시작될 수 있는데, 특정 장소에서 다른 특정 장소 사이를 오가는 연례적 이동과는 그 이유가 다르다.

최근에는 메뚜기들의 집단행동에 대한 연구에서 생화학적 요인들이 관여한다는 사실이 밝혀졌으며, 앞으로 다른 동물 종을 대상으로 한 연구에서도 동일한 신경전달물질의 변화가 관찰될 것으로 기대된다. 메뚜기들은 무리를 이루지 않는 동안에는 비교적 독립적인 생활을 하는데, 사실 짝짓기를 위해서가 아니면 일반적으로 다른 개체와 가까이 하기보다는 서로 배척하는 것으로 생각된다. 그러나 무리 형성이 시작되기 몇 주 전부터 메뚜기는 색깔이 더 밝게 변하고 체내에 신경


동물의 숨겨진 과학

전달물질인 세로토닌의 양이 증가한다. (우울하거나 불안한 상태의 사람들은 세로토닌 수준이 매우 낮은 것으로 관찰된다. 그러나 세로토닌이 너무 많은 것도 정신분열병 등 정신병적 반응과 관련된다.) 현재 세로토닌과 같은 신경전달물질이 동물의 무리 형성이나 집단이동에서 하는 역할을 규명하기 위해 많은 연구들이 시작되었다. 과학자들은 동물들이 집단을 이루어 살거나 이동하게 되는 개체 수의 역치와 생화학물질의 수준 차이에 대해 연구하고 있다. 그리고 개체 수의 과잉뿐만 아니라 화학물질의 결핍 또는 과잉으로 인한 위험 그리고 나그네쥐에서 관찰되듯이 한정된 지역의 '병목 현상'에 의한 대참사 등에 대해서도 연구한다. 이러한 문제들은 어쩌면 우리 인간들의 삶에도 동일하게 적용될 수 있을 것이다.

## – 새 또는 비행기. 물고기인가 뱀인가? –

물고기와 뱀 중에는 날 수 있는 종이 있다. 날치는 공중에 1분 이상 떠 있기도 하며 시속 80킬로미터 이상의 속도로 이동할 수도 있다. 날치에 부딪쳤다고 말해봐야 믿을 사람이 없으니 이런 물고기를 관찰할 때는 조심할 일이다!

서울대학교의 최재천 교수는 연구 동료인 박형민과 함께 한 연구에서, 날치가 사실은 새처럼 활공한다고 결론 내렸다. 그들이 동해에서 제비날치를 관찰한 연구에 따르면, 물고기 앞부분의 커다란 가슴지느

러미와 뒷부분의 작은 배지느러미가 공기 흐름을 꼬리 쪽으로 가속화
시켜주었다. 마치 제트기와 같은 원리다.

날뱀은 공중을 휘감으며 가는 화려한 채찍처럼 보인다. 동남아시
아 지역에 서식하는 파라다이스나무뱀(*Chrysopelea paradisi*)은 공중에 떠
서 한 번에 25미터 이상을 활공한다. 버지니아공과대학교의 존 소차
John Socha가 이끄는 생체공학 연구진의 표현에 따르면, 이 뱀들은 나무
위에서 수월하게 껑충 뛴 다음 몸뚱이를 위아래로 움직이면서 '마치
이리저리 휘감기는 채찍처럼 공중에서 미끄러진다'.

이와 같은 물고기와 뱀들이 이륙해서 비행하는 방법을 우리 인간의
'비행 기계'에 적용하여 그 기능을 발전시킬 수도 있다. 땅에서 떠올라
최대한 오래 공중에 떠 있는 방법은, 우리가 그 비밀을 알 수만 있다면
대부분의 사람들이 즐겨 하는 놀이가 될 것이다.


## – 그 밖의 여행 방법들 –


많은 동물들은 그렇게 멀리 또는 높이 여행하지는 못하지만 각자
나름대로 흥미로운 방법으로 이동한다. 최근에 화려한 색상과 무늬를
한 물고기가 기존의 물고기들과 전혀 다르게 이동하는 모습이 발견되
었다. 이 물고기는 펄쩍 뛰어서 간다. 환상적이라는 뜻의 프시케델리
카(*H. psychedelica*)라는 학명을 가진 이 물고기는 그에 걸맞게 산다.
2008년 인도네시아 암본 섬 주위에서 발견된 이 물고기의 편평하고 아

름다운 얼굴은 살굿빛에 하얀 소용돌이 모양의 줄무늬가 있으며, 밝고 푸른 눈은 사람처럼 둘 다 앞을 향해 있다. 워싱턴대학교의 테드 피치 Ted Pietsch는 마치 고무공이 튀어 오르듯 바다 표면 아래에서 펄쩍펄쩍 뛰어 돌아다니는 모습을 관찰하고 이를 학술지에 최초로 발표했다. 그리고 물고기 이름도 붙였다. 다른 관련 종들은 수영 모드에 들어가면 바다 밑바닥을 튕겨서 추진력을 얻는 데 반해, 프시케델리카는 몸 양쪽에 있는 아가미에서 나오는 분사력으로 움직이는데, 곧 튀어 올랐다 떨어지기를 계속 반복하면서 간다. 캘리포니아의 사막과 숲에 서식하며 피일류 또는 태양거미로 불리는 거미는 언덕을 내려갈 때 멋진 수레바퀴처럼 굴러간다. 적으로부터 도망칠 때 이 거미들은 몸을 공처럼 둥글게 말고 가까운 모래 언덕을 굴러서 내려간다. 이 작은 동물들은 둥글게 말린 매우 가느다란 건초처럼 보일 때가 많아서 사람들은 이처럼 신비로운 곡예를 펼치는 모습을 보고도 알아차리지 못한다. 굴러다니는 사하라 거미(Araneus rota) 역시 둥글게 변신하는 모습이 베를린공과대학교의 생명공학자 잉고 레헨베르그Ingo Rechenberg에 의해 관찰되었다. 손바닥만 한 크기의 이 거미는 달리기 시작하면 성능 좋은 수레바퀴가 되어 모래언덕을 시속 약 9킬로미터의 속도로 굴러 내려간다.

　굴러다니는 동물들은 또 있다. '공벌레'라는 별명으로도 불리는 쥐며느리는 작은 공처럼 몸을 말아서 자신을 보호한다. 어릴 때 친구들과 비스듬한 경사면에 쥐며느리를 놓고 달리기경주를 시킨 적이 다


바다와 육지에서 벌어지는 동물들의 마라톤

들 있을 것이다. 과학자들은 현재 더 큰 동물들도 굴러다니는 것을 확인했다. 굴러가는 대형 딱정벌레가 있고, 도롱뇽들도 가끔씩 굴러다닌다. 미국 조지아 주 컴버랜드 섬 해안의 길앞잡이 유충들은 멋진 수레바퀴로 변신한다. 앨런 하비Alan Harvey와 사라 주코프Sarah Zukoff 가 길앞잡이 유충의 몸 아래쪽 절반 부위를 건드리자 유충은 몸을 뒤로 구부려 머리가 꼬리에 닿도록 둥글게 말았다. 그러고는 급격한 반동을 이용해 튕기며 몸을 앞으로 전진시키고 또 굽히기를 반복하며 점점 더 빨리 구르더니 불어오는 바람을 타고 가버렸다. 거센 바람이 불 때 이 길앞잡이 수레바퀴는 모래 위에서 시속 10킬로미터 이상으로 갈 수 있으며 가파른 언덕도 올라간다. 도롱뇽 중에서도 이렇게 움직이는 종이 있다. 긴 몸체를 말아서 고리처럼 만든 다음 팽팽한 고무줄을 튕겼을 때처럼 쏜살같이 전진한다.

동물의 세계에는 특이하게 걷는 종들이 있다. 옆으로만 걷는 종이 있는가 하면, '물결치듯' 가는 경우도 있다. 옆으로 꾸불꾸불 가는 뱀은 실제로는 걷는다고 볼 수 없지만 발이 없기 때문에 그들로서는 최선을 다하는 것이다. 게의 경우도 마찬가지다. 게들은 대부분 옆으로 기어가는데, 앞으로 나아갈 때조차도 옆으로 걷는다. 다리가 굽는 방향이 그렇게 생겼기 때문인데, 이렇게 걷는 기술은 좀 더 많이 앞으로 움직일 것이라 예상한 포식자들에게 혼란을 주는 장점도 있다.

지네와 노래기 등 다지류들은 바닷가재나 가재 그리고 새우류의 사촌 격으로 육지에 사는 절지동물들이다. 어떻게 이들은 그렇게 많은 다리를 움직이면서도 자기 다리에 걸려 넘어지지 않고 걸어갈 수 있을까? 100개가 넘는 다리를 가진 지네류도 있다. 노래기는 100만 개 다리Millipedes라는 뜻의 영어 이름이 붙었지만, 750개라는 엄청난 수의 다리를 가진 한 종을 제외하면 대개는 400개까지 다리가 있다. 긴 원통형으로 생긴 지네와 노래기들의 몸에는 이렇게 많은 다리가 있기 때문에 푸석한 흙과 낙엽들 그리고 다양한 파편들이 쌓인 위를 잘 기어갈 수 있다. 이들의 다리는 땅 위의 부스러기들을 강하게 밀면서 앞으로만 전진하며, 옆으로 움직이는 경우가 없다. 약 12개 정도의 다리가 한 조를 이루어, 동시에 들고 내리며 물결치듯 움직이고, 그다음에 또 한 조의 다리가 동일하게 움직이며 이러한 동작이 뒤로 전달된다. 그런 다음 또 맨 앞의 다리들부터 다시 시작된다.

★　　★

지금까지 동물들이 자신이 가고자 하는 장소를 어떻게 찾아가는지 여러 가지 방법들을 알아보았다. 거미줄 한 가닥에 의지해 넓은 바다 위 수천 킬로미터를 날아가는 작은 동물부터 수백 개의 다리를 질서정연하게 움직여 가는 동물도 있다. 이동, 즉 한 장소에서 다른 장소로 움직여 가는 행동은 식물과 동물을 구분하는 기준이 된다. 뉴욕대학교의 로돌포 이나스Rodolfo Llinas 같은 신경과학자들은 목적지를 향해 가는 능동적 움직임을 생물학적 용어로 '운동성'이라 부르며 신경계가


바다와 육지에서 벌어지는 동물들의 마라톤

발달하기 위해 필요한 조건이라 생각한다. 이나스는 《꿈꾸는 기계의 진화*i of the vortex*》에서 운동성이 동물의 뇌 발달과 어떻게 관련되는지 사례들을 보여주었다. 적어도 낯선 곳을 찾아 새로운 경험과 지식을 쌓는 것은 우리 인간에게도 흥미 이상의 도움을 줄 것이다.

# 8

# 스트레스

어려움 가운데 기회가 있다. —알베르트 아인슈타인

근심과 걱정이라는 새가 당신 머리 위를 날아다녀도 그것을 막을 길은 없다.
그러나 그것이 당신 머리 위에 둥지를 트는 것은 막을 수 있다. —중국 속담

인생행로가 언제나 비단길만은 아니다. 발이 걸려 넘어지거나 찢길 위험이 있는 가시밭길이 곳곳을 가로막고 있다. 동물들의 삶도 마찬가지다. 야생의 세계는 자유롭지만 언제나 위험을 안고 살아가야만 한다. 물속에 떠다니는 단세포 생물에서부터 수백만 개의 세포로 이루어진 복잡한 유기체에 이르기까지 모든 생명체들은 불쾌한 사건으로 인해 스트레스를 받을 수 있다.

소리와 감정의 세계야말로 이와 같은 비단길과 가시밭길이 이리저리 복잡하게 얽혀 있는 곳이다. 소리는 절묘하게 아름다울 수도 있지만, 귀를 찢는 듯한 소음이 되기도 하며 때로는 상처를 입힐 수도 있다.

재그밋은 최근 연구에서 소리가 도달하는 뇌의 부위가 감정과 관련된 부위와 동일하다는 사실을 확인할 수 있었다. 많은 동물들의 청각체계와 감정이 뇌 깊숙한 곳에서 신경으로 매우 밀접히 연결되어 있음을 발견하고, 이것이 우리 인간의 분열된 정신을 치유하는 데 도움이 될 수 있다는 희망이 생겼다. 다른 많은 동물들도 인간과 마찬가지로 극심한 스트레스와 정신적 상처를 받고 있는 것이다.

편도체amygdala는 라틴어로 아몬드라는 뜻으로 뇌의 양쪽 측두엽의 내측 깊숙한 부위에 위치한 아몬드 모양의 작은 구조물의 해부학적 이름이다. 편도체는 쉬지 않고 작동하는 '영리한' 레이더라 할 수 있는데, 뇌로 들어오는 모든 감각 정보를 판독해 그러한 정보가 과거에 위험이나 상처의 기억과 일치하는 데이터와 관련되는지 가능한 한 빨리 '판단을 내린다'. 그리고 입력되는 정보들 속에서 새롭고 특이한 것도 찾아낸다. 포악한 사자의 냄새나 모습은 그러한 감각 정보가 의식으로 변환되기 전에 재빨리 도망치는 반응으로 연결되어야 한다. 의식적으로 판단하기까지는 몇 밀리초(1000분의 1초)가 더 소요되며 먹잇감은 이 시간 안에 삶과 죽음의 운명이 결정되기 때문이다. 먹이가 썩었거나 독성이 있는 것으로 감지되면 입에서 빛의 속도로 (의식적으로 분석되기 전에) 뱉어낸다. 갑자기 무엇인가 피부에 닿아도 반사적으로 대응한다.

쾅!! 쾅!! 쾅!! 총소리나 폭발음이 들림과 동시에 편도체가 행동에 돌입하여 신체의 여러 힘들에게 생존을 위한 명령을 내린다. 즉시 코르티솔 호르몬 분자 수백만 개가 만들어지고 싸우거나 도망칠 태세가 갖춰진다. 사건은 벌어지지 않고 다시 쾅!! 쾅!! 소리가 계속되거나 약한 폭발음이 들려도 과도하게 민감해진 체계는 위험에 대비하여 무장 태세를 갖춘다. 이제 편도체는 혹사당하고, 신체 내에 스트레스 호르몬들이 넘쳐난다.

생명을 위협하는 상황에 계속해서 노출되는 동안, 주위의 소리는 걱정과 두려움에 밀접하게 연결된다. 타고난 우리의 방어 체계가 이제 통제 불능이 되어버린다. 이것이 바로 외상후스트레스장애post-traumatic stress disorder, PTSD에서 나타나는 현상이다. 안타깝게도 극심한 공포를 겪은 동물과 사람 모두에게 나타나는 결과로, 특히 삶과 죽음이 교차하는 전쟁터에서 살아 돌아온 군인들이 흔히 경험한다.

외상후스트레스장애에서는 자신이 스트레스 상황에 처했을 때 들려왔던 소리와 조금이라도 관련되는 소리를 듣게 되면 일련의 반응들이 촉발된다. 신체와 정신의 대응 메커니즘으로 나타나는 반응들이다. 그때마다 정신은 긴장도를 높이고 신체는 위험을 피할 준비를 한다. 동물과 인간 모두의 뇌에 이와 같은 유형의 생존 메커니즘이 존재한다. 재그밋은 조지타운대학교에서 박쥐를 대상으로 연구하여 편도체와 청각이 서로 밀접히 연결되어 있다는 사실을 확인했다. 그리고 편도체가 공포의 기억에 중요한 역할을 하지만 또한 뇌의 보상 및 기쁨

중추에도 정보를 보내는 역할을 하는 것으로 밝혀졌다. 즉 감정의 모든 영역에 관련되는 셈이다. 소리 역시 감정의 모든 영역에 반영된다.

박쥐가 의사소통을 위해 내는 소리는 편도체에 놀랄 만큼 잘 반영된다. 편도체 내에 위치한 각각의 신경세포는 일련의 작은 소리 영역에 반응하는 경향이 있어, 소리의 높낮이와 세기에 민감하게 반응을 나타낸다. 인간 뇌의 편도체도 내부의 신경세포 하나하나가 소리에 정교하게 민감한 것으로 생각된다. 웃음과 울음소리에 매우 민감하게 반응하는 것은 최근의 뇌 영상 촬영 연구에서도 확인되었다.

그리고 아주 약한 일련의 전류 펄스를 이용해 뇌 속의 편도체 한 부위에 전기적 자극을 가했을 때 맥박과 혈압, 호흡 깊이 등이 변하는 현상도 관찰되었다. 그러므로 소리가 편도체를 자극하면 스트레스에 대응하는 태세를 갖추기 위해 심장과 폐 기능이 변하고 호르몬이 분비된다고 추론할 수 있다. 음악과 같은 일부 소리는 사람을 진정시키고 느슨하게 만들어주기도 한다. 이와 같은 연구 결과는 물론 우리가 개인적으로 경험하는 사실과도 일치한다.

## - 사회적 분할 -

남아프리카의 광활한 초원 지대에는 비비(개코원숭이), 짧은꼬리원숭이, 버빗원숭이 무리가 살고 있다. 80마리 이상으로 구성된 집단에서 각각의 비비는 사회적 위계질서에 따라 친족 또는 계급에 속해 있


동물의 숨겨진 과학

다. 과학자들은 동물 종의 특정한 울음소리를 녹음했다가 들려주었을 때 이에 대한 반응으로 나타나는 발성 구조를 분석하여, 비비가 무리 구성원들을 조직하여 계급 구조를 이룬다는 결론을 내렸다. 따라서 각각의 비비는 친족 내 서열과 개별적 특성으로 인식된다. 하지만 사회 조직을 이루어 조화롭게 살아가는 것처럼 보이는 종일지라도, 그 종의 개체들이 받는 고통의 상당 부분은 사회관계에서 생기는 사회적 스트레스에서 비롯된다.

스탠퍼드대학교의 저명한 과학자 로버트 새폴스키Robert Sapolsky는 30년 남짓 매년 여름을 케냐에서 비비들의 사회생활을 관찰하며 보냈다. 그의 눈에 관찰된 비비 사회는 수많은 경쟁과 스트레스로 가득 찬 인간 사회와 매우 유사했다. 새폴스키는 이들 동물 개체들이 스트레스에 대처하는 방법을 연구함으로써 이와 유사한 상황에서 살고 있는 우리 인간의 삶도 개선할 수 있기를 바랐다. 새폴스키는 이렇게 말했다. "'A형' 성격을 가진 비비들은 그로 인해 질병에 걸리는 경우가 많다. 스트레스를 가장 잘 다루는 비비는 안정된 사회적 연결망을 구축한 개체들이다." 비비 무리에서는 짝짓기 상대를 찾는 경쟁과 포악한 놈들의 공격이 중요한 스트레스다. 단기적으로는 스트레스 호르몬인 코르티솔의 분비가 스트레스에 대처하는 데 도움이 된다. 그러나 장기적으로는 이러한 호르몬이 면역반응을 약화시키고 혈압을 높이며, '좋은' 콜레스테롤과 '나쁜' 콜레스테롤 사이의 구성비를 악화시켜 동맥경화를 일으킬 수 있다. 그리고 이것은 조기 사망에까지 이르기도 한다.

에벨리나 베른베리 Evelina Bernberg는 연구에서 사회적 스트레스 또한 면역 체계를 억제시킨다는 사실을 발견했다. 그녀는 스웨덴의 살그렌스카아카데미에서 연구하며 동물의 사회적 지위가 파괴되면 동맥경화증으로 이어질 수 있음을 확인했는데, 이것은 물리적 스트레스로는 발생하기 어려운 질환이다.

한 무리 내에서 비비 개체들 각각은 그들이 속한 가족으로 서로를 인지한다. 한 모계 친족에 소속된 모든 가족은 다른 가족 내의 암컷들보다 지위가 더 높다. 따라서 모든 가족은 더 높은 계급의 가족에 속한 구성원이 있다는 것만으로도 스트레스를 받는다. 가족들 간의 싸움은 가족 내부의 싸움에 비해 흔하지 않지만 훨씬 더 폭력적이다. 우리 인간도 이들과 똑같이 다툼을 일으키고, 가족 내에서도 논쟁이 벌어지면 혈액 속 호르몬 수치가 요동친다. 위험이 실제로 존재하지 않을 때도 그렇다. 가족들 간의 불화는 개인들에게 더 큰 위협이 될 수 있다.

하지만 사회적 관계가 스트레스를 해소해주는 작용도 한다는 사실은 우리에게 위안을 준다. 새폴스키의 관찰에 따르면 새끼와 함께 놀아주거나 털 손질을 자주 해주고 받는 암컷들이 스트레스 수준이 가장 낮았다. 물론 이와 같은 암컷들도 발정기가 되면 즉각적으로 무리 내에서 더 지위가 높은 수컷들에게 짝짓기하려는 관심을 보였다. 새폴스키는 또한 사회적 무리가 생겨나고 성장해 가면서 각각의 개체들 사이에 계급 순위와 지배 관계가 좀 더 안정되고, 무리 내에서 스트레스 호르몬의 전체적 수준이 감소한다는 것도 발견했다.

# – 생활 리듬의 단절에서 오는 스트레스 –

동물 세계에서 스트레스가 생기는 원인은 여러 가지다. 같은 종의 다른 개체에게 스트레스를 받을 수도 있고, 기생충이나 포식자 등 다른 종에게 스트레스를 받을 수도 있다. 또 거주 구역이 같거나 새로 이주해 와서 이웃이 된 종도 스트레스의 근원이 된다. 인간과 여러 동물들은 같은 공간에서 서로 공유하며 살아가는 새로운 방법을 배우고 있다.

숲 속에서 실제 사슴을 본 것이 언제였을까. 몇 년 전 어느 날 아침 캐런은 뒷문으로 걸어 나갔다가 불과 몇 미터 떨어진 곳에서 새끼 사슴이 태어나는 모습을 목격했다.

인간은 이제 다른 동물들과 좀 더 본능적으로 생활 주기를 공유했던 지난 시절의 행동 유형으로 돌아가고 있다. 하지만 오늘날 우리가 하는 방식은 조금 다르다. 애완견과의 관계가 그 예가 될 수 있다. 사냥개나 안내견은 긴 역사를 인간과 함께해왔지만, 친구가 되는 개가 있으면 아이를 더 건강하게 양육할 수 있다는 생각이 미국에 자리 잡게 된 것은 1950년대의 여성 영화와 TV 시리즈 덕분이었다. 캐런도 콜리 종 개와 함께 자랐으며, 많은 다른 사람들의 성장에도 애완견이 매우 긍정적 영향을 미쳤을 것이다. 아이들은 어린 나이 때부터 개를 키우면서 또 다른 생명에 대한 책임 의식을 가지게 된다. 재그밋도 러스타라는 이름의 독일산 셰퍼드를 키우며 자랐듯이, 많은 아이들이 이를 통해 좋은 습관을 기를 뿐만 아니라 다른 사람과 공감하는 자세를 익힌다. 우리 정서에 매우 민감하게 반응하는 동물과 가까이 하며 사랑과 관용을 베풀 때 우리는 일상생활에서 사람들에게 받는 느낌을 넘어서는 어떤 것을 얻는다. 애완견(그리고 다른 애완동물들)이 모든 연령의 사람들에게 동반자이자 정서적 치유자가 되는 이유가 여기에 있다.

자연적 신체 리듬이 깨지면 스트레스가 발생하며, 이것이 심할 경우 사망으로 이어질 수도 있다. 우리에게는 공간적 위치만큼이나 시간적 위치도 중요하다. 우리의 자연적 생체 리듬은 파괴되고 급변하는 생활양식과 도시화 그리고 생활 깊숙이 파고든 기술들로 인해 자주 혼란에 빠져왔다. 여름 내내 에어컨 환경 속에서 생활하며, 밤새 켜져 있는 인공 광원들과 침실에 놓인 텔레비전이 어둠을 몰아낸다(어둠은 수면과 생활 리듬의 조절자인 멜라토닌을 만들어내는 데 필요하다). 밤낮없이 계속되는 소음과 움직임들은 인간의 자연적 균형을 파괴할 뿐만 아니라 다른 형태의 생명들도 혼란에 빠트린다.

리듬은 시간을 바탕으로 한다(이를 주기라 부른다). 시스템이 최적의 기능을 발휘하기 위해서는 시간 조절에 빈틈이 없어야 한다. 자동차에 튜업과 엔진 타이밍을 해주는 이유가 여기에 있다. 시간대를 달리하는 지역으로 장거리 비행을 한 후 시차 부적응으로 고생하는 이유도 마찬가지다. 원자에서부터 태양계를 넘어 무한한 우주까지 시간 조절과 조화가 필수적이다. 우리가 손목시계를 정확하게 맞추듯 체내 시계도 적정하게 맞추고 '시간을 잘 지켜야' 한다. 그러지 못하면 기분 장애, 기억과 인지의 문제, 신체 장기의 리듬 혼란 등이 나타나고 심하면 세포


동물의 숨겨진 과학

와 장기 및 기능의 파괴로까지 이어질 수 있다. 면역 체계는 더 이상 질병으로부터 우리를 보호해주지 못한다. 우리 주위의 동물들도 우리와 똑같이 이와 같은 불균형과 파괴로 고통을 겪는다.

활동일주기, 즉 1일 주기의 생체시계가 생명체에서 가장 중요한 역할을 하는 시계다(여러 가지 주기의 생체리듬에 대해서는 제6장을 참조하라). 포유류에서는 뇌 속의 시교차상핵이라는 부위에 위치한 진동성 조율기에서 1일 주기를 조절하는데, 신체의 모든 활동일주기를 24시간 단위로 맞추어 서로 조화시킨다. 그러나 모든 세포들이 각기 정보망으로 입력되는 신호를 보내고 이것은 더 광대한 시스템에 영향을 줄 수 있다. 최근의 연구 성과에 따르면, 일부 장기들은 시교차상핵의 큰 도움 없이 자기 스스로 생체리듬을 조절하는 것으로 보인다. 그러나 교향악단도 지휘자가 있어야 더 멋진 법이다.

시교차상핵이 조절하는 리듬은 빛이 단서가 되어 작동한다. 낮에 빛이 비치면 망막 속의 특수 세포가 뇌에 메시지를 보낸다. 어둠과 빛의 주기(밤과 낮의 자연 주기)에 따르는 생체리듬이 작동한다. 생체리듬이 설정될 때는 빛이 중요한 역할을 하지만, 시간과 관련되는 다른 단서들도 많이 있다(이를 차이트게버zeitgeber라고 한다). 청각적 단서들은 동물들이 활동일주기를 형성하는 데 매우 강력한 영향을 미친다. 이를테면 새들의 노랫소리는 새들의 감정뿐 아니라 새소리를 들을 수 있는 거리 내의 모든 생명체들의 감정의 순환을 바꿔놓는다. 인간들도 이와 같은 영향을 분명히 받는다.

사회적 자극도 동물들이 자신의 생체리듬을 다른 동물들의 생체리듬에 동조시키는 데 중요하다. (서로 아주 가깝게 생활하거나 일하는 여성들 사이에 월경주기가 일치하거나 같은 공간에 있는 사람들이 비슷한 감정을 느끼게 되는 현상이 그 예다. '동병상련'이라는 말이 있듯이, 웃음과 즐거운 감정도 전파된다.) 고립된 채 혼자 생활하던 고양이를 다른 고양이나 인간의 사회적 환경으로 편입시켰을 때, 그 고양이의 활동일주기는 여러 가지 사회적 소리와 움직임에 동조하도록 스스로 재설정한다. 고립되었던 고양이는 활동일주기의 유형을 변화시키고 새로운 환경에 동조함으로써 좀 더 공생하는 관계를 만들게 된다.

해양동물들의 경우에는 밀물과 썰물이 생체리듬에 영향을 준다. 먹는 시간과 행태도 일상 리듬에 영향을 준다. 예를 들어, 매일 거의 같은 시간에 같은 장소에서 먹는다면 그 동물의 신체 내 리듬(배고픈 느낌 등)이 그와 같은 단서들에 동조될 수 있다. 무엇을 먹거나 마시는 소리도 많은 동물들에서 갈증이나 소화 기능 등에 영향을 준다. 감각이나 인식이 시간대별로 변화되어 나타난다. 사실 모든 '차이트게버'들은 시간에 따라 작동하여 그 생체 시스템이 기능하도록 유도한다. 이것은 복잡하고 방대한 피드백과 예측실행feedforward 과정으로 이루어지는데, 심지어 세포 분열과 노화에도 영향을 준다. 워싱턴대학교의 생물학자인 에릭 헤어초크Erik Herzog는 이렇게 말한다. "생체시계는 어떤 일부를 조절하는 것이 아니라 모든 것에 연관되어 있다."

학자들의 연구 결과 생체대사도 그 '모든 것'의 일부로 확인되었


동물의 숨겨진 과학

다. 즉, 먹는 양과 종류가 크게 영향을 받는다. 비만은 생체리듬의 단절과 관련된다. 주의력결핍과잉행동장애ADHD, 우울증, 양극성장애 등은 수면장애와 마찬가지로 활동일주기의 이상과 관련되며, 미국 국립보건원의 연구에 따르면 항우울제 등 약물이나 알코올도 활동일주기의 기능에 악영향을 줄 수 있다.

모든 일에는 때가 있다. 우리 생체리듬의 미묘하고도 복잡한 균형에도 여러 가지 면에서 시간 조절이 중요하다. 앞에서도 언급했듯이, 우리를 둘러싼 소리와 그 리듬은 우리 신체 내부 체계에 활력을 불어넣고 균형을 유지시켜주는 매우 중요한 역할을 담당한다. 모차르트 음악을 들려준 물고기가 더 크고 튼튼하게 자라듯이(제11장 참조), 자양분이 되는 소리는 모든 형태의 생명체들을 더 강하고 조화롭게 유지할 수 있게 도와준다. 고요한 시간 역시 훌륭한 치유자이며 생체리듬을 건강한 형태로 되돌려준다. 동물들이 요란하고 격렬하게 활동한 후에는 스스로 조용한 장소를 찾아가는 이유가 여기에 있다. 명상을 하고 조용한 음악이나 해안가에 부딪치는 파도소리에 귀를 기울이다 보면 활기를 회복하고 영혼이 고양된다. 여러 가지 형태의 아름다움도 같은 작용을 한다. 인간을 비롯한 여러 동물 종들은 경치 좋은 장소에서 스스로 재충전한다. 모든 동물 종들이 자신을 긴장시키고 두렵게 만드는 환경과 평화로운 환경 사이의 '차이를 안다'. 우리 주위에 삶을 즐겁게 만드는 동료들과 소리들, 움직임 그리고 아름다운 경치가 있으면 상처가 치유되며 생명의 활력이 솟아난다.

건강한 음식과 운동, 휴식, 수면도 마찬가지다. 편안한 수면, 어두운 방에서 일정한 시간에 잠을 자는 것은, 시간대를 달리하는 먼 지역으로 여행하는 경우가 많은 현대인들에게 무척 중요한 일이다. 벤저민 프랭클린은 이렇게 말했다. "일찍 자고 일찍 일어나는 사람은 건강과 부귀 그리고 지혜를 누릴 수 있다." 건강한 형태로 잠을 자면 우리의 생체리듬이 균형을 유지하고, 생체리듬이 건강하면 밤에 편안히 잠잘 수 있다. 수면이 우리 신체 기능을 유지하는 데 모든 면에서 매우 중요하다는 사실은 이미 잘 알려져 있다. 충분히 휴식을 취한 후 자연을 찾고 '신성함'에 관심을 가지는 것은 우리 몸을 치유해주는 효과가 있다. 모든 형태의 생명체는 생체리듬이 조화로울 때 번영을 이룬다.

## - 오염-환경 스트레스 -

물리적 환경의 변화와 오염도 스트레스를 발생시킨다. 최근에 일어난 멕시코 만 원유 유출 사고는 생태계의 대재앙으로 많은 어류와 파충류, 조류 , 포유류, 그리고 바닷속 무척추동물들의 생명을 앗아갔다. 동물들이 받은 스트레스는 그들이 살고 있는 환경의 변화에서 시작되었다. 해양 쓰레기에서 비롯되는 화학적 오염은 자연의 식량원을 고갈시킨다. 해류를 타고 바다에 거대한 쓰레기 대륙이 형성되어 떠다니고 있는데, 그중 하나는 아프리카 대륙만 한 크기다. 이렇게 서서히 소용돌이치며 흘러 다니는 쓰레기 더미의 대부분은 북아메리카와 아시아의 강에서 쏟아져 나온 인조 폐기물들이다. 자연에서 구할 수 있는 먹이가 부족해지면 새를 비롯한 여러 동물들은 사람이 만든 여러 가지 물질들을 먹기 시작한다. 동물들의 몸속에서 단백질이 합성되기 위해서는 필수아미노산이 계속 공급되어야 한다. 과학자들의 연구에 따르면, 먹이 속에 필수아미노산이 없으면 분자 차원에서 일련의 사건들이 연속적으로 발생하여 단백질의 전체적 합성을 방해하는 중요 인자(인산화 진핵생물개시인자, P-eIF2a)의 수준을 높인다. 그리고 뇌에서 가장 원시적인 부위인 전방 이상피질의 신경세포들이 필수아미노산의 결핍과 영양 불균형을 감지하여 흥분된다. 이곳에서 시작되는 신경세포들은 시상하부의 섭식 회로와 연결되어 20분 내에 동물의 식욕을 없애 기아 상태로 만들어버린다. 이것은 자연이 영양적 스트레스를 다루는 가장 기본적 방식 가운데 하나다. 더 나쁜 경우는 오염 속의 독성 및 발암성 화학물질이 혈액으로 들어가서 구체적 스트레스 상황을 다룰 수 있도록 프로그래밍된 유전자 발현 장치를 방해하는 것이다. 세포 내에서 이와 같은 분자 수준의 경로가 소실되면 영양 결핍과 식이 행동의 이상으로 이어질 수 있다. 한 예로, 새들이 진짜 먹이보다 인공물을 더 좋아하여 췌장, 간장, 신장 등에 문제가 발생하기도 한다.

소리도 해양을 오염시키는 요소가 된다. 부리고래는 강력한 수중 마이크가 장착된 수중음향탐지기가 발생시키는 큰 소리에 특히 민감하다. 수중음향탐지기에 이용되는 소리의 세기는 160데시벨 이상으로 인간의 귀로 들으면 매우 고통스럽고 청각에 문제를 일으킬 수 있다. 게다가 소리는 공기 속에서보다 물속에서 더 빠르게 전달된다. 이렇게 큰 소리들은 고래가 반향정위를 이용해 먹이를 찾는 과정을 방해하므로 고래들은 그곳을 떠날 수밖에 없다. 실제로 측정해보긴 어렵지만, 고래의 스트레스 호르몬 수준이 높아질 것이 분명하다. 설사 모든 고래 종들이 다 영향을 받는 것은 아니라 하더라도, 이런 소리는 갑각류 동물들이 서로 소통하기 위해 자신들의 껍데기를 문지를 때 발생하는 가느다란 소리와 진동을 감지하기 어렵게 한다. 부레 속의 공기를 진동시켜서 소통하는 물고기들의 경우도 마찬가지다.

## – 움찔거려? 아니면 가만히 있어? –

박쥐와 비비 그리고 우리 인간 사회도 그렇지만, 스트레스는 대개 동종 개체 간에 생기게 마련이다. 또한 기생충이나 포식자 같은 다른 종들도 스트레스의 원인이 될 수 있다. 도마뱀들 중에는 가만히 앉아서 따뜻한 태양빛을 흡수하여 체온을 높이는 경우가 많이 있다. 이놈들은 포식자가 출현하면 움직이지 않고 가만히 있는 방법으로 대응한다. 이와 같은 '보이지 않기' 전략은 위험한 상황에서 잘 통할 때도 있지만 불개미 부대가 울타리도마뱀fence lizard을 공격할 때는 전혀 효과가 없다. 펜실베이니아주립대학교 생물학과 트레이시 랭킬드Tracy Langkilde 교수는 최근 연구에서 이 도마뱀들 중 일부가 개미들을 털어내고 도망가는 새로운 전략을 개발한 것을 확인했다. 도망가는 개체들은 더 잘 생존하고 번식하여 자신들의 '털어내고 도망가기' 유전자를 다음 세대로 전달했다. 이와 같은 방식으로, 작은 개미의 행동이 발생시킨 스트레스는 도마뱀 수컷들이 특이하게 행동하는 자연선택을 가져왔다. 즉, 가만히 있기와 움찔거리기 중에서 결정해야만 하는 것이다.

## – 먹을 것이 없다 –

미국 터프츠대학교의 생물학 교수 마이클 로메로L. Michael Romero와 막스플랑크조류학연구소의 마르틴 비트코프스키Martin Witkowski는 공동 연구에서 갈라파고스군도에 서식하는 바다이구아나를 대상으로 코르티코스테로이드 수준을 검사했다. 이 동물들은 거의 대부분의 시간을 해조류만 먹고 사는데, 엘니뇨와 같은 기후 조건으로 인해 이러한 먹이 공급이 부족해지면 생존이 위험해진다. 엘니뇨 현상이 닥치면 바닷물 속 해조류의 양이 급감하여 먹이 부족과 기아로 이어진다. 이와 같은 유형의 스트레스가 미치는 영향을 연구하기 위해, 과학자들은 섬에서 이구아나 수컷을 잡아 혈액 내의 자연적 코르티코스테로이드 수준을 낮춰주는 다른 스테로이드를 주사했다. 2003년 7월의 엘니뇨 이후 학자들이 섬으로 다시 돌아왔을 때 주사를 맞지 않은 이구아나들은 모두 굶어 죽었지만 주사를 맞은 동물들은 살아남아 있었다. 이에 학자들은 스트레스 반응을 빨리 멈출수록 동물이 더 많은 단백질을 보전하여 환경에서 살아남을 기회가 더 커진다고 결론 내렸다. 이것은 야생동물뿐만 아니라 인간에게도 적용된다. 스트레스에 대한 대응은 생존을 위한 놀라운 적응의 하나지만, 우리 몸에 악영향을 주어 질병과 기아를 극복하는 방어 체계를 변화시키고 결국은 죽음에 이르게 할 수도 있다.

## – 싸우거나 도망치거나 –

스트레스의 형태는 매우 다양하지만 몸을 서서히 그리고 지속적으로 망가뜨리는 주범은 사회적 · 심리적 스트레스다. 마치 내부가 녹슬어 멈추게 되는 것과 같다. 정신은 끊임없이 위험을 인식하고 그에 대항해 싸우거나 도망가고 있다. 스트레스를 주는 사건을 겪을 때 만들어지는 호르몬을 통해 우리 몸에는 변화가 일어나고, 이렇게 계속되면 결국 죽음으로 이어지는 한계점에 도달한다. 관상동맥경화증이나 울혈성심부전, 크론씨병 등의 소화기 질환 그리고 우울증 같은 여러 가지 질병이 그 직접적 원인이 된다.

스트레스에 대응하는 반응에는 세 가지 요소가 있다. 숨기, 싸우거나 도망치기 그리고 항복 또는 포기하기. 거북이나 고슴도치와 같이 딱딱한 껍질에 싸인 동물들은 위험에 직면하면 자신들의 외피를 갑옷처럼 단단하게 하거나 뾰족하게 세워서 대항한다. 사자나 호랑이 등은 싸워서 끝장을 보는 유형으로 위험에 부닥치기 전부터 공격적이다. 사슴과 영양은 도망친다.

스트레스가 가해지면 그 반응으로 우리는 보통 여러 가지 근육과

힘줄, 인대를 긴장시키는데 특히 어깨와 목, 얼굴 부위에 집중된다. 마치 거북처럼 보이지는 않지만 우리를 둘러싼 딱딱한 껍질이 있는 듯 행동하게 되는 것이다. 만성적 스트레스 상황에서처럼 이와 같은 행동이 오래 반복되면 민감한 근육과 인대들이 약해져서 자세에 변화가 생긴다. 이것이 '근골격계 스트레스 반응'이라 부르는 현상이다.

싸우거나 도망치는 행동 중에는 생리학적 스트레스 반응이 전체를 주도한다. 호르몬과 신경전달물질의 분비 등 여러 가지 변화가 신체 내에서 자동적으로 일어난다. 폐에서는 모든 장기로 보내주는 산소의 공급량을 늘리고 심장 또한 박동이 빨라지며 혈액 공급이 증가한다. 이를 '심혈관계 스트레스 반응'이라 부르는데, 심장은 이러한 호르몬을 신체 구석구석으로 날라다 주기 위해 더욱 강하게 수축한다. 최대한 빠르고 효과적으로 싸우거나 달릴 수 있기 위해 특히 심장과 팔다리로 많이 공급된다. 포기하고 항복하는 상황에서는 신체 기능이 일시적으로 정지하거나 약화된다. 이러한 반응이 오래되면 면역 기능이 파괴되는 경우도 종종 발생한다. 살기 위해 싸우거나 도망치는 과정에 그다지 중요하지 않기 때문이다. 이러한 현상을 '면역기능장애 스트레스 반응'이라 부른다.

복잡하고 여러 가지 스트레스로 가득 찬 현대 사회에서 정신이 혼란에 빠질 때가 자주 있다. 이때 세 가지 스트레스 반응이 모두 함께 일어나 신체 기능에 문제가 발생할 수 있다. 그 결과 어깨와 목, 허리 그리고 여러 관절 부위의 만성통증, 만성피로증후군, 섬유근육통, 심장

병, 고혈압, 대장염, 식욕 소실 및 과식증 등의 질환이 생길 수 있다. 알레르기, 천식과 여러 호흡기 질환, 관절류머티즘, 루푸스, 암 그리고 좀 더 흔하게는 감기와 독감 등도 그 영향을 받는다.

## - 동물과 교감하는 사람 -

영화 〈호스 위스퍼러The Horse Whisperer〉에서 자연을 사랑하는 로버트 레드포드는 몬태나의 고요하고 넉넉하며 광활한 대초원에서 야생마를 길들인다. 그 과정에서 그는 한 소녀를 만나고, 소녀는 빠르게 돌아가는 대도시에서 맞벌이 부모 아래 자라면서 입은 마음의 상처를 치유 받는다.

그러나 말을 길들이는 과정은 기본적으로 야생종임에도 사육을 통해 가축으로 길러진 말에게는 언제나 스트레스의 근원이 된다. 오스트리아 빈의 연구진은 말을 훈련시키는 동안 말의 침에 포함된 코르티솔의 수준을 정밀하게 측정하고 심장박동의 속도와 변화를 관찰하였다. 연구에 따르면, 기수가 말에 올라타려고 할 때 스트레스 수준이 높아지는 것으로 나타났다. 즉 그 순간에 말에게는 기수가 포식자로 간주되는 것이다. 나중에 말이 공포를 극복하고 기수를 함께 달려야 할 친구로 생각하게 되자 스트레스 수준이 하락했다.

심지어 생쥐들도 민감한 경우에는, 포악한 다른 생쥐와 함께 가두어둘 때처럼 스트레스가 많은 사건을 겪은 후에 사회 활동을 회피하거나 공격적 행동을 나타낸다. 생쥐를 대상으로 한 연구를 통해, 스트레스가 많았던 사회적 사건의 기억이 포유동물의 뇌 속에 있는 해마(바닷속 생물인 해마처럼 생겨서 이런 이름이 붙었다)의 신경 발생과 관련되어 있다는 것을 알게 되었다. 연구진은 "뇌에 새로 생성된 신경이 생쥐가 사회적으로 관련된 공격자를 기억하여 장기적으로는 사회적 회피 행동을 조절하도록 해준다"는 가설을 세웠다.

니혼대학교 연구진은 스트레스에 취약한 생쥐가 사회적 스트레스에 계속 노출될 경우 우울증과 유사한 행동을 보이는 것을 확인했다. 이 생쥐들은 GDNFglial cell-derived neurotrophic factor라는 신경성장인자와 관계되는 유전자의 발현 수준이 낮았다. 이 신경성장인자는 뇌 가소성 조절에 중요할뿐더러 정상 수준보다 낮으면 우울증이 나타나는 것으로 알려져 있다. GDNF 유전자의 발현율이 낮은 것은 DNA 메틸화와 히스톤 변형에 따른 결과다. 이러한 변화를 후생적 유전자 변형이라 하는데, 다행히도 원상태로 되돌릴 수 있다. '개와 교감하는 사람'은 이미 흔히 만날 수 있으며, '생쥐와 교감하는 사람'도 조만간 필요하게 될지 모른다.

## – 포유동물, 명상에 잠기다 –

트립토판은 생체에 아주 적은 양만 필요한 물질이다. 과학자들은 트립토판을 돼지에게 투여하면 어린 암퇘지들의 전체적 활동량과 공격적 성향이 감소한다는 것을 발견했다. 트립토판은 우유에 포함된 필수아미노산으로, 뇌에서 진정 효과를 나타내고 수면을 유도하는 세로토닌이라는 신경전달물질의 전구체다. 정상적 돼지나 다른 여러 동물 사회에서 공격적 성향은 이방인이나 '침입자'가 출현할 때 촉발된다. 새로운 개체가 등장하면 대개 새로운 위계질서 또는 '순위'를 결정하기 위해 싸움이 벌어지며, 그 뒤 다시 평상으로 돌아간다. 여기서 한 가지 중요한 물음을 제기할 수 있다. 그렇다면 어떻게 스트레스를 줄일 수 있지?

위협이 단지 상상에 불과하여도 많은 경우에 신체의 방어 체계를 실제로 작동시킬 수 있다. 요가에서처럼 몸을 꼬고 정신과 신체의 균형을 증진시키면 스트레스 반응으로 인해 발생할 수 있는 문제를 어느 정도 막을 수 있다. 작은 동물들은 싸움에서 질 것 같으면 포기하고 굴복의 표시로 엎드린다. 상대를 자극하지 않기 위해 자기 몸이 실제 크기보다 작게 보이도록 웅크리는 등 여러 가지 방법을 취한다.

우리는 자연적으로 그리고 유전학적으로 스트레스 반응을 작동시킬 준비가 되어 있지만, 불행히도 그 작동을 쉽게 정지시킬 수 없다. 물론 자연에서 이것은 완벽한 적응이라 할 수 있다. 우리 인간 세계에서 스트레스 반응을 정지시킬 방법을 익히게 된다면 건강하게 살아가기 위해 가장 중요한 기술을 갖추는 셈이다. 다행히도 뇌에는 행동을 유도하는 신경 회로의 중심에 이러한 목적을 위한 몇 가지 도구가 있다. 그중 대표적인 것이 놀이와 웃음이다. 사회적으로 어울리고 웃기,

심지어 노래 부르기와 다른 사람의 말에 귀 기울이기 그리고 혼잣말까지 이런 모든 행동들은 정신에 영양을 공급한다. 놀이는 또한 다른 사람들과의 신체적·언어적 교류도 포함하는데, 혈액 속의 스트레스 호르몬 수준을 낮춰준다. 그러므로 놀이는 물리적·사회적 환경에 대응하고 어울리는 방법을 배우는 어린 시절뿐만 아니라 성인이 되어서 생리적 스트레스에 대응하고 그 수준을 관리하는 데도 중요하다.

평화롭게 지내는 보노보들은 성적 행동과 놀이를 자주 하는데, 이것은 스트레스에 대응하는 그들 나름의 방식이다. 놀이는 사회적 결속을 강화해주는 뇌 속의 특수한 수용기 체계를 활성화시킨다. 프레리(대초원) 밭쥐들을 대상으로 한 연구에서 특정 신경전달물질(암컷에서는 옥시토신, 수컷에서는 바소프레신)이 사회적 결속에 중요한 역할을 하는 것이 확인되었다. 그리고 이 생화학물질들은 '살인 호르몬'으로 불리는 코르티솔의 혈액 내 수준을 낮추는 것으로 알려져 있다. 신경 조절 및 불안 해소 물질로 잘 알려진 신경펩티드Y(심장과 뇌에 가장 많이 존재하는 펩티드 가운데 하나로 뇌에서 분비되면 불안이 감소된다)도 이러한 기능이 있다. 이것은 뇌의 해마나 편도체 같은 부위가 스트레스 신호를 감지할 때 뇌세포에서 자연적으로 생산된다. 연구자들은 함께 대화를 나누는 여성들의 혈액을 검사했을 때 옥시토신의 수준이 크게 증가하는 것을 확인하였다. 키스도 성관계를 할 때 옥시토신의 분비를 유발하는데, 장난을 칠 때도 마찬가지로 옥시토신이 분비된다.

약간의 스트레스가 새로운 신경세포의 생성, 즉 신경 발생으로 이어질 수 있다는 사실이 생쥐를 대상으로 한 연구에서 관찰되었다. 특히 뇌 속의 구조물인 해마에서 뚜렷하였다. 스트레스에 민감한 생쥐의 뇌 속에서 만들어지는 새로운 신경세포들은, 스트레스에 비교적 잘 적응하는 생쥐에서 만들어지는 신경세포에 비해 더 오래 살아남았다. 이것은 뇌 속의 신경세포들을 조작하여 어떤 사회적 상황과 관련된 기억을 변형시킬 수 있는 기간이 있다는 것을 말해준다. 자연은 이와 같은 뇌 가소성을 이용하여 특정한 뇌 부위를 더욱 크게 만든다. 초보 엄마가 된 여성들의 경우 시상하부, 편도체, 흑질 같은 곳이 거기에 해당한다. 동물 연구에 따르면, 새끼를 갓 낳은 암컷들의 뇌에서 이러한 영역은 새끼에 대해 배우고 돌보며 긍정적 감정을 만들어가는 데 관여하는 것으로 밝혀졌다.

## - 음악의 탄생 -

소리는 커다란 스트레스와 불안을 야기할 수 있지만 마음에 평화를 주기도 한다. 인간뿐만 아니라 동물들도 음악 소리를 들으면 감정이 자극을 받는다. 우리는 찬송가와 같은 종교 음악이나 쿨재즈를 들으며 마음을 가라앉힌다. 많은 동물들이 음정과 박자가 있는 소리에 감정을 나타낸다. 고양이가 그르렁거리고 각종 새들이 노래를 부른다. 이는 단지 영역을 표시하거나 짝짓기 상대를 유혹하기 위한 것만이 아니며, 자기만의 노래를 작곡하고 부르는 자체에서 즐거움을 얻기도 한다.

음악 소리는 정서적 기억들을 형성하고, 이는 주로 편도체와 관련된다. 편도체는 변연계라는 뇌 구조의 일부로, 뇌의 또 다른 구조물인 해마에 인접해 있다. 어렸을 때 불렀던 노랫소리가 들리면 편도체가 활성화되어 우리를 추억 여행으로 데려간다. 아주 오래전에 그 노래를 부르면서 우리가 무엇을 했는지 기억하게 된다. 소리와 감정, 기억, 회상 사이는 서로 강력하게 연결되어 있기 때문에 어떤 상처와 관련된 소리에 대한 인식을 재구성하면 마음에 생긴 아픔도 치유할 수 있을 것이다. 비단 개인적 차원에서뿐만 아니라 집단 그리고 나아가 범지구적 차원에서도, 긍정적 방향으로 기운을 북돋아주고 마음을 진정시키는 자연의 소리들을 빌려올 수 있을 것이다.

아기 엄마들은 깊은 잠에 들어도 아기가 울면 즉시 알아듣고 일어난다. 선사시대의 인류는 외부 세계의 각종 위험들을 피하기 위해 동굴 속에서 거주했다. 이렇게 소리가 심하게 울리는 환경에서 자연선택의 강력한 힘은 여러 가지 울음소리의 유형을 구분해낼 수 있도록 청각을 특별히 발달시켰다. 그리고 아마도 이때 사용된 원시적인 음악 도구들은 목소리의 유형을 재현하고 그와 관련된 어떤 정서적 상태를 다시 불러일으키는 데 쓰였을 것이다. 이것은 현대의 임상심리학자들도 채택하는 기법이다.

이러한 소리들의 정교한 편곡이 강당에 울려 퍼지면, 모든 청중들의 편도체가 동시에 활성화된다. 현대 기술의 발전으로 이러한 청중들은 지구 반대편까지도 확장될 수 있다. 모든 청취자들의 뇌에서 활동파가 동시에 만들어진다. 이러한 활동파는 개인들의 심장박동과 호흡을 동기화하고, 감각 정보를 입력하여 장기기억으로 저장하는 옥시토신 같은 호르몬들을 분비시킨다. 이렇게 입력되는 감각 정보는 우리 주변 존재들의 생김새나 냄새, 촉감 등이 될 수 있다. 이렇게 우리는 음악 소리를 통해 그들과 결속된 느낌을 갖게 된다.

## – 스트레스와 스트레스 해소 –

변화와 스트레스에 관해 이야기할 때는 스트레스 연구 분야의 선구자인 한스 젤리에Hans Selye를 빼놓을 수 없다. 그는 캐런이 진행하는 NBC 라디오 프로그램에서 인터뷰하면서 "스트레스가 없다면 죽은 사람일 것이다"고 말했다. 스트레스는 삶에서 피할 수 없는 부분이다. 젤리에는 스트레스를 긍정적 · 성장지향적인 유스트레스Eustress와 부정적 · 파괴지향적인 디스트레스Distress 두 유형으로 분류했다. 결혼할 때나 좋은 글을 썼을 때 또는 아기를 얻었을 때, 우리는 누구나 유스트레스를 경험한다. 개들도 서로 함께 뒹구는 등의 놀이를 하면서 유스트레스를 경험할지 모른다. 동물 세계에서 일어나는 여러 가지 스트레스 사례를 보면서 우리는 디스트레스를 유스트레스로 바꿀 수 있는 대응 기술에 대해 연구할 수 있다. 아마도 우리는 주위의 동물들로부터 좀 더 유쾌한 웃음을 발견하고 고마움과 우정에 대해 배울 수 있을 것이다. 그리고 조금 더 느긋해질 것이다.

제3부
사회화

# 9
# 재치와 계략 그리고 재미



생쥐나 시궁쥐는 실험 상자 속에서 사람이 손으로 간질이면 킥킥거린다. 그리고 다시 간질여주길 바라며 상자 속에서 사람 손을 따라다닌다. 많은 동물들이 자신의 고유한 소리로 재잘대고 노래하고 말한다. 물론 인간도 웃으며, 아마 이런 행동은 많은 다른 동물들에서도 공통된 특성으로 보아도 좋을 것이다. 동물들이 이렇게 웃는 이유가 기뻐서인지 재미있어서인지 아니면 단지 간지러워서인지는 아직 분명하지 않다. 인위적이지만 직접 실험을 해보는 것만이 이를 과학적으로 확인하는 최선의 방법이다.

자크 판크세프Jaak Panksepp라는 학자가 시궁쥐의 발성을 연구하여 최초로 동물의 감정과 웃음에 관해 기록했다. 그 뒤 계속된 연구에서 시궁쥐들이 놀 때 높은 음의 소리를 낸다는 사실이 관찰되었다. 판크세프의 연구에 이어서, 캐나다 레스브리지대학교의 세르지오 펠리스 Sergio Pellis와 오스트레일리아 모나시대학교의 앤드루 아이와니우크 Andrew Iwaniuk 등의 신경과학자들은 뇌의 발달과 성숙에 놀이가 매우 중요한 역할을 한다고 주장했다. 놀이는 편도체와 대뇌의 등쪽이마앞겉질 영역의 뇌세포 성장과 연결을 촉진하는 것으로 나타났다. 편도체는 뇌 속의 작은 구조물로 일종의 레이더 시스템처럼 기능하고 감정을 처리하며, 등쪽이마앞겉질은 판단과 의사 결정에 중요한 실행을 담당하는 뇌 부위다. 재미있고 자발적인 놀이는 삶의 기술을 배우고 연습하는 수단이 된다. 또한 다른 개체들의 한계를 시험하고 그들과 접촉하는 수단이기도 하다. 놀이는 진지한 것이다. 놀이는 아이들이 세계에 대해 배우는 데 중요한 역할을 한다. 한편 어른들은 적극적으로 그리고 창조적으로 자신들의 삶을 영위하고 뇌세포와 신경망을 계속 성장시키기 위해 놀이가 필요하다.

스튜어트 브라운 Stuart Brown은 《놀이 Play》에서 이렇게 말한다. "놀이는 수많은 동물들이 생존을 촉진하기 위해 영겁에 걸쳐 진화시켜온 심오한 생물학적 과정이다. 놀이는 뇌를 발달시키며 동물들의 적응력을 높이고 더 우수하게 만들어준다. 고등동물은 놀이를 통해 공감대를 형성하고 복잡한 사회집단을 구성할 수 있게 된다. 우리 인간에게 놀이는 창조와 혁신의 핵심이다." 놀이에 대한 브라운의 정의는 많은 사람들이 생각했던 개념보다 훨씬 포괄적이다. 우리가 좋아하는 일을 할 때나 어떤 상황이건 재미있는 모습을 보는 것 그리고 아름다움을 감상하는 행위 등도 포함된다. "폭풍우가 지나간 다음 맑은 공기를 깊이 들이마시거나 수북이 쌓인 낙엽을 밟으며 걷는 것과 같이 단순한 행동들도 개인적인 놀이의 시간이 될 수 있다." 우리는 다른 사람들에게 놀이 신호를 보낸다. 웃고, 손잡고, 껴안고, 농담을 던지고, 좋다는 몸짓을 하면서.

브라운은 동료 학자들과 함께 여러 동물 종들의 놀이에 대해 연구했다. 포유류뿐만 아니라 조류, 파충류 등을 관찰하여 문어도 놀이를 즐기는 것을 발견했다. 문어는 그릇 뚜껑을 열었다 닫기도 하고 그릇을 물속에서 이리저리 던지며 느긋하게 특유의 방법으로 놀았다. 수중 사진작가의 은색 카메라를 낚아채 달아난 문어는 재미있어 하는 듯했다. 그러나 수중 사진작가는 '도둑' 문어를 황급히(또는 어리석게) 쫓아가지 않았다. 카메라가 놀라운 장면을 촬영하는 중이었기 때문이다(폴 애덤스Paul Adams는 카메라를 되찾은 뒤 영상을 편집했다. '게릴라 문어Octopus Guerilla'라는 제목의 이 비디오는 인터넷에서 볼 수 있다). 어떤 물고기 종은 재미있는 놀이를 하는 것처럼 입으로 공기방울을 내뿜는다. 그리고 개미들도 놀이를 한다. 개미 전문가인 에드워드 윌슨은 개미들이 전쟁놀이를 한다고 주장한다.

개나 고양이를 키우는 사람이라면 이들이 놀아주면 좋아한다는 것을 잘 안다. 개 주인은 개가 자신에게 다가와 놀아달라며 떼를 쓰듯이 으르렁거리는 모습에 익숙하다. 헝가리와 오스트리아 학자들의 연구에 따르면, 개를 아끼는 사람들은 여러 가지 유형의 으르렁거리는 소리를 구분하고 그 의미를 잘 알고 있다. 그리고 동물들 사이에 좀 더 공통적으로 이용되는 놀이의 신호도 있다. 개들은 짖고 꼬리를 흔들며 놀아달라는 자세로 뻗치며 엎드린다. 그리고 브라운의 설명처럼 '인간의 웃음과 비슷한 형태로 빠르게 헐떡인다(침팬지와 시궁쥐들도 신나서 의사소통할 때는 소리를 내면서 이렇게 헐떡인다)'. 때때로 우리도 개와 함께 그들의 놀이 신호 자세로 바닥에 엎드려 치고받거나 레슬링을 하면서 놀아줄 때가 있다. 놀이는 '일시적일지라도 안전감을 들게 하고 정서적으로 서로 연결시키는 역할을 한다'.

스튜어트 브라운의 책에는 매우 배고픈 야생 곰과 개 사이의 놀라운 만남 장면이 사진과 함께 실려 있다.


허드슨이라는 개는 매우 지쳐 보였다. 개 썰매를 모는 브라이언 라 둔 Brian La Doone은 무게가 500킬로그램이 넘는 북극곰이 썰매 개들을 향해 눈 위를 빠른 걸음으로 다가오는 모습을 보았다. ……라 둔이 생각하기에, 이 북극곰의 행동으로 보건대 한 달은 굶은 듯했다. ……그러나 곰이 다가왔을 때 허드슨은 짖거나 도망치지 않았다. 그 대신 그 개는 꼬리를 흔들고 쪼그려 엎드리며 아주 전형적인 놀이 신호를 보냈다.

곰이 개의 놀이 초대를 받아들이는 모습을 보고 라 둔은 놀라지 않을 수 없었다. 곰과 썰매 개는 눈 속에서 아주 재미있게 놀기 시작했


동물의 숨겨진 과학

다. 둘 다 입을 벌리고 이빨을 드러냈지만 눈빛은 '부드럽게' 마주쳤고 털은 쭈뼛이 서는 대신에 편평하게 가라앉았다. 모두 서로가 위협이 되지 않는다는 신호들이다.

돌이켜보면 두 동물이 서로 마주치기 전부터 놀이 신호가 시작되었다. 곰은 허드슨에게 성큼성큼 다가갔다. 하지만 공격적으로 똑바로 다가가지 않고 팔자걸음이었다. 포식자들이 먹잇감을 노리고 덤빌 때는 노려보면서 최대 속도를 내어 곧바로 달려든다. 곰이 이처럼 팔자걸음을 걸으면서 다가오는 동안 곰과 개는 놀이 신호를 교환했다.

둘은 서로 얽힌 채 신나게 뒹굴었다. 그러다 곰이 배를 위로 한 채 드러눕기도 했다. 동물의 세계에서는 공통된 신호다. 이제 그만 휴식! 그리고 곰이 허드슨을 아주 정겹게 감싸 안기 위해 잠시 장난을 멈추기도 했다. 15분이 지나고 곰은 다시 어슬렁거리며 돌아갔다. 여전히 배는 고팠지만 아주 재미있는 시간을 보낸 데 만족한 듯이 보였다.

일주일 동안 매일 밤 북극곰과 허드슨은 만나서 놀이를 즐겼다. 바다에 얼음이 두껍게 얼어 사냥이 어려울 것으로 보였지만, 흡족한 곰은 마침내 〔먹이를 구하기 위해〕 자신의 사냥터로 돌아갔다.


이미 많은 사람들이 비디오로 보았을, 큰돌고래가 자신이 만든 장난감을 가지고 노는 모습은 동물 세계에서 놀이를 즐기는 또 다른 사례라 할 수 있다. 돌고래는 머리 위에 난 공기구멍을 통해 공기방울을 만든 다음 머리로 쳐서 공기방울 소용돌이로 아름다운 은색 고리를 만든다. 그런 다음 그 근사한 장난감 속으로 코를 밀어 넣거나 이리저리 튕기며 논다.[†] 돌고래들은 신나게 돌아다니며 자신들이 만든 공깃방울 고리를 함께 가지고 논다. 마침내 고리가 망가지려 하면, 돌고래는 그것을 어떤 방법으로 살짝 밀어 기포가 올라오는 작은 고리들로 나눈다. 그리고 나서 이 물방울 예술가는 새로운 은색 공깃방울 고리를 만들어 놀이를 계속한다. 심리학자들은 이러한 놀이에 담긴 '의도'에 놀란다. 돌고래들은 의도적으로 공깃방울 고리를 만든다. 목적을 위해, 즉 놀기 위해 만든 것이다. 물리학자들과 공학자들은 돌고래의 숙련된 솜씨에 감탄해 마지않는다. 기포로 이루어진 공깃방울 장난감이 물 표면으로 떠올라 사라져버리지 않고 돌고래가 가지고 놀 수 있는 위치에 계속 머물러 있기 때문이다.

동물들에게도 유머 감각이 있다고 믿을 만한 이유가 있다. 회색앵무는 자기만의 유머를 만드는 것으로 알려져 있다. 동물들은 단순히 재미삼아 그러기도 하지만 노골적으로 골려주기도 할 수 있다. 신경과학자 칼 프리브램이 반세기 동안이나 원숭이와 침팬지, 고릴라들의 놀라운 능력들을 관찰하여 이를 증명했다(프리브램은 스탠퍼드대학교와 조지타운대학교의 인지신경과학 교수로 영장류 연구의 선구자이다).

많은 동물들이 보이는 재치와 계략에 대해 평가할 때는, '재치'가

<hr>

[†] 동영상 전문 인터넷 사이트인 유튜브에서 이러한 모습을 볼 수 있다. 인터넷 주소창에 http://www.youtube.com/watch?v=TMCf7SNUb-Q를 입력해보라.

단지 유머만을 의미하는 것이 아님을 기억해야 한다. 지능과 학습 능력을 포함하는 것이다. 사실 재치를 뜻하는 '위트wit'와 지혜를 가리키는 영어 'wise'는 동일한 중세 영어/앵글로색슨 어원을 가지고 있다. 동물의 세계에서 자기들만의 방법으로 재치 있는 행동의 사례를 보여주는 서로 다른 두 동물 집단이 있다. 바로 큰 뇌를 가진 새, 앵무와 비인간 영장류들이다.

## – 회색앵무의 놀라운 능력 –

"리처드…… 리처드…… 리처드…… 여기로 오세요, 리처드…… 리처드, 제발 나를 만나러 와주세요……. 나를 만나러…… 나를…… 중얼중얼…… 그 새는…… 중얼중얼…… 리처드…… 외로워요, 리처드…… 여기로 오세요. 제발, 리처드…… 중얼중얼…… 리처드…… 리처드…… 제니퍼는 어디 갔어? 리처드?"

네 살배기 아이가 관심을 끌기 위한 잔꾀처럼 들리는 소리다. 그러나 이것은 토비라는 이름을 가진 스물두 살 된 회색앵무가 실제로 했던 말이다. 토비는 그 겨울 저녁 강당에 들어찬 관객들의 커다란 관심을 한 몸에 받았다. 그러나 토비는 리처드가 관심을 가져주길 원했다. '리처드'는 신경학자인 리처드 레스탁Richard Restak을 말하는데, 당시 그는 워싱턴DC의 스미소니언국립동물원에서 많은 대중들 앞에서 강연을 앞두고 요약 발표를 하고 있었다(제니퍼는 리처드 레스탁의 큰딸로

부인 캐럴린과 함께 방청객 속에 있었다). 캐런은 칼 프리브램과 그의 아내인 소설가 캐서린 네빌Katherine Neville과 동행했는데, 아이린 페퍼버그Irene Pepperberg가 30년 이상 연구와 훈련을 해온 또 다른 회색앵무 알렉스와 관련한 프로그램을 참관하기 위해서였다. 레스탁은 그날 밤의 프로그램을 인간의 뇌와 다른 동물들의 뇌, 특히 큰 뇌를 가진 새의 뇌에 대한 소개로 시작했다. 무대의 다른 한쪽에 마련된 횃대에는 레스탁의 회색앵무, 토비가 앉아 있었다. 이 새는 레스탁이 회색앵무의 영특함에 대해 연설하는 동안 할 일 없이 앉아 있어야 했다. 페퍼버그가 훈련시킨 또 다른 회색앵무 알렉스는 토비 근처의 새장에 있었다. 두 앵무새 사이에는 앵무새끼리의 결속과 경쟁이 함께 벌어지고 있는 것처럼 보였다.

학계에서 '새의 뇌'가 연구되기 시작한 것은 최근의 일이다. 아이린 페퍼버그는 《알렉스와 나Alex and Me》에서 알렉스 연구를 시작할 당시에 대해 이렇게 적었다. "현재까지 과학적 지식은 ……동물들이 로봇과 같은 기계와 다를 바 없으며, 환경에서 오는 자극에 아무 생각 없이 반응한다고 주장한다." 프리브램은 페퍼버그가 수행한 혁명적 연구의 가치를 알았다. 알렉스는 서른한 살이라는 젊은 나이에 죽었지만 (앵무새들은 이보다 20년 이상 더 오래 사는 것으로 알려져 있다), 과학계와 대중들의 생각을 변화시키는 데 커다란 기여를 했다. 이 놀라운 회색앵무는 150단어 이상을 구사할 수 있었다. 알렉스는 50가지가 넘는 사물의 단어를 알았으며, 최소한 7가지 색깔과 5가지 모양을 식별하였고, 크다/작다 그리고 같다/다르다와 같은 개념을 이해했다. 그리고 더욱 놀랍게도 '영(제로)'이라는 추상적 개념도 인식했다.

알렉스는 유머 감각과 고집도 있어서 좋고 싫음을 분명하게 표현했다. 편안한 자기 집으로 돌아가고 싶으면 언제든 '돌아갈 거야'라고 말했다. 그리고 배고플 때는 '바나나 줘'라고 했다. 바나나 대신 포도를 주면 받자마자 던져버렸다. 언어 구조를 배우기 시작한 인간의 아기처럼, 알렉스는 자신이 아는 단어를 조합하곤 했다. 이를테면 어떤 먹이의 이름을 알지 못할 때와 같은 경우다. 사과라는 이름을 몰랐을 때, 알렉스는 바나나와 체리가 합성된 '바네리'라는 단어를 만들어 사용했다.

알렉스는 머리를 간질여주면 좋아했다. 그리고 페퍼버그가 간질여주면 기분이 좋아져서는 머리를 옆에다 하도 비벼대어 벌겋게 되기도 했다. 종이를 여러 조각으로 찢는 장난을 즐겼으며, 자신이 '냠냠 빵'이라 부르는 케이크 먹기를 좋아했다. 보컬 그룹 '마마스앤파파스'의 노래에 맞춰 춤을 추었으며 클래식 음악도 좋아하는 것으로 보였다. 실제로 알렉스가 흥분했을 때는 하이든의 첼로협주곡만이 가라앉힐 수 있었다. 페퍼버그가 다른 회색앵무들을 훈련시키기 위해 데려오면 알렉스는 으스대는 모습을 보였다. 다른 앵무새들이 대답하기 전에 먼저 큰 소리로 대답해버렸으며, 다른 앵무새들이 대답할 때는 '틀렸어, 그렇게밖에 못해'라고 야단을 치기도 했다.

레스탁의 앵무새 토비는 대학교 실험실에서 시간을 보내지 않고 '가정학습'을 받았다. 회색앵무는 매우 사회적인 새라 다른 이들과 계


재치와 계략 그리고 재미

속 어울리기를 원한다. 레스탁의 아내 캐럴린이 저녁을 준비할 때는 가끔 토비가 방해하지 않도록 TV 앞 계단 맨 위에 앉혀두곤 했다. 그럴 때면 토비는 소란을 피워서 결국 다른 사람이 저녁을 준비하도록 시켰다. 때로 토비와 캐럴린 사이가 어색해지기도 한다. 토비가 실수하면 캐럴린이 이렇게 말한다. "여기 네가 해놓은 짓을 봐라." 한번은 캐럴린이 안경을 떨어뜨렸는데, 토비가 재빨리 이렇게 소리쳤다. "여기 네가 해놓은 짓을 봐라."

토비는 유머 감각을 지녔고 비꼴 줄도 알았다. 한번은 캐럴린이 급하게 사무실에 가려고 하는데 토비가 일을 저질렀다. 그녀는 다급하기도 했지만 화가 나서 하이힐 뒷굽으로 또각거리는 소리를 내면서 토비에게 다가갔다. 그러자 마찬가지로 분개한 토비가 갑자기 또각또각 하이힐이 빠르게 부딪치는 소리를 그대로 흉내 냈다. '나도 마찬가지요'라는 의미였다.

토비는 레스탁이 기르는 개 바비에게 자주 치근덕거렸다. "바비, 나가고 싶지, 바비? ……나가고 싶지? 쿠퍼는 어디 있지? 쿠퍼랑 놀고 싶지?"(쿠퍼는 바비의 친구인 이웃집 개다.) 이것은 의미 없이 흉내 내는 문장이 아니었다. 토비가 이렇게 말할 때면 바비가 근처에 있었고, 토비는 분명히 바비를 향해 말했다. 그리고 바비가 죽고 나서 토비가 바비의 이름을 말한 것은 단 한 번뿐이었다.

스미소니언 동물원에서 레스탁이 강의하던 그날 밤, 토비의 소리는 아무 의미 없는 '앵무새 잡음'이 아니었다. 많은 동물들의 의사소통에 담긴 의미와 지혜를 알지 못하는 사람들이 흔히 그렇게 말한다. 하지만 토비가 말한 단어와 문장은 논리적 내용의 일부였다. 토비는 방청객들 앞에서 과시를 하는 중이었다. 그 앵무새는 레스탁의 관심을 끌고자 했다. 토비는 무대에서 다른 새들과 경쟁할 때가 종종 있었다. 만일 우리 아이들이 이렇게 하면, 우리는 그 행동의 배경을 이루는 논리를 알 수 있다. 토비의 말도 아무렇게나 내뱉거나 흉내 낸 것이 아니라 의미를 지니고 있었으며, 그가 말을 배울 수 있을 뿐만 아니라 사회적·정서적으로 민감함을 보여주었다. 사람들이 동물의 지능을 평가하면서 종종 놓치는 것이 이러한 문맥에 대한 인식과 이해력이다. 리처드 레스탁과 가족은 토비와 함께 20년 넘게 지내면서 이것을 깨달았고, 논리적으로 전후 맥락에 맞게 토비를 대하면서 토비의 학습을 도와주는 피드백 체계를 마련하고 사람들이 그의 말을 더 많이 이해할 수 있도록 해주었다. 다른 동물들과 더 직접적으로 소통하는 관계를 형성하면, 인간도 그 영향을 받게 된다. 동물들이 우리를 그들의 세계에 더 가까이 데려다 줄수록 우리는 그들의 역량을 더 잘 이해할 수 있게 된다. 배움의 길은 양방향으로 통한다.

알렉스와 토비뿐만 아니라 훈련 받은 다른 여러 앵무새들의 이해 수준은 매우 높은 것으로 나타났다. 그러나 야생에서 살아가는 앵무새들도 마찬가지로 명석했다. 그중 많은 종들은 매우 오래 사는데, 큰앵무의 경우는 수명이 50년이 넘는다. 그렇게 오래 살기 위해서는 생존을 위한 전략들이 많이 필요하다. 둥지 짓는 장소나 먹이와 짝짓기 상


재치와 계략 그리고 재미

대가 있는 위치 그리고 자신들이 긴 시간을 살아오면서 여러 차례 경험했던 가뭄이나 홍수에 가장 잘 대처하는 방법 등을 잘 기억하고 있어야 한다. 야생 앵무새들은 거의 모두 무리를 이루어 생활하는데, 앵무새 무리는 복잡한 구조와 높은 수준의 사회적 지능을 갖추고 있다. 그들은 무리의 구성원 각각에 대한 수많은 정보를 익히고 특정한 구성원 새를 다루는 최선의 방법을 배워야 한다. 짝짓기를 한 쌍은 상당 기간 함께 지내는 경우가 많은데, 새끼를 키우고 난 뒤에도 함께 지내는 쌍들이 있다. 일부 종들은 암수 쌍이 노래를 만들어 각자의 음정을 섞어 듀엣으로 부르기도 한다.

앵무새들은 이따금 듀엣으로 울기도 하고 사투리로 울기도 하는데, 사투리는 사회적 집단에 따라 달라진다. 예를 들어, 앵무새가 무리와 소통할 때 사용하는 사투리는 밤에 둥지 근처에서 친구에게 하는 사투리나 짝짓기 때 특별히 사용하는 사투리와 다르다. 지리적 편차 역시 크다. 일부 앵무새 종은 소통하는 상대에 따라 자신들의 울음소리 구조를 수시로 변화시킬 수 있는 것으로 보인다. 그러므로 인간만이 유일하게 많은 능력과 기술을 보유한 것은 아니다. 또한 분명 인간만이 유일하게 느끼고 감정적으로 경험하는 것도 아니다.

앵무새들 중에는 도구를 이용하는 종도 있다. 야자잎검은유황앵무새는 이빨로 북채를 만들고 이를 이용해서 속이 빈 나무를 시끄럽게 두드린다. 자신들의 영역 경계를 알리는 방법이다. 코카투앵무들 중에는 작은 돌, 잔가지 또는 다른 물체를 던져서 포식자를 위협하고 쫓아내는 종도 있다. 그리고 알렉스와 토비의 사례에서 이미 보았듯이 앵무새들은 멋진 유머 감각이 있는 데다 놀이를 즐긴다. 오스트레일리아 코카투앵무는 풍차 날개에 매달려 빙그르 돌아가며 논다. 뉴질랜드 고산대에 사는 케아(Nestor notabilis) 새끼들은 막대기를 물고 서로 지분거리며 여럿이 함께 노는데, 앵무새들의 칼싸움처럼 보이기도 한다. 또 무리 지어 시끄럽게 떠들어 대기도 한다.

야생 동물들 중에는 우리가 그 이유를 알 수 없는 이상한 소리를 내거나 행동을 하는 경우가 많다. 그 동물들이 단순히 새로운 소리를 배우고 만들기를 좋아하기 때문일 수도 있지만, 아마 그보다 더 많은 이유가 있을 것이다. 캐런의 이웃집에 있는 한 새(아마도 흉내지빠귀)는 도난 경보기 소리나 자동차 경적을 흉내 내어 사람들이 진짜인 줄 알고 놀라곤 한다. 때때로 경찰차가 출동하기도 한다.

몇 년 전 캐런이 워싱턴DC의 내셔널갤러리 근처의 작은 교통섬에 서 있을 때였다. 어디선가 갑자기 휴대전화 벨소리가 들렸다. 벨소리가 많이 다르긴 했지만, 사람들이 흔히 그러듯이 캐런 또한 곧바로 자신의 전화를 확인했다. 그런데 날카로운 벨소리가 몇 차례 더 울렸다. 캐런은 양방향으로 차들이 달리는 도로 한가운데 서 있었고, 주위에는 아무도 보이지 않았기 때문에 잠시 어리둥절했다. 벨소리는 점점 더 크게 울려서 마치 근처에서 누군가 다가오는 것처럼 느껴졌다. 그녀는 마침내 교통섬에 한 그루 서 있는 나무를 올려다보았다. 그곳에선 새 한 마리가 그녀를 내려다보고 있었다. 그 새는 휴대전화 벨소리를 길


재치와 계략 그리고 재미

게 내고는 아래를 내려다보고, 또 길게 소리 내고는 머리를 쫑긋하며 내려다보았다. 말할 것도 없이 정말 대단한 흉내였다. 앵무새 토비가 레스탁의 강아지를 지분거렸던 것처럼 그 새도 캐런을 놀려댄 것이 아니고 무엇이겠는가.

지금까지 많이 간과되었지만, 여러 가지 많은 실험 결과와 관찰 사례들은 동물들이 지능적이고 복잡한 삶을 살아간다는 사실을 충분히 증명해주고도 남는다. 하지만 그렇다고 우리의 과학적 연구 단계에서 여기에 관련된 다른 심리적 요인들도 빼놓고 넘어갈 수는 없다. 하버드대학교의 심리학자 스키너B. F. Skinner는 비둘기들을 대상으로 한 연구에서, 동물이 무언가를 하고 그러한 특정 행동에 대해 어떤 보상(이를테면 먹이나 관심)이 주어질 때는 '조작적 조건화'가 일어날 수 있음을 보여주었다. 즉 보상이 있다면 같은 방식으로 다시 행동할 수 있다. 조작적 조건화는 우리 생활에서도 끊임없이 일어난다. 예를 들어, 아기가 한바탕 성질을 부릴 때 많은 관심을 보여준다면 다음에 또 성질을 부릴 것이다(그렇기 때문에 심리학자들은 아이들이 나쁜 행동을 할 때보다 좋은 행동을 할 때 보상을 해주는 것이 더 중요하다고 말한다). 스키너는 조작적 조건화를 통해 비둘기들에게 탁구를 가르쳤다. 따라서 예를 들어 그 휴대전화 새는 의식적으로 정교한 술수를 부렸다기보다는 인간들이 어리둥절해하는 모습을 즐기기 위해 또는 자신이 만들어내는 소리가 좋아서(자기만족감이 생겨서) 그렇게 했을 가능성이 있다.

그러나 동물들의 행동을 너무 인간적 의미로만 해석하려 해서도 안


동물의 숨겨진 과학

된다. 특히 간단한 용어로 설명할 수 있는 경우에는 더욱 유의해야 한다. 많은 동물들이 그들의 외부 자연 세계와 소통하기 위해 자신의 행동을 끊임없이 수정한다는 것은 부인할 수 없는 사실이다. 스위스 동물원에 있는 아프리카 코끼리가 자신의 저주파 아프리카 '언어'를 같은 동물원의 아시아 암컷 코끼리 언어의 주파수에 맞추어 고주파로 변화시킨 사례도 보고되었다. 그리고 케냐에서는 코끼리들이 트럭 소리를 흉내 내었다. 2005년에 보고된 트럭 소리 흉내의 주인공은 야생보호구역에서 살고 있는 움라이카라는 이름의 열 살짜리 암컷 아프리카 코끼리였다. 이 코끼리는 낮에는 '코끼리' 소리를 냈지만 밤이 되면 트럭 소리를 냈다. 미국 우즈홀해양연구소의 스테파니 왓우드Stephanie Watwood는 인터뷰에서 이렇게 말했다. "밤에 혼자 있을 때, 그 암컷 코끼리〔움라이카〕는 가까운 고속도로를 달리는 트럭 소리를 듣고는 그 소리를 흉내 내요." 왓우드는 코끼리의 모방 행동에 관한 연구에 참가했는데, 코끼리가 자신의 이웃과 더 나은 관계를 형성하기 위해 자신의 통상적 범위를 넘어서는 소리를 만드는 방법을 익혔을 것으로 생각했다.

## – 보고 따라하는 원숭이 –

일부 동물들은 다른 동물들과 더 좋은 관계를 유지하기 위해 모방을 하지만 또 어떤 동물들은 속이기 위해 모방한다. 그러나 우리 모두는 어떤 구체적 행동을 배우기 위해서는 흉내를 내야만 한다. 동물들


재치와 계략 그리고 재미

에게는 '거울 뉴런'이라 불리는 뇌세포들이 있는데, 이곳에서는 다른 동물들의 행동을 집중적으로 관찰하여 배우는 기능을 한다. 아이들은 이러한 '거울 뉴런'을 이용하여 어른들에게 세상에 대해서 그리고 그 속에서 살아가는 방법을 배운다. 캐런의 애완견 비바는 6개월 된 마렘마(이탈리아산 양치기개) 종 강아지인데, 함께 살던 열네 살 먹은 독일산 셰퍼드 샴을 유심히 관찰했다. 그리고 이러한 관찰을 통해 샴을 모방하면서 단 이틀 만에 배변 훈련을 완수했다. 비바는 또한 샴이 앉는 모습까지 모방했다. 그 늙은 개는 뒷다리에 관절염을 앓고 있어 마루에 맥없이 털썩 주저앉곤 했다. 비바는 건강하게 어른 개로 자란 뒤에도 이렇게 배운 행동을 그대로 유지했다.

일본에서는 고시마 섬의 짧은꼬리원숭이 한 마리가 새로운 방법으로 어떤 일을 하자 무리 전체가 빠르게 행동을 변화시켰다는 관찰이 보고되었다. 원숭이들은 다른 원숭이가 하는 것을 보고 실제로 따라 했다. 원숭이 무리 중 '이모'라는 암컷에게 고구마를 주었더니 고구마를 바닷물에 담그기 시작했다. 짐작건대, 고구마에 묻어 있던 모래를 손으로 털어내는 대신에 씻어내려 한 듯하다. 이모의 가족 모두가 이모가 하던 행동을 그대로 따라 했다. 그러자 원숭이 무리 전체가 물에다 고구마를 담그기 시작했다. 다음에 이모는 고구마 한 입을 베어 먹고 바닷물에 담갔는데, 아마도 짠맛을 좋아했던 모양이다. 한 입 베어 먹고 담그고, 베어 먹고 담그고. 무리 전체가 이 행동을 따라 했다. 모든 원숭이들이 고구마를 베어 먹고 담그고 또 베어 먹고 담그고 그리



동물의 숨겨진 과학

고 다른 고구마를 물에 담갔다. 나중에 이모는 밀알도 씻기 시작했다. 밀알을 한 줌 손에 쥐더니 물 위에 띄웠다. 역시 모래를 털어낼 요량이었을 것이다. 갑자기 무리의 다른 원숭이들 모두가, 아마도 그들의 생애에서 (그리고 아마도 원숭이 종 전체의 역사에서도) 처음으로 밀알을 씻어 먹게 되었다.

오랑우탄들도 잘 관찰하여 배우는 동물이다. 오랑우탄은 혼자 지내는 습성이 있지만 다른 오랑우탄이나 인간을 보고 배우는 데 능숙한 것으로 유명하다. 여러 실험 연구에서 관찰 대상이 된 한 오랑우탄은 자기 앞에서 보여주는 신체 동작의 90퍼센트를 흉내 낼 수 있었다. 이들 영장류들은 도구도 사용한다. 나무 안에 숨은 벌레를 찍어서 꺼내기 위해 또는 흰개미 둥지를 열어젖히기 위해 적당한 막대를 찾거나 만든다. 먹이를 먹을 때는 마치 우리가 냅킨을 사용하듯이 나뭇잎으로 얼굴을 닦는다. 또한 가시가 많은 열매나 나뭇가지를 만질 때 보호 장갑처럼 나뭇잎을 이용하기도 한다. 벌레잡이풀로 물 마시는 컵을 만들기도 한다. 우리에 갇힌 오랑우탄들은 특정 사물을 지칭하는 언어를 이용하는 것으로 알려져 있다. 그리고 영장류재활센터에 있는 오랑우탄들은 인간이 하는 모습을 보고는 물과 비누를 이용해 옷을 빨기도 한다. 암컷 오랑우탄 한 마리는 톱으로 나무를 켜고 망치로 못을 박는 방법도 배웠다.

칼 프리브램은 원숭이와 여러 유인원들을 훈련시키고 연구하면서 거의 반세기를 보낸 학자인데, 그는 자신이 관찰했던 가장 흥미 있는


재치와 계략 그리고 재미

현상으로 임신한 암컷 침팬지가 둥지를 만드는 행동을 꼽았다. 그러한 행동은 결정적 시기에 조기 학습의 결과이거나 또는 환경의 요구에 따른 급속한 유전적 변화에 기인한 것으로 추정되었다. 그가 연구했던 예일대학교의 침팬지 무리는 생후 2개월에 아프리카에서 왔다. 그 후 10년 동안 침팬지 암컷들은 임신하면 아주 적극적으로 둥지 만들기 행동을 보여주었다. 자신의 '둥지' 속에 넣을 수 있는 신문지나 다른 여러 가지 물품들을 모았다. 그러나 미국의 여키즈영장류생물학연구소에서 태어난 침팬지들은 이런 행동을 하지 않았다. 야생에서 태어난 침팬지들은 우리에 갇힌 지 10년이 지나도 자기가 낳을 새끼들을 위해 같은 형태의 '둥지'를 준비하는데, 이것은 어미가 그들을 위해 만들었던 그대로다. 침팬지는 어떻게 이것을 10년 넘게 기억할까? 그리고 이렇게 전해오던 행동이 어떻게 단지 한 세대 만에 사라져버릴까? 우리 안에서 태어난 침팬지 중에는 이런 전통을 이어간 경우가 한 마리도 없었다.

칼 프리브램은 여키즈연구소와 예일대학교 그리고 스탠퍼드대학교에서 방대한 연구를 수행함으로써 원숭이와 유인원들에 대해 많은 사실을 알아냈다. 이들도 인간 영장류처럼 자신들만의 개성과 감정을 가지고 있으며, 인정받고 관심을 끌기 위해 경쟁한다. 웃기를 좋아하며 즐거워하고, 인간들처럼 웃는다. 노래를 부르지는 않지만 춤을 춘다. 특히 북소리에 맞춰 춤추길 좋아한다. 그리고 실험동물들은 자신에게 주어진 과제를 진지하게 수행한다. 프리브램은 이렇게 말한다. "수컷 동물들은 일이 잘되면 발기가 된다. 그리고 잘되지 않으면 축 처진다.  유명한 정치인이 했던 '성공이 가장 좋은 최음제다'는 말이 잘 맞는다.  ……동물들은 기계처럼 똑같은 일만 반복하는 게 아니고, 바로 우리처럼 행동하고 사고한다."[†]

일반적으로 이러한 인간 외 영장류들은 배우는 것을 즐긴다.  그러나 과제가 너무 어렵거나 지루하면 화를 내기도 한다.  실망의 경험도 중요한 법이다.  여키즈연구소에는 '알파'라는 암컷 침팬지가 있었는데, 미국 땅을 최초로 밟은 침팬지였다.

알파는 조금 어려운 과제도 수행하는 조용한 성격의 침팬지로 보였다.  일이 잘되지 않아도 잘될 때까지 끈기 있게 다시 시도하였다.  프리브램은 이 침팬지를 실망시킬 수도 있는 여러 가지 과제를 주었다.  그리고 과제를 완벽하게 끝내면 보상을 주었다.  그다음에는 과제를 완수해도 보상을 주지 않다가 다시 보상을 주기 시작했다.  그러고는 침팬지가 정상적 반응으로 돌아오기까지 걸린 시간을 측정했다.  알파는 상을 받지 못한 과제가 섞여 있어도 별로 신경을 쓰지 않는 것처럼 보였다.  그리고 아무 일도 없는 것처럼 묵묵히 과제를 계속했다.  이렇게 몇 주가 지난 뒤 어느 날 갑자기 배설물 덩이가 실험 기구 위를 날아와 프리브램의 머리를 때렸다.  실망이 쌓이고 쌓여 알파가 마침내 폭발한 것이다.

---

[†] 의사들은 원숭이들의 이러한 반응을 당연하게 생각한다. 발기부전으로 찾아오는 남성 환자들 중에는 가정이나 직장에서 일이 잘 안 풀리기 때문인 경우가 많다. 사람들이 겪는 성적 문제는 대부분 자신감 부족에서 비롯한다.


재치와 계략 그리고 재미

때로는 실험실에서 인간 외 영장류들이 '파업'을 일으키기도 한다. 아무것도 하지 않겠다고 버틴다. 불만이 많은 침팬지가 연구진들에 대항해 실험 대상 침팬지들의 집단 난동을 부추긴 경우까지 있었다. 그러나 대개는 프리브램이 영장류들과 좋은 신뢰 관계를 쌓았기 때문에 종종 침팬지들은 그의 손을 잡고 나란히 건물 복도를 거닐곤 했다.

연구 대상 원숭이들은 파업 외에도 교묘한 속임수를 부릴 줄도 안다. 또 다른 영장류 학자들은 한 원숭이가 다른 동물인 양 속이려 드는 모습을 관찰했다. 이를테면 한 원숭이는 고의적으로 다른 원숭이가 늘 이용하는 자리에 앉아서 어떤 행동을 시도하면서 다른 원숭이가 내던 소리까지 모방했다. 실험에서 그런 행동에는 보상이 주어졌다. '남을 사칭하는' 행동은 여러 가지 이유에서 행해진다. 또 다른 과제를 두고 경쟁을 피하기 위해, 해당되지 않는 보상을 얻기 위해, 특별한 관심을 끌기 위해, 따분한 일상에서 벗어나기 위해 그리고 연구진을 놀라게 하거나 자극하기 위해서 등등.

원숭이들이 프리브램을 속이려 드는 경우도 자주 있었다. 예를 들어, 조작적 조건 형성 실험에서 프리브램은 신중하게 시간을 기록했는데 무언가 딱 맞아떨어지지 않는 것을 발견했다. 확인한 결과 원숭이 한 마리가 2분 간격으로 상자에서 먹이가 나오는 보상을 기다리지 않은 것으로 판명 났다. 그 원숭이는 프리브램이 잠시 한눈을 판 사이에 먹이가 저절로 나오기 몇 초 전에 상자 구멍 안으로 직접 손을 넣어 보상을 쟁취한 것이었다.

## - 와슈와 코코 -

침팬지 와슈와 고릴라 코코는 과학 문헌에 이름이 가장 널리 알려진 영장류로, 이 둘은 영장류의 언어-학습 능력 연구의 선구자라 할 수 있다. 프리브램은 프랜신 페니 패터슨Francine Penny Patterson이 스탠퍼드대학교에 고릴라 코코를 데려와 수십 년 동안 학습 프로그램을 운영하는 데 도움을 주었을 뿐만 아니라 와슈의 언어 능력 연구에도 자문을 했다.

1967년 인지과학자인 앨런 가드너Allen Gardener와 비트릭스 가드너Beatrix Gardener는 처음으로 와슈라는 이름의 암컷 침팬지에게 미국 수화를 가르치는 프로그램을 만들었다. 2007년 42세의 나이로 죽을 무렵에 이 침팬지는 250가지 이상의 수화를 정확히 사용할 수 있었다. 프리브램은 이 프로그램에 오랫동안 자문을 제공했기 때문에 와슈를 잘 알았다. 1980년대에 프리브램이 와슈와 크게 부딪치는 일이 있었는데, 매일같이 이 사건이 떠오를 만큼 정신적 외상이 컸다. 그 불운한 사고에서 와슈는 자신의 감정 상태를 명확히 수화로 표현함으로써 복잡한 개념 뒤의 의미를 이해하고 있음을 보여주었다. 프리브램이 방문했을 당시 와슈는 새끼 침팬지를 돌보는 중이라 매우 방어적이고 날카로운 상태였다. 프리브램이 새끼에게 먹이를 주려는데 마침 먹이가 바닥났다. 그래서 한 손으로 먹이통을 계속 들고는 와슈에게 자신이 그냥 가버리지 않을 것이란 확신을 주기 위해 돌아서서 다른 손으로 여분의 먹이를 집으려 했다. 그런데 와슈가 갑자기 먹이통을 쥔 그의 손을 쳐냈다. 손가락이 끊어질 만큼 센 힘이었다. 프리브램이 손가락에서 뿜어 나오는 피를 멈추려 하는 동안 와슈는 '미안해. 미안해. 미안해' 라는 수화를 미친 듯이 계속했다. 안타깝게도 프리브램은 그 일로 손가락 절반을 잃었다.

'말하는' 고릴라 코코는 1971년 7월 4일 샌프란시스코 동물원에서 태어났는데, 그 이름은 불장난하는 아이라는 뜻의 일본어 하나비코花火子에서 따왔다. 현재 코코는 1000가지 이상의 미국 수화와 2000단어 이상의 미국 말을 이해할 수 있다. 패터슨이 1987년에 쓴 책《코코의 새끼Koko's Kitten》에 코코의 행동이 잘 묘사되어 있다. 코코는 이 책에서 주로 다른 새끼인 올볼All Ball 외에도 수년에 걸쳐 고양이 여러 마리도 돌보았다. 코코의 언어 이해력과 정서적 추론의 수준을 보여주는 대표적 예가 있다. 스탠퍼드대학교에서 어느 봄날 오후에 프리브램과 패터슨, 프리브램의 딸 조니 그리고 코코가 함께 캠퍼스를 산책하던 중이었다. 프리브램은 주위에 핀 아름다운 꽃들을 보면서 그 향기를 감상했다. 패터슨은 코코의 언어 능력을 보여주려고 코코로 하여금 꽃의 향기를 조니에게 표현해보게 했다. 코코는 이 지시를 알아듣고는 조니의 말총머리를 잡고 얼굴을 꽃밭 속으로 밀어 넣었다. 사실 이렇게 행동으로 잘할 수 있으면 말로 표현할 필요가 없지 않을까?[†]

다른 동물들 역시 우리 인간의 언어를 배울 수 있다. 2011년 사우스캐롤라이나 워퍼드대학교의 존 필리John Pilley 박사는 전국에 방영된


동물의 숨겨진 과학

텔레비전 프로그램에 여러 차례 출연하여 '체이서' 라는 이름의 여섯 살 된 보더콜리(양치기개)가 1000개 이상의 단어를 이해할 수 있음을 보여주었다. 체이서는 3년간의 집중적인 언어 훈련을 받은 다음에도 점점 더 많이 배우려 하였고, 지금도 필리 박사의 지도 아래 계속 배우고 있다.

## – 우리 생각보다 더 똑똑하다 –

새에게 줄 모이를 다람쥐에게 도둑맞지 않으려면 꽤 많은 노력이 필요하다. 캐런은 빈 깡통 뚜껑으로 꽤 근사한 장치를 만들었다. 다람쥐가 약 5미터 높이에 있는 해바라기 씨앗을 훔치기 위해 올라가다가 살짝만 건드려도 쾅하고 내려치는 구조였다. 그러나 역시 아무 소용 없이 다람쥐에게 우롱만 당했다. 우리가 가지고 있거나 심어놓은 것을 훔치려는 동물들과의 싸움이 지금은 하나의 커다란 산업이 되었다.

심리학자들은 단지 호모사피엔스만이 실제적으로 문제를 해결하는 능력이 있다고, 즉 다가올 상황을 예측하고 곧 닥칠 문제를 해결하기 위한 도구를 만들 수 있다고 약간은 거만한 말투로 말한다. 그러나 관찰 연구를 하는 학자들은 까마귀도 자신에게 주어진 먹이를 먹기 위

† 칼 프리브램의 대답은 이랬다. "프로이트는 이렇게 답했지. 말은 행동을 잘 대체할 수 있되, 충격이 적다."


재치와 계략 그리고 재미

해 작은 철사 조각을 찾아 먹이에 걸고 당겨서 꺼낼 수 있다고 '겸손하게' 적고 있다. 그리고 일본의 까마귀는 자동차를 이용해 견과류 껍질을 깨부순 다음 알맹이를 먹기도 한다. 이것은 정말 놀랍게도 사실이다. 자동차가 빨간불에 멈춰 서면 까마귀는 견과류를 물어다 자동차 바퀴 가까이에 두는데, 자동차가 다시 출발하면 껍질이 밟히면서 깨지게 된다. 게다가 까마귀를 비롯한 일부 종의 새들은 매우 창조적인 전술을 이용해 고양이와 같은 다른 동물들을 혼란시키고 그들의 먹이를 가로채는 것으로 악명 높다. 검은댕기해오라기와 자매간인 검은왜가리(*Butorides virescens*)는 여러 가지 종류의 미끼를 이용해 물 바로 위에서 어른거리며 물고기를 수면으로 유인한다. 그리고 캘리포니아덤불어치(*Aphelocoma californica*)는 다음 날 어느 정도로 배가 고플지 생각해 일정한 양의 먹이를 남겨두는 계획적 행동을 한다. 새에게 먹이를 주는 사람들은 홍관조와 같은 새들이 밤에 잠들기 전에 먹이를 원하는 것을 알고 있다. 그러나 그 새들이 그때 먹지는 않는다. 새벽을 위해 남겨둔다. 잠에서 깨어나면 배가 고픈데 먹이를 줄 인간들은 아직 자고 있기에, 자신들을 위한 아침 식사를 미리 준비해두는 것이다.

그러나 영리하기로는 뉴칼레도니아 까마귀를 따를 새가 없다. 뉴질랜드 오클랜드대학교 연구진은 이 까마귀들이 최소한 세 가지 도구를 이용해 먹이를 얻는 모습을 관찰했다. 이와 같은 수준의 문제 해결 능력과 혁신성은 상상을 초월한다. 뉴칼레도니아 까마귀는 어릴 때 핵가족 형태로 부모와 함께 사는데, 부모는 같이 먹이를 구하고 가르치면서 새끼들에게 아주 특별한 훈련을 시킨다. 새끼들은 다른 새들보다 훨씬 긴 시간인 2년 동안 부모의 감독하에 있으면서 부모를 기쁘게 하기 위해 매우 열심히 일한다. 새끼는 생후 6개월까지는 도구를 만들지 못한다. 새끼가 그 수준에 이르도록 가르치고 배우는 일에는 시간이 걸리고 인내가 요구된다. 도구는 주로 잔가지들을 이용한다. 먹이를 집을 수 있도록 구부리고, 나무의 벌레들을 찌를 수 있게 깎는다. 흥미롭게도, 이 새들은 부리를 마치 인간의 엄지손가락처럼 이용한다. 뉴욕주립대학교의 까마귀 전문가로 뉴칼레도니아 까마귀를 현장에서 관찰해온 앤 클락Anne Clark은 〈뉴욕타임스〉에서 이렇게 말했다. "내가 관찰한 바에 따르면, 그 새들은 뭔가를 알 수 없을 때는 언제나 나뭇가지를 쥔다. ……마치 손에 연필을 쥐어야만 문제를 풀 수 있는 수학자처럼 말이다."

현재 계획을 세우거나 도구를 만들어 사용하는 다양한 종들이 많이 관찰되었다. 낙지는 모양과 유형을 구별할 뿐만 아니라 간단한 문제도 해결할 수 있음이 확인되었다. 실험실에서 낙지들은 병뚜껑을 열고 그 속의 먹이를 꺼내 먹는 모습을 보여주었다. 물론 대부분의 동물들이 먹이를 얻기 위해 방법을 짜내야 한다. 침팬지들은 여러 가지 도구를 이용해 먹이를 얻는다는 연구 보고가 있다. 돌을 이용해 견과류 껍질을 깨고, 바나나와 같은 과일이 손이 닿지 않는 높이에 달려 있을 때는 막대기를 이용한다. 그리고 손으로 무슨 작업을 할 때는 대부분의 인간들과는 다르게 두 손을 모두 이용하는 양손잡이다.


재치와 계략 그리고 재미

먹이를 얻기 위해서만은 아니다. 동물들은 먹이를 얻기 위해서뿐만 아니라 방어용으로도 도구를 사용한다. 한 침팬지가 날카로운 막대기를 만들어 방어용 무기로 사용하는 모습이 관찰되었다. 또 다른 침팬지는 나무 구멍에 숨어 있는 작은 동물을 찌르기 위해 막대기를 다듬었다. 최근에는 스웨덴의 한 동물원에서 침팬지가 귀찮은 관람객에게 돌을 던지기 위해 미리 계획을 세우는 행동이 관찰되었다. 국제 학술지 《커런트 바이올러지Current Biology》에 보고된 관찰에 따르면, '산티노' 라는 이름의 서른한 살짜리 우두머리 수컷은 동물원이 문을 열기 전 아침 일찍, 자신의 폐쇄 우리 내에 있는 돌멩이와 표석에서 떨어진 돌 조각들을 모으기 시작했다. 한낮이 될 때쯤 우두머리 침팬지는 이 돌들을 관람객을 향해 던지기 시작했다. 스웨덴 룬트대학교의 마티아스 오스바트Mathias Osvath는 이렇게 말한다. "이러한 관찰은 우리 인간의 친척인 유인원들이 매우 복잡한 방법으로 장래를 생각할 수 있음을 분명하게 보여준다." 이와 같이 매우 발달된 의식이 있는 것으로 볼 때, 일부 동물들은 실제적인 자아 인식, 즉 '나 자신' 에 대해서도 인식할 수 있을 것이다.

## - '나 자신' 에 대한 인식 -

과학자들은 오래전부터 인간 외의 다른 동물들이 어느 정도로 자신에 대해 인식하며, 동물들에게 '인식', 특히 자아 인식이 존재의 일부를 이루는지의 여부에 대해 탐구해왔다. 심리학자들은 동물들의 얼굴에 점이나 × 표시를 한 다음 큰 거울을 그 앞에 비춰주고 동물의 행동을 관찰하는 '거울 테스트'를 통해 이를 연구해왔다. 그 동물이 얼굴에 생긴 표시를 어떤 방법으로든 지우려 하면 거울 속의 모습을 자신으로 보고 있다는 의미로 해석할 수 있다. 침팬지와 짧은꼬리원숭이들이 거울 테스트를 통과했다. 하지만 고릴라는 통과하지 못했으며, 개와 고양이도 탈락했다. (그러나 한계가 있다. 여기에는 개와 고양이에 그려진 × 또는 '얼룩 점'이 그들을 짜증나게 한다는 가정이 있었다. 그 동물들은 점 모양의 얼룩이나 선홍색 ×표시에 신경을 쓰지 않기 때문에 지울 필요가 없었는지도 모른다.) 돌고래는 거울 테스트를 통과했다. 얼굴의 표식을 지우려는 것처럼 거울을 콕콕 찍어댔다.

최근 일부 코끼리와 돼지들이 테스트를 통과하여 심리학자들은 동물들도 자기 성찰을 하고 자아 개념을 가지고 있다는 확신을 갖게 되었다. 그리고 얼마 전에는 뇌의 크기가 작은 새들도 테스트를 통과했다. 이제 학자들은 혼란에 빠졌다. 예상과는 다르게 나타났기 때문이다. 뇌가 작은 명금류의 새들은 자아 인식 능력이 없을 것으로 간주된다. 이를 평가하기 위해서는 거울 테스트가 최선의 방법이지만 문제 제기나 실험 설정에 오류의 가능성이 있음을 배제할 수 없다. 그리고 물론 우리가 동물에 대해 설정했던 여러 가지 가정들이 틀렸을 수도 있다. 정확한 대답이 나오려면 더 많은 시간과 실험이 필요할 것이다.

같은 동물 종 내에서 또는 다른 동물 종들과 인간 사이의 눈맞춤eye contact도 연구 주제로 흥미 있는 영역이다. 개들은 눈맞춤을 그다지 잘 하지 않는 동물로 간주되지만(개를 직접 노려보면 공격적 행동으로 인식될 수 있으므로 조심하라는 말을 듣기도 한다), 애완견을 기르는 사람들은 흔히 자기 개와 눈맞춤을 자주 하고 또 이를 통해 많은 정보를 서로 공유한다고 말한다. 이것을 개와 사람 사이의 수년에 걸친 접촉의 결과로 볼 수 있을까? 야생 예찬론자들은 자신들이 사슴이나 다람쥐 등 많은 동물들과 눈맞춤을 자주 한다고 말한다. 칼 프리브램은 원숭이나 다른 유인원들이 눈으로 하는 대화를 이해하게 되면 그들이 천진무구하고 아무 생각 없이 살아간다는 주장에 동의할 수 없을 것이라 말한다. 아직 그들의 대화 체계를 알지 못하는 인간의 눈에만 그렇게 보일 뿐이라는 것이다. 이러한 주제를 좀 더 깊이 탐구해보면 눈맞춤을 통해 아주 많은 정보가 교환된다는 사실을 이해하게 될 것으로 생각된다. 특히 사회적 동물들 사이에서는(인간을 포함하여) 더욱 그렇다. 인간의 문화에서도 눈맞춤은 매우 난해할 때도 있지만 좀 더 직접적인 경우도 있다.

영국 케임브리지대학교의 네이선 에머리Nathan Emery는 최근《커런트 바이올러지》에 발표한 논문에서 까마귀의 일종인 갈까마귀는 눈맞춤으로 정보를 수집하고 그 정보를 통해 사람의 마음을 읽는다고 주장했다. 에머리는 낯선 사람이 먹이의 특정 부분을 주시하면 갈까마귀가 먹이에 가까이 갈 때까지 많은 시간이 지체되는 모습을 관찰했다. 갈까마귀는 그 사람이 먹이에 관심이 있다고 추정한 것이다. 그러나 익숙한 사람이 먹이를 주시할 때는 갈까마귀가 그 사람이 자기에게 먹이를 주려는 의도일 것으로 추정하고 즉시 먹이로 다가간다. 갈까마귀는 또한 먹이를 가리키는 손가락을 따라가서 먹을 수도 있다. 그리고 한 사람이 갈까마귀를 앞에서 쳐다보다가 먹이를 바라보면 갈까마귀는 그것을 단서로 먹이를 발견하기도 했다.

이 실험 연구는 갈까마귀가 익숙하게 아는 사람이 있음을 말해준다. 그러나 갈까마귀가 익숙한 사람이라 평가하기 위해 이용하는 단서가 무엇인지는 알 수 없다. 사람의 얼굴일까? 미국 플로리다대학교의 더글러스 레비Douglas Levey는 단지 60초 정도만 쳐다보면 새들이 인간의 얼굴을 구별할 수 있다고 결론 내렸다. 흉내지빠귀를 관찰 연구한 결과였다. 그는 학생들에게 지빠귀 둥지로 접근하여 부드럽게 둥지의 가장자리를 만져보게 했다. 그 학생들은 다음 날에도 같은 행동을 했고, 또 그 다음 날과 그 다음 날에도 그렇게 했다. 사흘째와 나흘째에 학생들이 새의 둥지로 접근하자 지빠귀는 학생들에게 공격적으로 달려들면서 날카로운 소리를 냈다. 머리로 박기도 했다. 닷새째에는 새로운 학생들에게 새 둥지로 접근하게 했는데, 새들은 그들에게 거의 반응을 나타내지 않았다. 지빠귀가 그들은 이전과 같은 얼굴이 아니라고 말하는 것 같았다. 대부분의 인간은 같은 종류의 새들이면 그 생김

새 차이를 구별하지 못하지만, 최소한 흉내지빠귀들은 우리를 구별할
수 있다.

## - 기억과 숫자 개념 -

대부분의 사람들은 살면서 겪었던 여러 가지 일이나 얼굴을 기억해
내는 데 애를 먹곤 한다. 최근 일본에서 숫자의 위치를 기억하는 테스
트를 한 결과 침팬지들의 성적이 대학생들보다 더 우수한 것으로 나타
났다는 보고도 있다. 다섯 살 된 침팬지들에게 숫자와 1에서 9까지 세
는 법을 가르쳤다. 그리고 화면에다 특정한 유형으로 숫자를 보여준
다음에 숫자가 나타난 순서를 기억하는지 테스트했다. 그 결과 어린
침팬지들은 기억하는 속도와 그 정확도에서 대학생들을 능가했다.

그러나 우리는 약간의 정보만으로도 해당 기억을 잘 살려내기도 한
다. 동물들 역시 물건을 어디에 두었는지 혼란을 겪거나 잊어버린다.
화분에 둥지를 짓던 새가 세 구멍 중 어느 구멍에서 시작했는지 잊어
버리는 바람에 결국 구멍 세 개 모두에다 둥지를 지어야만 했다는 관
찰도 있다. 우리는 개들도 공을 어디에 두었는지 그리고 뼈다귀를 어
디에 숨겼는지 잊어버리는 것을 잘 알고 있다. 약삭빠른 다람쥐들조차
도토리를 숨겨둔 장소를 찾지 못할 때가 있다. 그러니 우리의 기억력
을 너무 탓하지 말자. 우리는 바쁘게 살아가고 있으며, 해야 할 일이
너무 많으면 정보를 잊어먹기도 하는 법이다.

　점점 더 많은 학자들이 동물의 수 개념에 대해 연구하고 있다. 어떤 면에서 동물들도 수를 셀 수 있다고 보는 것이 타당하다. 새끼들의 수를 파악하고, 때때로 하늘에서 내려다본 주요 지형지물을 기억하며, 무리를 관리하거나 먹이를 찾기 때문이다. 어떤 학자들은 먹이를 찾을 때 개미들이 둥지에서 떠나온 걸음의 수를 기억하는 것으로 믿고 있다. 이와 관련된 연구는 매우 공을 많이 들여야 하는데, 개미를 사로잡아 다리에 미세한 표식을 단 다음 개미가 몇 걸음을 걸어서 집으로 돌아가는지 기록한다고 생각해보라. 또 그 가녀린 다리의 길이를 늘려 보폭을 바꾸면 어떻게 될까? 실제로 독일과 스위스의 학자들은 개미의 다리 하나하나마다 돼지털을 붙여 다리 길이를 길게 만든 후 관찰하는 매우 큰 인내를 요하는 연구를 하였다. 개미가 처음 집에서 먹이 장소까지 갈 때 걸었던 걸음 수만큼 걸어서 다시 집으로 돌아온다고 가정했을 때, 다리가 길어진 개미가 자기 집을 지나친 정확한 거리를 측정하여 비교했다. 그리고 여기에 더하여 학자들은 개미 다리 길이를 조절한 다른 연구 결과들을 바탕으로 개미들이 자기들의 발걸음 수를 센다는 결론을 내렸다.

　개미들이 자신의 발걸음 수를 센다는 데 모든 학자들이 동의하는 것은 아니다. 그와 같은 생각은 인간의 아기나 다른 동물들에서 관찰되는 수적 능력을 넘어서기 때문이다. 동물들의 수적 능력을 연구하는 것은 매우 어렵지만, 이러한 연구를 위해 평생을 투자해온 학자들도 많이 있다. 수의 표현은 비교적 고차원적인 사고가 필요하기 때문에 심리학 연구에서 특히 중요하다. 하나의 사물을 표현하는 것과 다르게 숫자는 추상적이다. 즉, 수는 탁자 위에 놓인 컵의 개수, 사건이 일어난 횟수, 고양이가 운 횟수, 같은 행동에 보상이 돌아온 횟수 등과 같이 객관성을 가지는 사물(물질적이 아닌 경우도 포함하여)의 묶음을 나타낸다.

동물들에게 특정 형태로 수를 사용하도록 교육할 수 있다. 예를 들어, 쥐에게 보상을 해주면 45회처럼 일정한 횟수만큼 지렛대를 누르게 할 수 있다. 그리고 최근에는 꿀벌들이 양적 추론, 즉 적은 양은 구별할 수 있다는 관찰 연구가 있었다. 독일 뷔르츠부르크대학교의 위르겐 타우츠Jürgen Tautz 교수팀은 꿀벌 무리들을 훈련시켜서 설탕물을 보상으로 주면서 Y자 형태의 미로를 날아가게 했다. 꿀벌들에게 점이 2개 그려진 그림을 보여준 후 미로의 어느 쪽으로 날아갈지 선택하게 했다. 한쪽은 점이 2개고 다른 쪽은 점이 3개 그려져 있었다. 몇 차례 반복한 다음에는 약 80퍼센트 정도가 정확히 점 2개 쪽으로 날아갈 수 있었다. 연구진이 유형을 더 복잡하게 만들었을 때도 꿀벌은 점 2개와 3개, 4개의 차이를 구별할 수 있었다. 4개를 넘으면 차이를 구별하지 못했다. 인간을 제외한 다른 영장류에서처럼 4개가 한계로 보였다. 타우츠는 '최대 4개'와 '많다' 사이의 구별이 흥미로운데, 많은 인간 문화에서도 이러한 표현을 볼 수 있다고 말했다. 런던대학교의 라스 치트카Lars Chittka 교수는 이 연구가 단순한 동물들도 눈에 보이는 신호에서 양적 특성을 끌어낼 수 있다는 사실을 보여준다고 말했다.

인간과 동물들 모두 마음속으로 수를 표현하고 비교할 능력이 있음을 관찰한 연구는 그 외에도 많이 있다. 예를 들어, 동물들은 4개와 8개 사이를 구별할 수 있다. 인간의 아기나 도롱뇽 등 다른 동물들이 정확히 기억할 수 있는 숫자의 한계는 4개 또는 5개다. 2007년 미국 듀크대학교 인지신경과학센터의 엘리자베스 브래넌Elizabeth Brannon과 제시카 캔턴Jessica Canton은 동물들도 속셈을 할 수 있음을 실험으로 확인했다. 실험에서는 짧은꼬리원숭이 앞에 컴퓨터 화면을 두고 다양한 개수의 점을 보여주었다. 그리고 두 번째 컴퓨터 화면에 다른 개수의 점을 보여주었다. 예를 들어, 첫 번째 화면에 나타난 상자에는 점이 2개 있고 두 번째 화면의 상자에는 점이 5개 있었다. 그리고 세 번째 화면에는 두 개의 상자가 나타났다. 그중 한 상자에는 처음 두 화면의 점을 합한 개수(7개)의 점이 있었고, 다른 한 상자에는 엉뚱한 개수의 점(예를 들어 11개)이 들어 있었다. 원숭이들에게 처음 두 상자의 점을 합한 개수를 정확히 나타낸 쪽을 누르게 했다. 대학생들에게도 같은 실험을 했을 때 점을 하나하나 세어보지 않고 정확한 합을 선택한 경우는 94퍼센트였다. 원숭이의 정확도는 70퍼센트였다. 실험 대상 대부분은 1초 내에 반응했으며, 점의 개수 합과 비슷하지만 다른 개수의 점 그림이(예를 들어 점의 개수가 11개와 12개인 그림) 가까이 있으면 대답하는 데 어려움을 겪었다.

한편 오래도록 잘 살면 지혜가 생기게 마련이다. 영국 서식스대학교의 생태학자 캐런 매콤Karen McComb은 케냐 암보셀리국립공원의 코끼리 가족 집단에 대한 연구를 통해 60세 이상 된 모계 코끼리들이 '사자의 공격'에 더 잘 대응한다는 사실을 확인했다. "암컷 우두머리들은 죽을 때까지 무리의 우두머리로 남았는데, 자신들의 인식 능력을 절대로 잃지 않는 것으로 보였다……."

이제 우리는 동물들이 수를 구별하고 숫자도 세고 속셈도 할 수 있다는 것을 안다. 동물들은 도구를 만들고 미리 계획을 세울 수 있으며, 원숭이들은 자신의 행동을 합리화하는 모습도 보여주었다. 동물들의 자아 인식 능력과 의식 수준에 대해서는 아직 연구가 진행 중이다. 무엇보다도 동물들의 특성과 지능이 단세포동물부터 인간까지 단선적 구조로 점점 더 복잡하게 발달하는 것은 아니라는 사실이 밝혀지고 있다. 예를 들어, 새들은 매우 '사려 깊게' 행동할 수 있으며 과학자들이 추정한 것보다 훨씬 더 지능적이다. 환경의 요구뿐만 아니라 서로 다른 종들 사이에서 일어나는 상호작용에 의해 지속적인 나선형의 변화가 이루어지고 모든 단계에서 복잡성이 증가한다는 것이 밝혀졌다. 최근에 새로 발견된 '머리 좋은 가시두더지'의 사례도 동물들의 지적 능력에 대해 더 많은 생각을 하게 해준다.

# IO

# 엿듣고 속이다



야생 동물들 중에는 엿듣기나 공공연한 사기행각을 일삼는 사례들이 많다. 생존을 위해, 짝짓기에 성공하기 위해, 가족을 보호하기 위해 그리고 영양 많은 먹이를 확보하고 지키기 위해 동물들은 서로 엿듣고 속인다. 보복을 위해 다른 동물을 속일 때도 있고, 단지 관심 끌기가 목적인 경우도 있다. 예를 들어, 수탉은 암탉의 관심을 유도하여 자신의 근거지로 끌어들이기 위해 근처에 먹이가 있는 것처럼 거짓 행동을 한다. 개구리는 원하는 것을 얻기 위해 울음소리를 변화시키거나 더듬고, 주머니쥐는 죽은 것처럼 가장하여 위험을 피한다. 원숭이들은 자신이 다른 원숭이인 양 행동하고, 코끼리는 트럭 소리를 흉내 낸다.

동물의 숨겨진 과학

엿듣는 것은 언제나 재미있다. 하지만 이러한 행동에 진지한 목적이 따르는 경우도 종종 있다. 많은 동물들은 다른 종들이 주고받는 신호에 대해 또는 자신이 소속된 집단 내에서 오가는 대화나 '비밀' 신호에 대해 알고 있다. 이를테면 한 무리의 새들이 지저귈 때 다른 무리의 새나 다른 종의 포식자가 듣고 있을 수 있다. 사실 많은 동물들의 울음소리나 대화는 이방인을 끌어들이게 마련이다. 인간 세상에서도 그렇지만, 정보는 곧 힘이며 늘 어떤 소문들이 돌고 있다.

박쥐들도 이웃을 잘 엿듣는 동물로 알려져 있다. 반향정위를 하는 동물들은 전자파 반사의 시간과 구조가 노출됨으로써 위치나 비행 경로 같은 자기 자신에 관한 정보를 많이 발산하고 다닌다. 숨은 정탐꾼은 강한 전자파 펄스를 듣고 이를 통해 펄스를 발산하는 박쥐의 정체를 파악하며, 먹이가 있는 장소와 같이 유용한 정보도 얻는다. 정탐꾼이 한 마리 박쥐에만 집중하는 것은 아니다. 펄스가 높은 밀도로 들릴 때는 먹이가 있는 곳 주위로 박쥐가 모여들고 있다는 뜻이므로 정탐꾼은 이것을 듣고 그곳에 박쥐 무리와 좋은 먹잇감이 있음을 알게 된다. 갈색박쥐(*Myotis lucifugus*)가 이렇게 한다. 먹이를 찾는 다른 박쥐들의 신호를 엿들으면 그와 반대로 행동할 수도 있다. 일부 박쥐들은 함께 먹이를 탐하는 박쥐 무리(그야말로 심하게 붐비는 '박쥐 식당' 이다)에 끼어들지 않고 그곳을 빠져나와 다른 먹이, 즉 '덜 붐비는 식당' 을 찾아 날아간다. 예를 들어, 어떤 박쥐 종은 먹이를 찾기 위해 발산하는 다른 박쥐들의 전자파 펄스를 들으면 이것을 지표로 이용해 그 지점에서 최소한 50미터 이상 떨어진 곳으로 이동한다. 이와 같이 전자파 반사 소리를 통해 정보를 전달하거나 수집하는 것은 간접적인 일방통행 소통의 한 유형으로 생각할 수 있다.

박쥐들, 특히 반향정위를 하는 박쥐들에게 엿듣기는 난이도 높은 행동이다. 자신의 행선지 방향을 정확히 하기 위해서는 자신의 신호에도 충분히 집중해야 하지만 다른 박쥐들이 발산하는 전자파 소리에도 귀를 기울여야 한다. 이러한 소리들은 주파수가 약간씩 다를 뿐이다. 이것은 매우 놀라운 기능으로, 가까운 위치에서 다른 수천 마리의 박쥐들이 각자 전자파 펄스를 발산하는 와중에 자신의 고유한 주파수가 방해받지 않도록 조절하는 신경 체계가 박쥐에 내재되어 있음이 밝혀졌다. 박쥐는 이러한 과제를 전혀 힘들이지 않고 해낸다. 이를 가능하게 하는 한 가지 가설은 박쥐의 양쪽 뇌가 각각 동시에 두 가지 유형의 신호를 처리할 수 있다는 것이다. 이를테면 한쪽, 즉 오른쪽 뇌가 자신의 전자파 신호를 처리하느라 바쁘면 왼쪽 뇌가 통신 신호 또는 참고할 가치가 있는 다른 박쥐들의 전자파 신호에 쉽게 민감해진다는 가설이다. 현재 재그밋의 연구실에서 이를 검증하는 실험을 하고 있다. 인간의 좌뇌가 언어 처리에 특화된 것처럼, 지금까지 실험을 통해 박쥐도 왼쪽 뇌 절반이 커뮤니케이션 소리에 특화된 것으로 이미 확인되었다. 인간 이외의 다른 동물들에 대한 이와 같은 지식은 우리 자신이 가진 놀라운 능력의 기원을 엿볼 수 있는 창이 된다.

개구리와 두꺼비들도 남을 엿듣는 행동을 한다. 암컷은 수컷들 사이의 대화를 엿들어 짝짓기 상대를 정할 때 정보로 활용한다. 새들과 개구리들의 광고성 울음소리는 암컷과 수컷 모두를 향한 것이다. 짝짓기 상대를 불러들이기도 하지만 영역 표시와 경쟁을 위한 정보도 제공한다. 암컷은 두 수컷 사이의 대화를 엿듣고 둘 중 어느 쪽이 상관이고 부하인지 파악할 수 있는 정보를 수집한다. 그렇다고 해서 둘 중 상관만이 반드시 짝짓기의 1차 선택 대상이 되는 것은 아니다. 많은 암컷들이 부하 개구리 쪽을 더 선호하기 때문이다. 그리고 암컷 개구리들은 다른 수컷들의 울음소리를 방해하는 수컷들을 더 선호하기도 한다. 이와 같은 유형의 판단은 주로 약한 개구리들이 하는데, 여기에서 몇 가지 결론을 유추할 수 있다. 이러한 판단이 성선택에 중요하다는 것이 한 가지 결론이다. 그리고 둘째는 대부분 그와 같은 판단을 내리는 데 고급 뇌 중추나 생각이 필요하지 않다는 것이다. 즉 의사 결정의 신경 회로는 진화 초기에 완성되어 중뇌와 뇌간 속에 자리 잡았다는 것이다. 또한 일부 동물들은 생각과 의사 결정이 뇌의 신경 회로 형태와 과정(대부분의 학자들이 여기에 연구를 집중하고 있다)에만 한정되지 않는다는 전혀 다른 결론도 가능하다. 이제 과학자들은 물리적 신경 회로망 외에도 의사 결정에 관련되는 다른 정보 처리 과정을 찾기 시작했다.

친구나 동료에게 이야기할 때와 청중을 앞에 두고 말할 때 또는 서너 명이 함께 대화할 때, 우리는 많이 다르다. 말하는 내용만이 아니라 말하는 방법도 다르다. 청중에 따라 변하는 효과는 동물 세계에서 일어나는 의사소통에서도 마찬가지다. 최근 연구에 따르면 동물의 발성은 바깥 세계의 대상에 따라 달라질 수 있으며, 소리를 내는 주체는 그 소리를 듣는 청중의 유형에 따라 소리를 조절하여 만들어내는 것으로 관찰되었다. 예를 들어, 야생 토머스랑구르원숭이(*Presbytis thomasi*) 수컷들은 무리 속에서 호랑이 모형과 맞닥뜨리면 울음소리를 내지만, 혼자서 마주했을 때는 울음소리를 내지 않는다. 야생 영장류들의 울음소리 행동이 청중의 존재 여부에 따라 달라지는 것을 최초로 확인한 연구였다. 그리고 포식자를 발견했을 때 암수가 섞인 무리 속의 수컷들이 수컷들만으로 구성된 무리 속의 수컷들보다 더 큰 소리로 울음소리를 내는 것으로 관찰되었다.

집단이 있으면 언제나 소속 구성원들의 이해관계로 인해 속임수가 생겨나게 된다. 앞에서 보았듯이 먹이를 찾거나 짝짓기 상대를 선택할 때 엿듣기라는 간접적인 평가 방법을 이용하는 동물들이 있지만, 어떤 동물들은 그와 동일한 일반적 목표를 성취하기 위해 좀 더 적극적으로 속임수 행각을 벌인다.

재그밋은 미국과 독일 간 교환학생 프로그램에서 새들에게서 관찰되는 속임수 울음소리를 처음 입증했다. 당시 마크 코니시Mark Konishi 교수가 아침에 수탉의 속임수 울음소리를 주제로 피터 말러Peter Marler 등이 관찰한 연구에 대한 기조연설을 막 끝낸 터였다. 먹이가 있는 밴 텀닭은 근처에 암탉과 먹이가 함께 있으면 울음소리를 내지만 다른 수 탉과 함께 먹이가 있을 때는 소리를 내지 않는 경향이 있다는 관찰 연 구였다. 이 또한 청중 효과의 한 유형이다. 게다가 암탉은 수탉을 부 추겨 먹이가 없을 때도 울음소리를 내고 아무것이나 쪼아대게 했다. 이 교환학생 프로그램은 독일 다름슈타트의 작은 농장에서 열렸는데, 발표에 이은 휴식 시간에 모든 학자들은 야외에 앉아서 돼지와 암탉들 이 총총걸음으로 돌아다니는 광경을 볼 기회가 있었다. 그때 갑자기 수탉이 꼬끼오 꼬꼬 하는 소리가 들려왔고, 살펴보니 커다란 수탉이 나무 기둥 뒤에 서서 아무 이유 없이 바닥을 쪼아대고 있었다. 부근에 서 모이를 찾던 모든 암탉들이 그 즉시 하던 행동을 멈추고 수탉을 향 해 달려갔다. 수탉의 속임수가 통한 것이다. 수탉은 대가리를 꼿꼿이 세운 채 가슴을 내밀며 왕처럼 당당히 앞으로 걸어갔다. 그 수탉은 모 든 암탉들의 관심을 유도해 자신에게로 끌어들였다. 아마도 암탉들은 그 수탉의 울음소리를 듣고 땅에 옥수수나 곡물 같은, 자신들이 쪼아 먹을 수 있는 좋은 먹이가 있다는 신호로 오해했을 것이다.

영장류 중에는 먹이를 발견하거나 먹을 때 소리를 내는 종들이 있 다. 갈색꼬리감기원숭이는 먹이를 발견하면 멀리까지 들리는 울음소 리를 낸다. 또 다른 종에 대한 관찰 연구에서는 먹이의 양과 청중의 특성이 이들이 내는 울음소리에 영향을 주는 것으로 확인되었다. 그래서 학자들은 꼬리감기원숭이들도 그와 같은 변수들에 따라 울음소리를 다르게 낼 것으로 생각하고 실험을 했다. 실험에서는 암컷 12마리를 먹이가 많고 적은 두 가지 환경에 두고 청중은 4가지 조건으로 구성하였다(지위가 높은 암컷, 지위가 낮은 암컷, 지위가 높은 수컷, 무리 전체, 그리고 아무도 없을 때). 먹이가 많을 때는 적을 때에 비해 모두가 더 많은 울음소리를 냈고, 가장 지위가 높은 암컷은 다른 원숭이에 비해 울음소리를 적게 냈다. 다른 청중들이 있을 때보다 무리 전체가 있으면 울음소리를 많이 냈고, 이것은 청중 무리의 크기보다는 청중 가운데 지위 높은 원숭이(친족)가 있을 때 뚜렷했다. 그러므로 꼬리감기원숭이가 먹이와 관련하여 내는 울음소리는 먹이가 있을 때의 단순한 반응을 반영할 뿐만 아니라 다수의 청중에 의해 영향을 받는 청중 효과이기도 하다.

꼬리감기원숭이의 일종인 검은머리카푸친은 훨씬 더 영리하다. 이들이 내는 먹이 관련 소리는 두 가지다('그르그르' 소리와 먹이와 관련된 휘파람 형태의 소리). 한 연구에서는 새로운 먹이원(먹이 상자에 바나나 반개를 넣었다)을 야생 검은머리카푸친 무리 앞에 두고 먹이 관련 울음소리에 영향을 주는 요인들을 관찰하였다. 먹이 상자를 발견했을 때 그 상자 안에 과일이 들었을 경우에는 81퍼센트가 울음소리를 냈지만 빈 상자였을 경우는 울음소리가 전혀 없었다. 모든 연령의 암컷과 수컷 그리고 높은 지위의 원숭이들이 과일이 들어 있는 상자를 발견했을 때 먹이 관련 울음소리를 냈다. 먹이가 부족한 동안이나 먹이 상자에 바나나가 조금밖에 없을 때는(20조각 이상 있을 때와 3조각일 때를 비교) 발견자가 먹이 관련 소리를 내는 확률이 낮았다. 발견자가 먹이를 발견한 뒤 첫 번째 먹이 관련 울음소리를 내기까지 경과된 시간은 근처에 다른 원숭이의 존재나 그들의 숫자에 따라 길어졌으며, 먹이 상자와 다른 원숭이 사이의 거리가 멀수록 짧았다. 수컷보다는 암컷들이 첫 울음소리를 내기까지 더 긴 시간을 지체하였다. 청중 효과나 발견자의 성별에 의한 영향은 꼬리감기원숭이들이 이러한 소리를 속임수로 이용하여 먹이원의 존재에 관한 정보를 숨긴다는 가설과 일치하였다. 학자들은 울음소리를 내기까지 걸린 시간이 길면 새로운 먹이원의 발견자가 더 많은 먹이를 차지할 수 있고, 따라서 울음소리를 내는 것과 관련한 비용이 감소한다고 결론 내렸다.

## – 갖가지 형태의 속임수들 –

《이솝우화》에는 동물 세계에서 널리 행해지는 속임수들이 잘 표현되어 있다. 그리고 역사 속에서 이야기꾼들의 소재로도 많이 등장한다. 동물들이 서로 속인다는 풍자와 은유는 우리의 경험 깊숙한 곳을 건드려 우리 모두를 탐정처럼 만들 뿐만 아니라 더 약삭빠르고 더 많은 경계심을 갖게 한다. 때때로 우화는 우리를 웃게 만든다. 조엘 챈들러 해리스Joel Chandler Harris의 우화집 《리머스 아저씨Uncle Remus》에서

덫에 걸린 '토끼 군'은 '여우 양'에게 제발 자신을 가시덤불 속으로 던져버리지 말라고 애원한다. 그런데 매달리는 토끼를 여우가 가시덤불로 던지자, 토끼는 기쁨에 가득 차서 덩실덩실 춤을 추며 뛰어다닌다. 사실 토끼는 그 가시덤불 속에서 자랐고, 그곳은 토끼들의 안전한 피난처였다. 결국 토끼가 여우보다 한 수 앞선 것이다.

살아남기 위해 속이는 경우가 종종 있다. 밝은 색이나 위장술, 또는 적을 겁주거나 도망치게 만들기 위한 크기 부풀리기와 같은 방법이다. 짝짓기 상대를 꾀기 위해, 소속된 무리나 새끼를 보호하기 위해 속임수를 이용하는 경우도 많다. 경쟁자를 제거하기 위한 목적으로도 속임수 책략이 동원된다. 제1장에서 보았듯이, 전기어들은 경쟁 수컷의 주파수 신호를 혼란시키는 방법을 이용하고 황소개구리는 개골거리는 소리를 변화시켜 암컷 흉내를 내거나 훨씬 더 큰 수컷처럼 보이게 한다.

대서양 몰리송사리 수컷은 놀라운 방법으로 연적을 속이는 모습이 관찰되었다. 포츠담대학교와 오클라호마대학교의 마틴 플래스Martin Plath와 동료 연구진은 물고기의 사회적 환경이 짝짓기 선택에 어떠한 영향을 미치는지 관찰하는 실험 연구를 통해, 단순히 경쟁자의 존재 여부만으로도 짝짓기 선택이 크게 달라진다는 사실을 확인했다. 실험에서는 수컷이 처음에는 작은 암컷보다 큰 덩치의 암컷을 선택하고, 암수 구별이 없는 친척뻘의 아마존 몰리송사리 암컷보다는 자기와 같은 종의 암컷을 선택하는 경향을 보였다. 그러나 다른 수컷 한 마리를 실험용 수조 속으로 넣어주자, 원래 있던 수컷은 자신의 첫 번째 선택을 포기하고 별로 '매력이 없는' 다른 암컷에게 접근했다. 왜 그렇게 행동했을까? 그것은 수컷이 다른 수컷의 짝짓기 선택을 따라하기 때문인 것으로 밝혀졌다. 즉, 원래의 첫 번째 수컷이 일부러 연적인 경쟁자 수컷이 가로채길 바라는 암컷을 짝짓기 상대로 선택하는 척하는 것으로 보인다. 이처럼 짝짓기 암컷을 바꾸는 행동은 새로운 수컷을 수조에 넣어줄 때마다 거의 매번 나타났다. 수컷이 추가될 때 선택되는 암컷은 항상 매력이 떨어지는 쪽이었다. 이러한 일종의 이벤트를 마무리 짓기 위해, 첫 번째 수컷은 심지어 선호하지 않는 암컷과 활발한 짝짓기 행동을 하기도 했다. 첫 번째 수컷이 사용한 거짓 선택 책략에는 두 가지 이점이 있을 수 있다. 주위 수컷들이 이와 같은 허위 정보를 이용하여 원래 수컷의 짝짓기 선택을 따라 하게 되면, 다른 수컷들과의 정자 경쟁을 줄일 수 있다. 이것은 또한 아마존 몰리송사리가 종을 유지하는 방법이기도 하다. 아마존 몰리송사리는 성별 구분이 없는 무성이지만 대서양 몰리송사리 수컷의 정자를 받아야 배아발생 과정이 시작된다. 그 결과로 만들어지는 자손은 모두 암컷이다.

어떤 때는 단순히 게으름이 속임수 행동의 배경이 되는 경우도 있다. 어떤 동물들은 단지 노력을 추가로 투입하는 것이 싫어서 다른 누군가로 하여금 그 일을 하게 만드는 방법을 이용한다. 한 집단 전체가 이러한 속임수를 완벽하게 구현해내기도 한다. 어떤 나비 한 종류의 행동을 보면 영락없는 공갈꾼이라 할 수 있다.

대부분의 사람들은 귀족처럼 살고 싶어 한다. 최근 동물의 세계에서도 이런 행동이 관찰되었다. '궁궐'로 들어가 여왕의 자리를 찬탈하고 '시종들'을 속여서 자신을 돌보게 만드는 나비가 있다. 말하자면, 이 나비는 젊은 시절을 화려하게 보낸다. 중점박이푸른부전나비 애벌레들은 불개미 무리 속으로 잠입하는데, 이때 개미와 비슷한 화학적 '냄새'와 여왕개미의 부석거리는 소리를 흉내 내는 방법을 이용한다. 일단 성공적으로 무리 속으로 들어온 애벌레는 개미들이 '여왕'을 위해 준비한 진수성찬을 마음껏 즐긴다. 얼마나 완벽하게 여왕 행세를 했으면, 불개미들이 진짜 개미 여왕을 침입자로 오인하고 내쫓거나 죽여버리는 경우까지 있다.

그러나 이중 속임수로 바뀌면 이야기가 더 복잡해진다. 영국 생태수문센터의 제러미 토머스Jeremy Thomas는 둥지로 잠입할 기회를 노리면서 숨어 있는 기생 말벌(*Ichneumon eumereus*)을 관찰했다. 그 말벌은 페로몬을 발산하여 개미들을 내쫓고 개미들이 서로 공격하도록 만든다. 둥지가 아수라장으로 변한 틈을 타서 말벌은 개미 애벌레를 찾아 그 몸 속 깊이 알을 낳아놓고 둥지 밖으로 도망쳐버린다. 그리고 모든 것이 정상으로 돌아오면, 개미들은 자신들의 애벌레를 먹이고 돌보며 기른다. 그러나 애벌레가 번데기로 변할 때쯤 애벌레는 자기 속의 말벌에게 갉아 먹히는 운명을 맞는다. 그러고 나서 한 마리의 아름다운 중점박이푸른부전나비 대신에 말벌이 나타난다.

이와 같은 게으름뱅이 동물들은 드물고 또 비겁한 존재들이지만,

일부 과학자들은 더 큰 집단에서는 그와 같은 게으름뱅이도 받아들여
질 수 있다고 주장한다. 위기 상황이 닥칠 때 오히려 뚱뚱하고 느려터
진 존재가 필요할 수도 있기 때문이다. 일부 두더지쥐 종류에 이와 같
은 이론을 적용할 수 있다. 어려운 시기에는 뚱뚱하고 게으른 쥐일수
록 특별히 큰 굴을 파거나 기존의 굴을 부수고 도움이 필요한 다른 쥐
들을 구제하는 능력이 뛰어나다. 그리고 이전까지는 접근이 어려웠던
암컷과도 짝짓기할 수 있다.

유럽 뻐꾸기들은 다른 종의 둥지에 알을 낳는데, 이것이 앞의 사례
들과 비슷한 게으름의 범주에 속하는지 아니면 또 다른 이유가 있는
속임수로 보아야 하는지는 명확하지 않다. 모든 뻐꾸기들이 다 다른
새의 둥지에 '고아' 알을 낳지는 않는다. 뻐꾸기들 중에서도 많은 종
들은 다른 대부분의 새들처럼 자기 둥지에 알을 낳아서 새끼를 부화시
키고 기른다. 그리고 그와 같이 가족에 충실한 뻐꾸기들이 낳는 알은
흰색인 경우가 보통이다. 그러나 유럽 뻐꾸기를 비롯하여 남의 둥지에
몰래 알을 낳는 뻐꾸기 종들은 다양한 색의 알을 낳을 수 있는데, 입양
시킨 주인집 가족의 알과 동일한 색을 가진 알을 낳는다. 배반의 싹인
이러한 알들은 껍질이 더 두꺼워서 떨어져도 깨지지 않는다. 뻐꾸기
새끼들은 주인집 새끼들보다 일찍 부화하고 훨씬 빨리 성장한다. 그리
고 이 침입자 병아리는 보통 주인집 알을 둥지 밖으로 내던지거나 다
른 병아리들을 내쫓고 둥지를 접수해버린다. 그래서 일부 주인집 새들
은 골칫덩이 뻐꾸기 알을 둥지 속에 들이지 않기 위해 여러 가지 형태

의 장벽을 구축한다. 교활한 뻐꾸기들을 자신들의 영역 바깥으로 쫓아
내기 위해 무리를 형성하여 집단의 힘을 이용하기도 한다.

‘규칙’ 을 위반하는 동물들도 많이 있다. ‘교활한 물고기’ 라 불리는
규율 위반 물고기들이 오래전부터 여러 종 알려져 있다. 이들은 나름
의 방식으로 짝짓기하는 수컷들인데, 다른 수컷보다 작거나 약할 때는
때때로 속임수를 쓴다. 그리고 때로는 싸우기 싫지만 공격적인 경쟁자
들과 경쟁해야 할 때도 가끔씩 교활해진다. 이 수컷들은 무리에 ‘몰래
스며든다’. 적당한 방법을 이용해 슬그머니 암컷들이나 알 무더기에
접근해서는 정자를 뿌리고 떠나버린다. 그래서 다른 수컷들이 아무것
도 모른 채 그 침입자의 자손을 돌봐주게 된다. 그러나 암컷은 보통 사
태를 파악하고 있다. 일부 생물학자들은 암컷들이 그와 같은 부정행위
를 부추기는 것으로도 생각한다. 암컷들로서는 그렇게 되면 구애 의식
뿐만 아니라 자손들의 운명에 대해서도 자신들이 더 많은 통제권을 가
질 수 있기 때문이다.

이와 같은 규율 위반 수컷들은 많은 동물 종에 존재한다. 과거에는
암컷들이 피하기 때문에 또는 다른 경쟁자 수컷들을 속이기 위한 목적
으로 교활한 수컷들이 호시탐탐 숨어들 기회를 노리거나 스스로 위장
하는 것으로 생각했다. 그러나 최근 가터뱀에 대한 관찰을 바탕으로
학자들은 다른 이유를 생각하게 되었다. 가터뱀은 겨울잠에서 깨어나
면 많은 수의 수컷들이 암컷처럼 행세한다. 이 수컷들은 무리를 이룬
뱀들의 주변에서 어슬렁거리며 짝짓기에 성공하기 위해 다른 수컷들

과 치열한 경쟁을 벌이기보다는 다른 가짜 암컷들과 또는 진짜 암컷들과 함께 똬리를 튼다. 뱀들은 단순히 몸의 온기를 유지하기 위해 이렇게 하는 것으로 생각된다. 건강을 유지하기 위해서는 온기가 중요한데, 뱀은 주위 온도에 따라 체온이 변하는 냉혈동물이고 바깥은 아직 춥기 때문이다. 그와 동시에 이렇게 함께 똬리를 튼 가짜 암컷들은 진짜 암컷에 가까이 갈 수 있다. 교활한 수컷은 충분히 몸을 데우고 짝짓기 상대를 찾을 준비가 되면 자신의 정체를 공개한다. 우리는 여기서 우리가 전혀 생각지도 못했던 방식으로 행동하는 동물들에게도 다 그 나름의 이유가 있다는 것을 배울 수 있다.

# II
# 박자에 맞춰 춤추고 노래하다

멈추지 말고 춤을 추자! 마음껏 즐겨라. 새벽이 올 때까지 잠들지 말라,
젊음은 기쁜 것. 시간은 발로 걷어차 버리자.
─로드 바이런, 《차일드 해럴드의 여행》(1812~1818)

뇌자기공명영상 fMRI 장치가 개발된 이후 음악적 인식에 관여하는 뇌의 영역에 대한 연구가 활발히 진행되었다. 일상생활에서 음악은 매우 중요한 부분을 차지하지만, 우리가 왜 노래를 부르고 곡에 맞춰 춤추며 또 어떤 사람들은 음악을 들으며 잠에서 깨어나는지 그 과학적 근거에 대한 이해는 매우 부족하다. 최근에 와서야 박자와 선율이 있는 소리를 들을 때 뇌의 특정 영역이 자극을 받아 혈류량이 증가하고 활성화되는 현상을 발견했다. 과거에는 오직 인간들만이 소리의 박자에 맞춰 춤추는 행동을 하는 것으로 생각했다. 특히 동물들의 동작을 흉내 낸 경우가 많은데도 우리의 춤 동작 하나하나가 그 동물들의 동작이나 인간의 다른 문화와는 별개의 것이라고 보았다. 우리는 오직 우리 인간만이 이런 동작을 즐길 능력이 있다고 확신한다. 하지만 일부 과학자들은 다른 동물들도, 특히 앵무새와 같은 일부 새 종류와 코끼리도 북소리에 맞춰 춤출 수 있다고 보고했다. 그 동물들이 항상 음악에 맞춰 움직이는 것은 아니겠지만, 일부 동물들이 춤을 출 수 있다는 것은 분명하다.

– 박자에 맞춰 춤춰라 –

최근에는 앵무새가 가락에 맞춰 춤출 수 있다는 과학적 증거가 발표되었다. 심지어 로큰롤에 맞춰 춤을 추는 새도 있다. 그러한 보고는 앞 장에서 소개한 알렉스라는 이름의 회색앵무와 스노볼이라는 엘레오노라큰유황앵무(Cacatua gaterita eleonora)의 동작에 관한 연구를 토대로 한 것으로, 이 새들은 인간이 만든 음악의 박자에 맞춰 '춤췄다'. 하버드대학교 심리학과 대학원생인 애드나 섀크너 Adena Schachner 등의 연구진은 새들의 이와 같은 동작이 우리가 우연으로 간주했던 것보다 훨씬 더 음악 박자에 일치하는 것을 보여주었다. 알렉스와 스노볼은 음악이 빨라지거나 느려지면 그에 맞춰 빠르게 또는 느리게 움직였다. 이전까지 다른 새들의 연구에서는 보고된 적이 없는 동작이었다.

어떤 학자들은 알렉스와 스노볼에게 인간과 비슷하게 음성을 모방하는 능력이 있기 때문에 춤을 출 수 있는 것이라고 추측하였다. 음성을 모방할 때와 동일한 뇌 작용으로 박자에 맞춰 움직인다고 생각했다. 음성을 흉내 낼 때나 춤을 출 때나 모두 먼저 소리를 듣고 자신이 만들어내는 행위(음성이나 발동작)와 귀를 통해 들어오는 소리를 계속해서 확인해야 한다.

섀크너는 자신의 이러한 생각을 확인하기 위해 인터넷 동영상 사이트인 유튜브의 데이터베이스에서 음악 박자에 따라 움직이는 동물을 검색하였는데, 음성 모방 동물과 모방하지 않는 동물(대부분 고양이와 개들인데, 개들은 사이렌 소리를 모방하기도 한다)이 모두 들어 있었다. 먼저, 나중에 음악을 추가하였거나 동물이 눈에 보이는 어떤 동작을 따라 한 '허위' 비디오를 가려냈다. 동작하는 속도가 음악의 속도와 일치하고 박자가 유지되는 동물들은 모두 음성 모방 동물들이었다. 그 중에는 앵무새 14종과 코끼리 한 종이 포함되었다. 섀크너에 따르면, "인간이 춤추는 데 필요한 뇌 체계 중 일부는 소리를 모방하는 능력에서부터 진화를 시작했다."

춤을 비롯하여 리듬이 있는 여러 동작들을 리듬성 행동으로 분류하는데, 케임브리지대학교의 존 비스팸John Bispham에 따르면, '이와 같은 리듬성 행동들은 지속적으로 리듬에 집중할 때 나타나는 반응 체계'이다. 학자들은 이러한 리듬을 다양한 측면에서 분석하였다. 먼저 개체의 내부에서 리듬을 인식하고 내적인 리듬성 행동이 시작된다. 그런 다음 외부에서 주위의 리듬을 인식하고 그러한 리듬에 가능한 방법으로 동조한다.


박자에 맞춰 춤추고 노래하다

동물들이 어떤 환경에서 어떻게 리듬을 인식하는지 연구하기는 매우 어렵다. 1999년 프랑크 라뮈Franck Ramus, 마리나 네스포르Marina Nespor, 하케스 멜레르Jacques Mehler 등은 목화머리타마린원숭이들도 인간 아기들처럼 언어의 리듬을 기준으로 두 가지 다른 외래 언어를 구분할 수 있음을 보여주었다. 최근 연구에서는 시궁쥐들도 같은 능력을 가지고 있는 것으로 확인되었다. 리듬을 인식할 뿐만 아니라 만들어내는 동물들도 있다. 명금류의 새들은 자신들의 노래에 리듬을 주지만, 딱따구리 같은 새들은 노래를 만들어내지 못하고 목소리가 아닌 다른 방식으로 북소리 같은 음향 신호를 만들어 멀리 전달한다. 리듬 있는 신호를 만들기 위해 부리 또는 다리나 꼬리 같은 별도의 도구가 필요하다는 점에서 이와 같은 '북소리'는 예외적인 경우다. 최근 연구에서는 딱따구리의 '북소리'에는 같은 딱따구리들이 인식하는 정보가 담겨 있음을 확인했다. 많은 동물들이 노래나 북소리 등의 리듬을 만들어내기 때문에, 이는 다양한 동물들 사이에서 리듬의 인식이 보편적이라는 증거로 간주된다. 야자잎검은유황앵무새, 딱따구리, 캥거루쥐 등 많은 동물들이 속이 빈 물체를 '두드려서' 다른 개체에게 보내는 신호를 만들어낸다. 고릴라는 두 손을 부딪쳐 북소리를 내는 모습이 관찰되었으며, 침팬지와 보노보들도 이렇게 한다.

여러 다른 동물 종들이 선호하는 음악 또는 리듬의 유형을 확인하는 연구도 진행되고 있다. MIT의 조시 맥더멋Josh McDermott과 하버드대학교의 마크 하우저Marc Hauser의 관찰 연구에서 인간 아기들처럼 목화머리타마린원숭이와 마모셋원숭이들은 빠른 춤곡보다 자장가처럼 느린 박자의 선율을 더 좋아하는 것으로 나타났다.

물고기들은 모차르트 음악에 반응을 보인다. 아테네농업대학교의 소프로니오스 파푸트소글루Sofronios Papoutsoglou는 잉어에게 모차르트의 세레나데 '아이네 클라이네 나흐트무지크'를 30분 이상 들려주는 연구를 했는데, 잉어들의 성장이 좋아지고 뇌에서 스트레스와 관련된 화학물질(신경전달물질)들의 수준이 줄어든 것으로 나타났다. 애완동물을 키우는 많은 사람들은 자신의 동물이 특정한 음악이나 노래에 반응을 보이는 것을 알고 있다. 환경에 따라 이러한 반응이 달라지는 경우도 있다. 앵무새 스노볼은 팝그룹 백스트리트보이스의 노래를 좋아한다. 또 회색앵무인 알렉스는 보컬그룹 마마스앤파파스의 노래에 맞춰 춤추길 좋아하지만, 화가 났을 때는 하이든의 첼로협주곡만이 이 새를 가라앉힐 수 있었다. 재미있게도 알렉스는 말이 많은 수다쟁이지만, 이 마마스앤파파스의 히트곡 '캘리포니아 드림'을 따라 부르지는 않았다.

- 노래 -

다재다능한 무희새를 제외하면 새들은 일반적으로 노래와 춤을 동시에 하지 않으며, 인간의 말소리와 가장 비슷한 소리를 낼 수 있는 동물도 앵무새 같은 새 종류다. 그러나 새에서 소리를 만들어내는 기관인 울대는 우리 인간 신체의 음성 기구, 즉 소리 상자와는 다른 구조를 하고 있다. 우리의 성대는 인두(입과 코, 식도와 후두 사이에 위치하여 음식물이 통과하는 통로) 내에서 빠르게 닫히면서 소리를 낸다. 하지만 새들은 울대 안에 얇고 정교한 막이 있어 공기가 그 위를 흘러갈 때 진동하면서 소리를 만든다. 우리 인간의 소리 상자는 기관(호흡관) 맨 위에 위치한 데 비해, 새들의 울대는 훨씬 아래에서 양쪽 허파를 향해 기관지가 둘로 갈라지는 부위에 있다. 이것은 울대가 소리를 낼 수 있는 근원이 각각의 기관지마다 한 개씩 두 곳에 있다는 뜻이다. 기관지에 있는 이러한 막에서 각각 만들어진 별도의 소리는 더 상부의 소리 통로로 들어갈 때 섞인다. 이렇게 복잡한 구조를 하고 있기 때문에 새들은 인간보다 훨씬 더 다양한 소리를 만들 수 있다.

새들의 특별한 호흡 과정과 그것이 어떻게 아름다운 노래를 만들어 내는지 좀 더 자세히 살펴보기 전에 관련된 진화의 역사에 대해 알아둘 필요가 있다. 새들은 특별한 호흡 능력을 가졌기 때문에 지구 곳곳을 정확히 찾아서 날아갈 수 있다. 북극 지방의 제비갈매기에서부터 남극의 펭귄까지 지구 전체에 걸쳐 약 9700종의 새가 있다. 현대의 새들은 멸종된 파충류 집단인 수각류獸脚類, theropods에서 진화했다고 생각되는데, 이들은 약 2억 년 전 지구에 번성하던 동물이었다.[†] 이러한 초기 조상들은 아마도 강력하고 지속적인 호흡을 통해 먼 거리까지 공중에서도 부딪치지 않고 위험한 돌풍을 능숙하게 피하면서 날 수 있었다. 현재 명금류의 새들이 보여주는 특별한 노래 능력의 많은 부분이


동물의 숨겨진 과학

여기에서 비롯되었을 것이다.

이렇게 특별한 진화 역사를 가졌기 때문에 오늘날 새들은 숨이 차는 경우가 없다. 새들의 허파는 공기주머니들이 연결된 복잡한 구조를 하고 있어 공기가 이러한 공간 사이를 들락거릴 수 있기 때문이다. 이러한 구조는 숨을 들이쉴 때뿐만 아니라 내쉬는 동안에도 산소가 끊임없이 혈액으로 전달되며 모든 산소를 효율적으로 이용할 수 있는 시스템이다. 새들은 공기주머니와 허파로 연결된 식도를 통해 말 그대로 공기를 삼킨다. 카나리아는 1초에 30회씩이나 얕은 호흡을 하여 산소를 공급한다. 이렇게 얕은 호흡들이 카나리아가 부르는 노래의 각 음절과 동조되기 때문에, 몇 분 동안이나 연속적으로 큰 힘을 들이지 않고 노래 부를 수 있다. 그리고 그와 같이 얕게 연속되는 호흡은 명금류의 새들이 오페라 같은 삶을 살도록 해주는 아주 중요한 장점이 된다.

노래는 음악의 가장 일반적인 형태로, 아마도 속이 빈 뼈를 불면 음이 만들어지는 기쁨을 발견하기 오래전에도 인간의 선조는 동굴에서 노래를 불렀을 것이다. 그들은 짝짓기 계절이 시작되면 새들이 자기 영역을 표시하기 위해 휘파람 소리를 내며 지저귀는 노래를 듣고 영감을 받았을 것이다. 록펠러대학교의 페르난도 노테봄Fernando Nottebohm은 노래하는 새들의 뇌에 있는 노래 조절 핵이 매년 봄에 커졌

---

† 연구에 따르면 최초의 파충류들은 작은 화산 암석 조각을 삼켜 자신들의 체내에서 생산되는 수소처럼 가연성 가스들을 호흡으로 배출할 수 있었다. 그래서 포식자 파충류의 공격에 '불을 내뿜어' 대항했다는 가설이 있다.


박자에 맞춰 춤추고 노래하다

다가 가을이면 다시 줄어드는 것을 발견했다. 이와 같이 정밀하게 뇌 구조가 커졌다 작아지는 현상은 새들이 노래 부르는 활동과 동시에 일어난다. 이러한 중요한 발견은 우리가 뇌의 신축성과 변화 가능성에 대해 가지고 있던 생각을 완전히 뒤바꿔놓았다. 관중 앞에서 노래하는 것처럼 매번 똑같이 노래할 수 있다면, 오페라 가수에게 이보다 더 기쁜 일은 없을 것이다.

노래 부르는 동물은 새들만이 아니다. 깊은 바다의 고래들도 노래한다. 고래들의 노래는 수백 킬로미터 이상 떨어진 곳에서 헤엄치는 그들의 짝이나 친지들에게까지 전달된다. 공기 속보다 물속에서 소리가 더 잘 전달되기 때문이다. 모든 고래 종류가 길게 지속되는 소리를 내며 수천 킬로미터 떨어진 곳에서도 그 소리를 들을 수 있다. 혹등고래는 동물 세계에서 가장 복잡한 노래를 부른다. 그 아름답고 다양한 노래는 일련의 소리가 매우 정밀하게 반복되는 형태로 이루어져 있다. 연구 결과 고래들은 각자 고유한 구절을 가지고 이를 소리 단위로 이용하여 문장을 구성하고, 이러한 문장들을 조합하여 몇 시간 동안 계속되는 노래로 만드는 것으로 나타났다.

최근까지 인간만이 그러한 언어의 계층구조를 가지고 있는 것으로 생각되었다. 미국음향학회지에 게재된 연구는 동물의 커뮤니케이션 연구에 새로운 시각을 제공해주었다. 하지만 연구자들은 혹등고래의 노래가 진정한 언어로 간주될 수 있는 언어학적 필수 요소들을 모두 갖추었다고 주장하지는 않는다. 연구진 중 한 명인 스즈키 유지Suzuki

Ryuji는 이렇게 말한다. "혹등고래의 노래는 인간의 언어와는 다르지만 그 노래 속에서 언어적 요소가 발견된다. 매년 6개월의 짝짓기 계절 동안 무리 속의 혹등고래 수컷들은 모두 같은 노래를 부른다. 암컷을 유혹하는 것으로 생각되는 이러한 노래는 시간에 따라 변한다." 스즈키와 함께 연구한 존 벅John Buck은 MIT에서 신호 처리와 수중 음향을 전공한 전기공학자이며, 피터 타이악Peter Tyack은 역시 매사추세츠 주에 있는 우즈홀해양연구소의 생물학자다. 그들은 고래들 사이에서 전달되는 정보에 대해 파악할 목적으로 정보이론 도구를 이용하여 고래의 노래 속에서 웅얼거림이나 울음, 쩝쩝거리는 소리 등의 복잡한 유형을 분석하였다. 스즈키 유지는 고래가 부르는 노래의 음향적 특성을 분석하고 구조를 분류하여 노래의 복잡성을 측정하는 데 활용할 수 있는 컴퓨터 프로그램을 만들었다. 컴퓨터로 생성된 모형뿐만 아니라 관찰한 사람들도 모두가 고래의 노래는 계층적임을 확인했으며, 1971년에 로저 페인Roger Payne과 스콧 맥베이Scott McVay라는 생물학자들이 처음 제안한 이론을 입증해주었다.

혹등고래 노래의 구조는 반복적이며 엄격하다. 혹등고래는 짧고 긴 음절들로 이루어진 자기만의 고유한 구절을 반복하며 정교하게 노래한다. 여러 개의 음계가 있으며 주기적으로 반복된다. 하나의 음계는 6개의 단위로 만들어지는데, 긴 것은 180~400개의 단위로 구성된다. 노래는 복잡한 구조가 주기적으로 반복되면서 계층적 구조를 띤다. 연구진은 고래의 노래를 통해 얼마나 많은 정보가 전달될 수 있는

지도 연구했다. 연구진의 관찰에 따르면, 고래는 노래를 통해 '인간과 비슷하게' 계층적 구문으로 소통하지만 전달하는 정보는 1초당 1비트도 되지 않는다. 이에 비해 영어로 말하는 인간은 각각의 단어마다 10비트의 정보를 담을 수 있다.

노래하는 새들과 일부 고래들처럼 박쥐류 중에서도 노래하고 구애의 몸짓을 연출하는 종들이 있다. 제3장에서 보았듯이, 물속에서 발산되는 방향 탐지용 음파는 공중을 비행하는 박쥐에서 발산되는 음파와 음향 구조가 다르다. 하지만 수중과 공중에서 이루어지는 커뮤니케이션 음파는 비교적 비슷하다. 그래서 박쥐의 소리를 녹음기에서 천천히 재생해보면 일부 새들의 울음소리와 비슷하게 들리며, 재생 속도를 훨씬 더 느리게 하면 고래가 내는 소리와 구분이 되지 않는다. 박쥐의 노래는 계절적 특성이 크고 사냥 영역을 설정하려는 목적으로 보인다. 메가데르마 리라(*Megaderma lyra*)라는 위흡혈박쥐(과거에 흡혈박쥐로 잘못 알려져 이런 이름이 붙었다)는 노래 부르면서 날아다니기도 한다. 이런 행동은 지배자 수컷에서만 관찰되며, 연중 아무 때나 이렇게 행동한다. 전형적인 비행 동작과 함께 지속적으로 소리를 낸다. 이러한 행동은 구애 과정의 일부로 보이는데, 무리 내에서 젖을 먹이는 중이 아닌 암컷에게만 향한다.

박쥐의 이런 행동을 관찰한 연구에 따르면, 박쥐 무리에 새로운 암컷이 들어올 때도 이러한 행동이 나타났다. 메가데르마 리라의 노래하는 비행은 3단계로 이루어지는데, 각각 도입·발전·마무리 비행이라 부른다. 각 단계들에는 뚜렷이 구분할 수 있는 음절과 운율이 있다. 이 박쥐들은 여러 가지 다양한 상황에서도 사회적 관계를 형성하고 각기 다른 유형의 통신음을 발산한다. 관찰된 다른 종들과 달리 메가데르마 리라의 음향적 커뮤니케이션 행동은 대부분 비행 중에 나타난다. '쑥덕쑥덕 비행grumbing flight' 이라는 이름이 붙은 행동도 여기에 속한다. 여러 마리 박쥐들이 공중에 떠다니면서 몇 초 동안 서로 머리를 맞댄 채 일련의 짧은 하향 주파수변조FM음을 발산하다가 얕은 FM음을 내면서 끝내는 행동이다. 이러한 소리의 스펙트럼 구조는 콧수염박쥐에서 관찰된 음파의 구조(cDFM)와 매우 유사하다. 이러한 행동에 앞서 대개는 두 마리 이상의 박쥐가 흥분된 상태에서 좌우로 나란한 형태로 비행을 한다. 이처럼 비행 중에 일어나는 상호 교류는 우연히 관찰된 것으로 비행 중 부딪칠 것 같을 때 내지르는 경고음과는 다르다.

대꼬리박쥐(Saccopteryx bilineata)는 보금자리의 영역을 확보하기 위해 노래한다. 이 박쥐들은 목소리 대역이 매우 넓다. 수컷은 암컷과 교류할 때는 음조가 있는 소리를 내며, 자신의 영역을 적극적으로 방어할 때는 혼합된 형태의 소리를 낸다. 대꼬리박쥐들의 노래는 짧고 반복되는 음으로 이루어져 노래하는 수컷의 우수성을 과시할 뿐 다른 내용을 담은 것 같지는 않다. 이 박쥐들은 대규모 군락을 이루지 않는다. 그보다는 나무에 각자의 보금자리가 있었는데, 그곳에서 수컷이 복잡한 노래를 불러서 암컷을 유혹한다.

생쥐도 노래를 부른다. 첨단 기술 장비로 생쥐가 내는 고주파음을


박자에 맞춰 춤추고 노래하다

잡아내어 분석하면 그중 일부는 노래로 확인된다. 2006년 마르티나 컬루니스 루펠Martina Kalcounis-Ruppell이라는 생물학자가 캘리포니아 카멀계곡에서 생쥐가 부르는 노래를 녹음했다. 헤이스팅스 자연사박물관의 마크 스트롬버그Mark Stromberg에 따르면, 생쥐의 날카로운 울음소리를 녹음한 이 자료는 학계에 큰 반향을 일으켰다. "생쥐가 이렇게 내는 소리가 녹음된 것은 처음이다. 멜로디가 있는 복잡한 노래다." 생쥐의 노래는 새들이 부르는 노래처럼 들리지만 인간이 들을 수 있는 주파수 범위를 넘는다. 스트롬버그에 따르면 노래하는 생쥐는 유럽산 생쥐의 후손으로 캘리포니아 중부, 특히 카멀, 페블비치, 빅서 같은 몬터레이 카운티 지역에 흔히 서식한다. 그러나 생쥐가 듀엣으로 또는 합창으로도 노래하는지는 아직 알지 못한다.

## – 이른 아침의 합창과 군무 –

아름다운 정원에서 새들이 펼치는 춤과 노래의 무대는 아마 우리가 경험하는 가장 멋진 즐거움 가운데 하나일 것이다. 재그밋은 어릴 적에 인도 뉴델리에서 살았는데 집 뒷동산에 새들이 무척 많아서 매일 이러한 경험을 할 수 있었다. 그는 무더운 여름날이 시작될 즈음 이른 아침에 날카롭게 울어대는 앵무새 무리들이 무르익은 파파야 열매를 쪼아 먹기 위해 날아들던 광경을 생생히 기억한다. 앵무새들의 시끄러운 울음소리와 까마귀가 내지르는 고함 소리에 묻혀 구관조의 지저귐과 참새 떼의 명랑한 짹짹거림은 들리지 않곤 했다. 아침이면 벌어지는 새들의 이러한 소란은 태양이 지평선 위로 떠오르면 새들이 관목이나 키 큰 나무 그늘을 찾아 떠나면서 잦아들었다. 재그밋은 나중에 대학에서 동물행동학을 전공하게 되어서야 이러한 모든 광경의 배후에는 정밀한 유형과 동기가 숨어 있음을 알게 되었다.

집단역학은 많은 사회학 및 커뮤니케이션 연구의 대상이 되어온 심리학적 현상이다. 집단은 사회적 관계에 의해 서로 연결된 둘 이상의 개체들로 이루어진다. 개체들은 서로 상호작용하며 영향을 주기 때문에 집단은 수많은 역학 과정을 통해 발전하며 개체들을 단순히 무작위로 모은 것과는 다르다. 과학자들은 오래전부터 이러한 집단에 대해 큰 관심을 가지고 연구해왔다. 집단이 형성되는 과정, 시간에 따른 변화, 예상치 못한 해체, 커다란 목표의 달성 그리고 가끔씩 발견되는 집단의 오류 등이다. 집단 속에서 다른 구성원들과 함께하는 경향은 인간만이 가진 특성이 아니다. 심리학, 동물학, 신경학, 수학 등 다양한 학문 분야에서는 새나 들소 무리, 벌과 나비, 물고기 떼가 집단을 형성하는 행동뿐만 아니라 집단적 사냥이나 짝짓기 등에 대해 연구하고 있다. 집단행동에 활동일주기가 미치는 영향, 빛이나 자연적 환경에 대한 반응으로서 집단행동 등이 학자들이 주로 연구하는 주제다.

새벽의 합창은 자연이 보여주는 놀라움이라 할 수 있다. 영국의 숲에서부터 열대우림까지 세계 모든 지역의 새들은 새벽녘에 가장 힘차게 노래 부른다. 그러나 이처럼 매일같이 일어나는 노래와 활동의 폭발 현상에 대한 연구는 아직 시작 단계에 있다. 코넬대학교의 존 버트John Burt와 샌드라 베른캄프Sandra Vehrencamp의 연구에 따르면, 새벽의 합창은 중요한 의식일 뿐만 아니라 영역의 경계 형태와 둥지 위치 이동을 재설정하는 시간이기도 하다. 합창은 한 종의 개체들 사이, 또는 아마도 서로 다른 종들 사이에 이루어지는 다방향 상호 통신망을 상징한다. 베른캄프가 이끄는 연구진은 야외에 여러 개의 마이크를 설치하여 '새벽의 합창'을 연구했다. 연구진은 이러한 의사소통 체계 내에 3가지 기본적 네트워크 요소가 있다고 가정했다. 첫째는 방송 네트워크로, 최소한 하나의 발신자가 방향이 설정되지 않은 일방향 신호를 생산하고 이것을 많은 잠재적 수신자들이 받아들이는 것이다. 둘째는 도청 네트워크로, 신호를 주고받는 양쪽 외에 엿듣는 개체가 있어 교류하는 당사자들에 대한 상대적 정보를 얻는다. 이러한 비밀스러운 엿듣기는 커뮤니케이션의 수동적 형태, 즉 다른 개체들의 음성 신호에서 정보를 수집하는 행위로 생각할 수 있다. 셋째는 셋 이상의 개체들이 서로 신호를 주고받을 뿐만 아니라 인근에서 진행되는 통신을 엿듣기도 하는 쌍방향 네트워크다.

새들이 모이는 이유는 여러 가지가 복합된 것으로 보인다. 새들에게는 빨리 어둠을 뚫고 먹이를 찾기 위한 목적이 있을 것이다(사실은 빛이 좀 더 밝고 곤충들이 대거 바깥으로 나왔을 때가 먹이를 발견하기 더 쉽다). 수컷들이 생식 활동을 시작하면서 욕망과 정력을 표현하는 시간이기도 할 것이다. 또한 밝아오는 날을 위한 기상 의식일 수도 있다(우리 인간들이 모닝커피를 마시며 하루를 위한 에너지를 충전하는 것과 비슷하다).
이러한 새들의 합창은 한 줄기 새벽빛이 실제로 나타나기 몇 분 전에
시작되기 때문에 더욱 우리의 흥미를 끈다. 자연은 매일 자체의 신비
한 자명종에 맞춰 잠에서 깨어나고 새들의 합창 소리와 함께 기지개를
켠다.

많은 새들이 새벽의 합창을 부르듯이, 포유류들 가운데에도 한꺼
번에 떠들썩한 목소리를 내는 종들이 많다. 80마리 이상이 함께 생활
하는 비비처럼 사회집단을 형성하는 여러 원숭이들도 요란하게 아침
수다를 떤다. 소들도 무리 지어 이른 아침에 음매 하고 함께 소리를 낸
다. 아침이 밝아오는 것을 알리는 수탉들의 합창도 유명하다.

황혼이 질 때 또는 어둠이 내리기 시작할 때 수다를 떨고 소리를 내
는 야행성 동물들도 있다. 박쥐, 올빼미, 개구리, 두꺼비 같은 종들이
다. 이들은 일상이 대략 12시간 단위로 돌아가기 때문에 이들이 저녁
에 부르는 합창은 다른 동물들이 부르는 새벽의 합창과 그 기능이 같
다. 박쥐는 저녁에 곤충을 사냥하러 나가기 전 많은 소리를 낸다. 저
녁에 동굴 입구에 서 있어보면 그러한 소리와 동굴 벽에서 울리는 메
아리를 크고 뚜렷하게 들을 수 있다. 박쥐가 내는 소리의 대부분이 우
리의 가청 범위를 넘어서는 초음파임에도 이러한 소리가 들린다. 열대
나 아열대 지역에 서식하는 개구리와 두꺼비들은 저녁 합창에 가장 많
이 등장하는 가수로, 수컷들은 모여서 노래 부르며 암컷에게 자신을
알린다. 연구에 따르면, 소리 신호를 보내는 시간의 미세한 차이가 암


박자에 맞춰 춤추고 노래하다

컷 선택에 큰 영향을 미친다고 한다. 암컷들은 맨 먼저 신호를 보내는 수컷을 더 선호하지만, 그렇다고 꼭 소리들이 어지러이 겹치는 것은 아니다.

일부 종의 새들은 자신의 영역을 방어하기 위해 한 집단 전체가 합창으로 노래한다. 오스트레일리아 까치들의 합창은 특징적이어서 조용한 속삭임과 같은 소리에서 시끄러운 고함 소리까지 다양하다. 꼬리치레(*Garrulax leucolophus*)도 함께 합창하는 종이다. 집단에 속한 각각의 새들은 자신들만의 구절을 부르며 합창에 참여한다. 그 결과 마치 한 마리가 노래 부르는 것처럼 들린다.

자연의 리듬은 춤과 노래로 발산되며 더 큰 효과를 불러일으킨다. 조화가 이루어질 때는 모든 것이 순조롭다. 불협화음은 뭔가 잘못되고 불완전하게 느껴진다. 모든 생명체들은 주위의 리듬에 매우 심오한 방법으로 대응한다. 성장하거나 죽거나.

## 12

# 구애, 결혼 그리고 사랑

짝을 이루는 동물들은 서로 어떻게 찾고 만날까? 어떤 방식으로 선택을 할까? 자연은 짝짓기라는 게임에 놀랄 만큼 정교하고도 창조적인 방법으로 접근하며, 그중에는 우리 호모사피엔스가 배울 것도 많다. 종의 생존 본능은 성공을 위해 무한한 가능성에 도전하게 만들었으며, 환경이 새로운 요구를 내놓을 때마다 성공과 실패 그리고 변화를 거듭해간다. 예를 들어, 벌새 수컷은 짝짓기 울음소리를 목소리로도 낼 수 있고 똑같이 꽁지깃으로도 낼 수 있다. 그리고 어떤 동물들에게는 새끼를 낳는다는 것이 즐거움이 아니라 매우 고된 노동이다. 주머니고양이과의 오스트레일리아 디블러(얼룩주머니쥐)는 짝짓기 계절이 되면 몇 주

269

동안 탈진 상태가 될 때까지 짝짓기를 한다. 수컷 디블러는 잠을 자거나 먹지도 않는다. 모든 시간을 힘들게 얻은 암컷과 짝짓기를 하거나 다른 수컷들과 싸우면서 보낸다. 한 번 짝짓기하는 데 길게는 3시간이 소요되며, 짝짓기 후 9시간 동안이나 함께 붙어 있는다. 이것은 엄청난 스트레스가 되어 수컷의 면역 체계를 붕괴시켜서 수일 내에 출혈성 궤양과 신부전이 발생한다. 그 밖에도 각종 감염과 기생충의 공격에 취약해진다. 한편 암컷은 새끼를 기르면서 다른 수컷 상대를 찾고(그리고 탈진시킨다), 짝짓기를 하여 더 많은 새끼를 낳아 기른다. 먹이가 크게 부족하고 험난한 환경에서 살아가는 디블러 종 전체로 볼 때 수컷의 짧은 생애는 종이 멸종하지 않고 살아남는 데 도움을 주는 것으로 생각된다.

봄날의 대기에는 온갖 감각 정보들과 진동들이 가득 차 있다. 이 책의 제6장에 등장하는 청개구리들이 겨울잠에서 깨어나 활기차게 뛰어다니는, 바야흐로 구애와 짝짓기의 계절이다. 유혹하는 또는 자기 능력을 과시하는 신호를 보내고 상대방의 반응을 평가하는 행동을 동물들의 구애로 정의한다. 인간의 구애에는 달콤하게 대화하거나 하루를 재미있게 해주기, 자신에 대해 좋은 느낌을 주기 등의 방법이 동원된다. 그냥 갑자기 성적 감정에 사로잡힐 때도 있다. 그리고 연애 그 자체가 목적이 되는 경우도 많다. 그러나 영장류가 아닌 다른 동물 대부분에서 구애의 행동이 목적이 될 수는 없다. 구애는 즐거운 행동이지만(그러나 다른 동물들에게도 구애가 즐거울지는 확신하지 못하겠다), 종의 유지라는 막중한 임무를 위해 내딛는 첫걸음일 뿐이다. 그러나 그렇다고 해서 구애에 창조적 요소가 전혀 없다는 뜻은 아니다. 사실 다른 동물들이 인간보다 시각적 신호와 페로몬이나 진동 등의 정보에 좀 더 민감하다고 할 수 있다. 구애도 더 창조적이며, 관계의 그다음 단계도 더 성공적이다. 단순한 경우도 있겠지만, 어떤 동물들에게는 필사적인 행동이다.

무척추동물과 물고기들은 어려운 환경의 제약을 극복하기 위해 이러한 행동이 긴 시간 동안 진행되는 경우가 많다. 유명한 한 생물학자는 물고기의 짝짓기 행태에 대해 이렇게 말했다. "그들은 전력을 다하며, 또 동시에 하는 경우도 많다."

그러나 우리를 가장 어리둥절하게 만드는 것은 새들의 노래와 행동이다. 새들의 짝짓기는 노래와 춤이 어우러지고 화려한 색으로 반짝이는, 끝날 줄 모르는 파티라 할 수 있다. 그중에서도 코스타리카 긴꼬리무희새 수컷 두 마리가 이루는 쌍은 최고의 노래와 춤을 공연한다. 데이비드 맥도널드David McDonald가 이끄는 와이오밍대학교 연구진은 긴꼬리무희새 수컷 두 마리가 듀엣으로 춤추는 굉장한 순간을 필름에 담았다. 점찍어둔 암컷 무희새에게 호감을 얻기 위해 스승과 제자처럼 공조하는 모습이었다. 암컷은 우두머리 수컷하고만 짝짓기할 것이지만, 어느 쪽이 그 수컷인지 알지 못한다. 수컷 쌍은 듀엣으로 춤을 추기에 가장 적당한 장소를 물색한다. 수컷 '을'은 수컷 '갑'에게 두 번째 춤곡을 연주해준 다음 수컷 갑의 위치로 올라가고, 스승은 이제 '은 퇴한다'. 수컷 무희새들은 평균 5년 정도를 을의 위치에서 기다리면서 지내지만, 이러한 견습 기간은 그 뒤 길게는 20년까지 갑으로 살아갈 날을 위한 투자가 된다. 긴꼬리무희새 수컷들은 모두 서로 알고 있으며 그들 사이의 여러 가지 사회적 상호 작용을 통해 사제 관계를 이룰 쌍이 결정된다. 그리고 그렇게 만들어진 쌍이 수컷 갑과의 짝짓기를 기다리는 암컷 앞에서 눈부신 춤판을 펼쳐 보인다.

다른 대부분의 새들은 노래와 춤을 등시에 하는 경우가 없지만, 거의 모든 새들이 소리를 이용해 짝짓기 상대나 새끼들 또는 다른 새들을 부른다. 새들은 많은 에너지를 노래 부르는 데 투자한다. 사람의 눈에 새들이 즐겁게 노래 부르는 것으로 보이고 새들 역시 자신들의 노래와 다른 새들의 노래를 즐길 수도 있지만, 새가 노래를 부르는 가장 큰 목적은 짝짓기를 위해 그리고 자신의 영역과 새끼를 보호하기 위해서다. 노래를 불러 짝짓기 상대를 유혹하고 영역을 지키는 역할은 수컷이 담당하는 경우가 보통이지만, 바위종다리 같은 일부 종들은 암컷도 노래를 부른다. 데이비드 애튼버러David Attenborough 경은 새들의 생활에 관한 다큐멘터리에서 새들의 영역 보호 노래는 멀리까지 들리고 위치 및 자신에 관해 상세한 정보를 전달한다고 말한다. 새들은 노래하는 중간중간 짧게 쉬는 부분에서 노래에 대한 반응을 듣고 다른 경쟁자가 있다면 그 위치와 거리도 가늠할 수 있다.

검은가슴밀화부리(미국 서부에 서식하는 되새의 일종) 암컷은 노래를 이용해 자신의 배우자 수컷을 위협한다. 밀화부리 쌍은 암수가 교대로 알을 품는다. 그런데 만약 수컷이 늦도록 둥지로 돌아오지 않고 알을 품는 암컷을 교대해주지 않으면 암컷이 복잡한 노래를 불러 수컷 밀화 부리 흉내를 낸다. 배우자 수컷은 다른 경쟁자 수컷이 자기 영역에 들어왔다고 생각하여 즉시 둥지로 돌아온다. 영악한 속임수다. 갈까마귀도 비슷한 행동을 한다. 암수 한 쌍은 각각 상대방이 내는 소리를 익혀서, 배우자가 멀리 가거나 시야에 보이지 않으면 둥지에 남은 쪽이 배우자와 비슷한 소리를 내어 돌아오라는 메시지를 보내고 위치를 재확인시켜준다. 어떤 종의 새들은 암컷도 수컷과 함께 노래를 부르며 자신들의 영역을 보호한다. 암수가 듀엣이 되어 교대로 노래한다. 이러한 이중창은 특히 1년 내내 같은 영역을 유지하는 새들에서 흔하다.

아프리카 때까치가 듀엣으로 부르는 노래는 무척 음악적이며 종소리와 피리 소리처럼 들리는 구절이 반복된다. 듀엣을 이루는 새는 각각 독특한 '파트'를 개발하는데, 이를 이용해 배우자가 울창한 수풀 속에서 보이지 않을 때 위치를 추적하거나, 자신들의 영역을 유지하고, 번식 주기를 일치시킨다. 때까치 한 쌍이 듀엣으로 부르는 노래는 마치 한 마리가 부르는 노래처럼 들릴 정도로 서로 조화롭다. 앞 장에서 언급한 덤불 속의 오스트레일리아 까치도 정교하게 조화로운 듀엣을 이룬다. 한 마리가 '티-히' 하고 금속성 소리를 크게 내면, 다른 한 마리가 곧바로 이어서 '피-오-위 피-오-윗' 하는 소리를 낸다. 한 쌍이 서로 한 파트씩 맡아 함께 부르는 하모니의 극치를 보여준다.

새의 진화 경로는 공룡과 함께 또는 그 직전에 인간의 진화 경로와 분리되었다. 그러나 인간이 구애하거나 짝짓기를 할 때 멋진 옷을 입 듯이 새들도 그렇게 한다. 공작새가 그 대표적 예다. 수컷 공작은 암 컷의 관심을 얻어 짝짓기를 하기 위해 눈부시게 반짝이는 갖가지 색깔 로 치장하고 암컷들 앞에서 춤판을 펼쳐 보인다. 이에 비해 훨씬 점잖 은 빛깔의 유럽참새들은 한 쌍이 일생 동안 부부관계를 지속하는데, 관계를 형성하고 유지하는 문제에 관해서는 우리 인간들보다 훨씬 더 잘 알고 있는 듯하다. 새들의 노래와 상호 관계에는 분명히 어떤 감정 이 담겨 있다. 실제로 그들은 매우 진지하게 짝짓기를 한다.

여러 다른 동물 종에서 암컷과 수컷 사이의 짝짓기에 대해 다루기 전에, 먼저 무성생식이라는 번식 전략을 간단히 살펴보자. 배우자 없이 이루어지는 단성생식(처녀생식)과 자웅동체(암컷과 수컷의 생식기를 모두 가진 동물)가 여기에 해당한다. 그리고 동물에서 무성생식은 유성생식 과 함께 일어날 수 있다. 생식은 매우 복잡한 과정을 거치기도 하며, 이 는 환경적 조건의 영향을 받는다.

## – 처녀생식 –

암컷의 난자가 수정되지 않은 상태에서 새끼로 발달하는 것을 처녀 생식이라 말한다. 그 결과 유전학적으로 모체와 완전히 동일한 자손들 또는 모체나 다른 자손들과 약간씩 다른 자손들이 만들어질 수 있다. 약간씩 다른 경우는 감수분열(생식세포분열)이 일어나면서 유전물질이 아주 조금이라도 섞일 때 일어난다. 물벼룩 등 많은 곤충이나 무척추동물들이 수정되지 않은 난자에서 태어난다. 일부 진딧물도 이렇게 출생한다.

조건이 잘 맞을 때는 이와 같은 복제 방식의 생식으로 짧은 기간에 매우 많은 수의 자손을 만들 수 있다. 그러나 무성생식을 하는 동물들 중 많은 수가 험난한 환경이나 예측 불가능한 시기 동안에는 유성생식으로 전환한다. 작은 진딧물들은 1년 중 시기에 따라 무성생식과 유성생식으로 번식할 수 있다. 상황이 좋은 봄날에는 암컷이 처녀생식을 하는데, 암컷의 수정되지 않은 알에서는 또 다른 암컷이 태어나고 그 암컷들은 이미 임신 상태에 있다. 이렇게 진딧물들은 그 개체수를 급속히 늘린다. 그러나 상황이 좋지 않거나 자신들의 숙주 식물이 죽으면 일부 암컷들이 수컷으로 전환되어 다른 암컷들과 짝짓기를 한다. 이렇게 수정된 난자에서 태어난 새끼들은 먹이 부족 등의 위기 상황이나 추운 겨울을 견디고 살아남을 수 있다.

보통은 유성생식을 하면서 상황이 여의치 않으면 처녀생식을 하는 동물들도 있다. 이러한 경우는 일부 경골어류와 양서류, 파충류, 조류에서 발견된다. 최근 영국의 체스터동물원에서 처녀생식이 일어났다. 주위에 수컷이 한 마리도 없었던 코모도왕도마뱀 암컷의 수정되지 않은 알에서 새끼가 태어났다. 인도네시아산인 이 도마뱀 종에서는 처음 보고된 처녀생식이었다. 암컷이 적절한 배우자와 '이루어지길' 기다리는 데 지쳤던 것이 틀림없다.


구애, 결혼 그리고 사랑

수족관 내에서 일부 유형의 상어들 즉 귀상어, 삽머리상어(*Sphyrna tiburo*), 흑기흉상어(*Carcharhinus melanopterus*)가 처녀생식을 했다는 보고도 과학자들을 놀라게 했다. 암컷 상어가 생활하는 수족관이나 동물원 내에 수컷이 없어서 그와 같은 사건들이 일어난 것인지 아니면 이런 일이 실제로 자연에서 생각보다 더 자주 일어나는 것인지 확실하지 않다. 미국 스토니브룩대학교 해양보호연구소에서 상어를 연구하는 과학자인 데미언 채프먼Demian Chapman은 '어쩌면 많은 종의 상어 암컷들이 이러한 능력을 가졌을 수도 있다' 고 말한다.

## – 자웅동체와 순차적 자웅동체 –

암수한몸인 동물은 암컷과 수컷 생식기를 다 가지고 있다. 그래서 다른 동물들이 할 수 없는 선택이 가능하다. 즉, 같은 종의 다른 개체가 없는 경우 스스로 짝짓기를 할 수 있다. 그리고 주위에 다른 개체들이 있다면 짝짓기 상대를 구하는 일이 그다지 어렵지 않다. 이제 다른 방식으로 생식하는 암수한몸의 예를 살펴보자.

인도양과 남서태평양 지역에 서식하는 대왕조개는 움직이지 못하기 때문에 짝짓기 상대를 찾으러 돌아다닐 수 없다. 암수한몸이라 필요할 경우 자기 스스로 수정시킨다. 이 조개는 한여름에 바닷물 속으로 난자와 정자를 방출한다(다른 대왕조가의 정자 또는 난자와 섞이기를 바라면서). 자신의 난자와 정자가 수정하지 않도록 하기 위해 난자와


동물의 숨겨진 과학

정자를 다른 시간에 방출한다. 보통은 난자보다 정자를 먼저 방출한다. 이 대왕조개들은 성체가 되기 전에는 수컷으로 행동하여 정자만 내보낸다. 그리고 몇 년이 지나면 암컷 생식기와 난자가 만들어진다. 대왕조개는 거의 200년 정도 살 수 있는 것으로 생각되는데, 생식 과정이 매우 복잡한 만큼이나 오래 사는 것으로 보인다.

남아메리카와 미국 남부 해안 습지에 서식하는 송사리류인 맹그로브킬리피시도 암수한몸의 예다. 이러한 지역은 말라붙거나 독성을 띨 수 있는데, 그러면 물고기들이 진흙 속으로 피하거나 땅을 훌쩍 뛰어넘어야 한다. 놀랍게도 이 물고기들의 피부와 아가미는 길게는 10주 동안이나 물 바깥에서 공기로 호흡하면서 생존할 수 있게 변화했다. 그러나 주변 환경상 이 물고기들은 동료 없이 매우 외로운 존재가 될 때도 많다. 그래서 짝짓기 상대를 발견하지 못하면, 난자와 정자를 모두 만들어내고 난정소라는 생식기관에서 함께 섞어서 자기 스스로 수정시킨다. 수정된 알은 물 밖에다 낳아 식물에 걸어두어 비나 파도 또는 바람이 전파시켜주도록 한다.

바다 달팽이를 비롯하여 여러 유형의 달팽이들은 좀 더 사회적인 생활을 한다. 암수한몸이지만 같은 종의 모든 개체들이 짝짓기 상대가 될 수 있다. 달팽이들은 쌍을 이루어 긴 시간 동안 짝짓기를 하는데, 각자가 자신의 긴 음경을 짝짓기 상대에게 삽입하여 정자를 전달한 다음에 끝난다. 어떤 달팽이들은 부성 경쟁을 줄이기 위해 짝짓기가 끝난 후 상대의 음경을 물어뜯기도 한다.


구애, 결혼 그리고 사랑

난자와 정자를 모두 만들지만 동시에 만들지는 않는 순차적 암수한 몸 동물들도 있다. 생의 초기에는 정자를 만들고 나중에는 난자를 생산하는 경우가 있으며, 생의 초기에는 난자만 만들다가 나중에는 정자만 생산하는 동물들도 있다. 이와 같이 다양한 유형은 여러 가지 복잡한 조건에서 종을 지속시키기 위한 것으로 생각된다.

이제 짝짓기, 즉 암수가 분리된 배우자 사이의 교미 행위와 그 결과물을 보자. 과학자들은 유성생식의 역사가 최소한 3억8000만 년 이상일 것으로 추정한다(이전에 생각했던 역사보다 300만 년 이상 오래되었다). 짝짓기가 끝나면 어떤 쌍들은 아주 잠시만 함께 있지만 일생 동안 관계를 유지하는 동물들도 있다. 마지막에는 일부 고등동물들이 사회적 일부일처제를 생존 전략으로 채택한 이유를 살펴볼 것이다.

## – 초개체 –

20세기의 과학은 주로 어떤 체계(혹은 인체)를 여러 부분과 과정으로 분해하는 환원론적 연구가 중심이었다. 그러나 지금 세기에는 연구 중심을 유형과 체계 차원으로 높이고 있는데, 이것은 실제로 벌어지는 현상을 이해하는 데 모든 물리적 부분들을 함께 생각하는 전체적 사고가 필수적이라는 인식에 근거한다.

벌이나 개미와 같은 사회성 곤충들은 매우 복잡한 구조와 기능을 갖춘 무리를 이루며, 이것은 그들이 수백만 년 동안 생존할 수 있도록


동물의 숨겨진 과학

해주었다. 그들은 짝짓기를 비롯한 모든 행동들을 한층 더 큰 틀 속에서 개념화한다. 그들의 일체성과 복잡한 생물학적 구조는 우리 인간 종과 생태학에 가르쳐주는 바가 많다. 그들의 복잡하기 그지없는 체계 내에서 짝짓기는 어떻게 이루어질까? 인간의 성에 대해 연구하는 학자들은 우리가 유혹이나 사랑의 감정에 빠지면 사회적 및 생태학적 영향이나 결과에 대해서는 거의 고려하지 않는다는 데 동의한다. 더 폭넓은 틀 속에서 이해하지 않고 열정과 화학적 작용으로 흥분된 정신병적 상태가 되는 것이다. 그러나 생명 그 자체뿐만 아니라 종의 영속과 유지에 관계되는 복잡한 체계와 유형을 이해하게 되면서 학자들은 이제 사회적 행동을 여러 차원에서 연구하고 있다.

플로리다의 수확개미와 가위개미 무리의 여왕개미는 여러 번 짝짓기를 한다. 두 개미 종의 일개미들은 그들 어머니의 자손일 뿐만 아니라 여러 아버지들의 자손이다. 그 결과, 개미들은 다양한 유전학적 특성을 가지게 된다. 그러므로 환경에서 살아가면서 부딪치는 여러 가지 구체적 문제들에 대해 각각 관련되는 유전자들을 발현시켜(잠자는 상태의 유전자를 깨우고 활성화시켜) 해결해 나갈 수 있다. 양봉 꿀벌에서도 같은 현상을 볼 수 있다. 여러 아버지를 둔 벌들이 섞여 있다는 것은 그 무리가 상황에 좀 더 빠르고 유연하게 대응할 수 있음을 뜻한다. 이를테면 특정 시간과 장소에 맞춰 일을 수행할 수 있도록 잘 짜인 노동 체계를 구성하는 것이 그러한 예에 속한다. 환경이 변화할 때 공동체와 그 자손들의 유전학적 유연성과 실제적이고도 시기적절한 대응은 모든 종들의 생존에 큰 도움이 된다.

## – 수컷이 '임신' 하다 –

　수컷의 임신은 '진화적으로 유연한 접근 방식' 으로 해석될 수 있다. 해마와 그 사촌뻘인 실고기 수컷의 배에는 '육아낭(알주머니)' 이 있는데, 암컷이 길고도 아름다운 짝짓기 춤을 추는 도중에 그곳에다 알을 낳는다. 수컷은 수백 개에서 수천 개에 이르는 알을 수정시키고 또 프로락틴도 첨가한다(프로락틴은 포유류 암컷이 임신했을 때 젖을 만들게 해주는 호르몬이다). '임신한' 수컷은 수일 동안 수정란을 지니고 다니는데, 새끼들은 알에서 부화한 다음 그들 아버지의 보호낭 속에서 안전하게 머물다 자립할 수 있을 만큼 자란 뒤에 헤엄쳐서 떠나간다.

　실고기 수컷은 해마처럼 충직하지 못하고 성적으로 꽤 문란하다. 그리고 마음에 들지 않는 암컷이 낳은 알은 망가뜨릴 정도로 까다로운 놈들이다. 텍사스 A&M대학교 학자들의 관찰에 따르면, 멕시코 만에 서식하는 실고기들은 원하지 않는 알은 돌보지 않는다(그래서 그 알들은 방치된 채로 죽거나 수컷에게 영양분으로 흡수되어버린다). 캘리포니아학술원의 힐리 해밀턴Healy Hamilton은 실고기 수컷의 생식 행위에 대해 다음과 같이 적절히 표현했다. "암수 사이에 벌어지는 색다른 전쟁으로 인해 성역할이 바뀐 독특한 사례다."

　과거에는 종의 생존을 위해서는 자손의 수가 중요하다고 생각했다.

그러나 과학적 지식이 쌓임에 따라 이제는 질의 중요성이 더 강조되고 있다. 즉, 개체와 그 개체가 속한 종의 신체적·정신적·사회적 견고성이 중요하다. 수보다 개체와 집단의 건강과 활력이 종의 생존에 더 필수적이며, 특히 개체가 해부학적으로 그리고 인지적으로 인간과 같이 매우 복잡할 경우에는 더욱 그렇다.

## − 짝짓기: 찾기, 선택하기 그리고 관계 맺기 −

잘 짜인 사회적 체계 내에서 배우자를 찾는 일은 멀리 떨어진 곳까지 자신을 광고해야 하는 경우만큼 어렵지는 않다. 보통은 수컷이 암컷에게 접촉하여 자신을 표현하기 위해 화려한 색깔을 이용하거나(한 오색나비의 밝은 보라색은 특정한 광선 조건이나 특정 각도에서만 암컷에게 보인다), 눈에 띄는 다른 어떤 신체적 특성을 이용한다(예를 들어 빗살영원(*Triturus cristatus*)은 손으로 물구나무를 서는 재주를 보이고, 무지개아가마(*Agama agama*)는 암컷 앞에서 팔굽혀펴기를 한다). 선전용 소리를 내거나 유혹의 몸동작을 하는 경우도 있다. 물론 짝짓기 상대를 구할 때는 저항할 수 없는 페로몬도 항상 동원되며, 여기서는 암컷도 같은 역할을 한다.

이것은 인간에게도 적용된다. 우리는 다른 동물들처럼 페로몬을 의식적으로 인식하지는 못하지만 스탠퍼드대학교의 연구에서는 이성에 대한 매력 요소들 가운데 냄새가 가장 중요한 것으로 나타났다. 페로몬은 관계를 유지하는 데도 중요한데, 나폴레옹 보나파르트가 조세핀에게 보낸 유명한 메시지가 이를 증명해준다. "사흘 내에 집으로 돌아갈 것이니, 목욕하지 말고 기다려주오."

소리를 이용해 짝짓기 상대를 유혹하는 행동은 거의 모든 동물 종들에서 볼 수 있다. 땅강아지 수컷은 좁은 구멍에서 날개를 서로 문질러 '노래' 소리를 증폭시키고, 우리 인간은 트로트 가수나 로큰롤 스타의 노래에 가슴이 설렌다. 수컷 매미는 배에 있는 납작한 금속 심벌즈처럼 생긴 한 쌍의 기관을 서로 부딪쳐 음악을 연주하는데, 이는 자연 세계에서 가장 시끄러운 소음 중 하나다. 개구리 수컷은 암컷에게 자신의 관심을 개골개골 표현하는데, 의도적으로 빠르게 했다가 다시 느리게 변화시키면서 경쟁자나 포식자를 따돌리거나 몸집이 더 큰 것처럼, 또는 더 관심이 많은 것처럼 보이려고 한다.

최근 브라운대학교 연구진은 황소개구리 수컷들의 더듬기 대화 기술 유형에 대해 처음으로 연구하여 발표했다. 연구진은 자연적으로 합창하는 수컷 황소개구리 32마리로부터 2356가지 울음소리를 녹음하였다. 각각의 울음소리 속의 개골거리는 소리들을 분석하고, 각각의 개골 소리에 포함된 더듬기 수를 세었다. 그 결과 더듬기는 개구리가 피곤하거나 숨이 차서 나타나는 것이 아니며, 또한 공격성을 표현하거나 영역을 표시하는 방법도 아니었다. 연구진에 따르면, 더듬기는 개별 울음소리의 길이를 연장하기 위한 것으로 보인다. 번식기의 특정 시간에 더듬기가 좀 더 자주 나타나므로 짝짓기로 유혹하는 과정의 일부로도 생각할 수 있다.

황소개구리 수컷은 경쟁 관계의 다른 수컷 구혼자를 물리치기 위해서나 암컷의 환심을 사기 위해 목적에 따라 개골 소리의 높낮이와 세기를 변화시킨다. 말코손바닥사슴 수컷의 끙끙대는 듯한 울음소리는 3킬로미터나 떨어진 곳에 있는 암컷들도 들을 수 있다. 그리고 코끼리물범 수컷이 짝짓기를 위한 싸움을 선언하며 내는 그르렁 소리는 더 멀리까지 퍼져 나간다.

미주두꺼비고기류에 속하는 아귓과의 한 종(Porichthys notatus)은 멕시코에서 알래스카까지 이어진 태평양 연안의 조간대(밀물과 썰물 사이) 지역에 사는데, 이들은 자신의 둥지로 암컷을 끌어들이기 위해 두 가지 전략을 이용한다. 첫째는 신호 보내기이다. 이 아귀는 실제로 소리를 낼 수 있다. 그것도 아주 크고 강하게. 이 물고기들이 내는 소리는 윙윙거리며 울려 퍼지는데 중간중간 휘익 우르릉 하는 소리가 섞인다. 밤 시간에 짝짓기에 초대하는 이러한 소리는 가까운 곳에 있는 누구에게나 들린다. 둘째, 이 수컷들은 '스스로 빛을 낸다'. 암컷이 가까이 오면 수컷은 머리를 뒤로 둥글게 젖혀 뺨 아래에 있는 발광점을 노출시킨다. 이제 암컷은 낚인 것이나 진배없다.

자기선전의 일환으로뿐만 아니라 분위기를 돋우기 위해서도 여러 가지 형태의 '빛의 향연'이 벌어질 수 있다. 화려한 모양의 깡충거미 수컷은 몸 곳곳에 빛을 반사하는 '형광' 비늘이 붙어 있는데, 특히 앞다리에 많다. 수컷이 정교한 혼인 춤을 추는 동안 태양빛을 받으면 이러한 비늘이 빛을 낸다.

　한여름 밤 반딧불이들이 내는 빛의 향연은 온갖 이야기와 음모에 단골로 등장한다. 암컷은 반짝이는 수백 마리의 수컷 구혼자들 중에서 한 마리를 선택하여 그 수컷이 내는 사랑의 불빛 위로 내려앉는다. 반딧불이의 꼬리에 있는 효소가 화학반응을 할 때 불빛이 만들어진다. 전 세계에 분포하는 2000종 이상의 반딧불이 중에는 성체가 되어 빛을 내는 종이나 성장기 동안에 빛을 내는 종이 있는가 하면, 어떤 종들은 빛을 전혀 만들지 못한다. 터프츠대학교의 생태학 교수로 반딧불이의 이러한 빛을 오랫동안 연구한 세라 루이스Sara Lewis는 특별히 제작한 펜라이트를 이용해 빛의 향연에 동참하기도 했다. 그녀는 매사추세츠 동부 농장의 풀밭에서 반딧불이의 한 종인 폰티누스 그레에니(*Photinus greeni*)처럼 라이트를 두 번 반짝인 다음 3초 동안 어둠을 유지한 후 다시 두 번 반짝이자, 풀 속에서 암컷 폰티누스 그리니의 불빛이 두 번 반짝이며 새어 나왔다. 세라 루이스는 넓지 않은 그곳에서만 반딧불이를 6종이나 발견했으며, 그 각각은 고유한 형태로 빛을 냈다. 폰티누스 이그니투스(*Photinus ignitus*) 수컷은 한 번씩만 깜빡이는데 그 사이에 5초 간격이 있다. 짝짓기 신호는 복잡하고 정교하여, 수천 마리 수컷들이 공중에서 빛으로 신호를 보내면 아래 풀밭에서 단지 몇 마리 암컷이 반응을 보인다. 암컷들 각각은 자신이 속한 종의 수컷들이 내는 빛의 유형을 관찰하고, 빠르게 반짝이는 자신의 신호로 반응한다. 반딧불이 암컷은 하루 저녁에 수컷 10마리 이상을 상대하는 구역에 있으면서 한 번에 여러 가지 빛의 대화를 전달한다. 그리고 마침내 암컷은 가장 좋은 결혼 예물을 지참한 것으로 생각되는 '임자'를 정한다. 과학자들은 정자와 함께 주입될 단백질 꾸러미를 이러한 예물로 부른다. 반딧불이 중에서도 피락토메나 안굴라타(*Pyractomena angulata*) 종이 내는 불빛은 아마 가장 아름다운 빛의 향연 가운데 하나일 것이다. 루이스는 이 반딧불이 종이 내는 빛에 대해 '깜빡이며 내리는 오렌지 비' 처럼 보인다고 표현했다. 우리 인간들도 불꽃놀이를 하고 또 특별한 경우에는 다른 빛을 비추지만, 자연은 보다 더 정교하고 장엄한 방식으로 매년 여름날 밤을 축하한다.

인간을 포함하여 다른 구혼자들은 보름달이 뜰 때 특히 활동성이 강한 크립토크롬을 가지고 있어 더 로맨틱해지는 것으로 생각된다. 산호에서부터 인간에 이르기까지 많은 동물들은 이와 같이 빛에 민감한 유전자를 가지고 있다. 이 유전자는 활동성주기, 즉 24시간을 주기로 작동하며 우리 주위의 모든 리듬에 생체리듬을 조화시켜준다. 산호에서는 이러한 유전자가 원시적 눈을 활성화시킨다. 다른 동물들은 망막과 눈 그리고 신체의 어떤 부위가 빛에 민감하다. 오스트레일리아와 이스라엘 연구진은 보름달이 뜰 때 오스트레일리아의 그레이트배리어리프의 산호들이 집단으로 산란하는 데는 크립토크롬이 중요한 역할을 하는 것을 확인했다.

대부분의 동물에서는 암컷이 짝짓기 상황을 선택하는 경우가 많다. 그리고 학자들의 연구에 따르면, 암컷 새들이 짝짓기에서 원하는 것이

해마다 달라질 수 있다고 한다. '프랑스 진화 및 생물학적 다양성 연구소'의 알렉시 샤인Alexis Chaine과 미국 캘리포니아대학교의 브루스 라이언Bruce Lyon은 5년에 걸쳐 흰날개멧새(Calamospiza melanocorys)를 연구한 결과 '적합한' 수컷의 특성이 매년 달라지는 것을 확인했다. 예를 들어 어느 해에는 몸집이 크고 엉덩이 깃털이 많은 경우가 생산적인 짝짓기의 증표였다가, 그 다음 해에는 이런 특성이 짝짓기 실패의 증표가 되었다. 여기에는 포식자나 기후 그리고 먹이의 변화가 중요한 요인이 된 것으로 보인다. 매년 암컷 멧새는 변화한 환경에서 가장 건강한 새끼를 갖기 위해 수컷의 어떤 특성이 가장 적당한지 본능적으로 아는 것으로 생각된다.

일부 동물들에서는 거친 수컷이 암컷의 선택권을 지배하거나 공격적 방식을 통해 암컷의 마음을 바꾸려 한다. 포유류의 세계에서는 멋진 모습과 기지, 매력, 지혜 등이 승부수로 사용될 수 있다. 그러나 먼저 암컷이 육체적으로 준비되어야 한다. 모든 동물 종의 암컷들은 자기 몸의 짝짓기 준비 상태를 인식하는 것으로 생각되지만, 많은 수컷들은 손수 암컷의 준비 상태를 확인한다.

뱀, 기린, 코끼리 등 여러 동물들은 암컷의 수정 가능성을 검사할 방법이 있다. 많은 척추동물들의 입천장이나 콧구멍 바닥에 위치한 특수한 피부 조각인 야콥손기관에서 이러한 기능을 담당한다. 서비기관의 일부인 이곳은 공기 중의 냄새 분자에 매우 민감하다. 뱀이나 도마뱀은 혀를 앞뒤로 내밀었다 당기면서 이 기관을 이용해 포식자들을 감지한다. 포유류들은 이 기관으로 페로몬을 감지한다. 사자, 호랑이, 얼룩말, 기린 같은 동물들은 윗입술을 입 안으로 당기면서 공기 중의 페로몬을 맛보는데, '플레멘 반응'이라 부르는 이러한 동작은 야콥손 기관 위로 공기를 흘리기 위한 것이다. 어떤 수컷들은 암컷이 내뿜는 입김 속에서 페로몬 분자를 감지하여 그 암컷이 배란기에 있는지 확인하기도 한다. 암컷에게 아주 가깝게 접근하여 검사하는 수컷들도 있다. 기린의 경우, 수컷은 짝짓기 상대가 될 만한 암컷에게 다가가 암컷의 생식기를 코로 비벼대며 배뇨하도록 유도한다. 그러고는 머리를 숙여서 주둥이에 암컷의 소변을 조금 받는다. 그런 다음 수컷은 머리를 뒤로 젖힌 채 찡그린 표정을 하고 긴 혀를 내밀어 주위로 돌리면서 주둥이와 입술을 움직인다. 그리고 이빨을 드러낸다. 암컷은 수컷이 자신을 검사하도록 멈춰 있다가 끝나면 걸어간다. 암컷이 배란기에 있는 것으로 확인되면 수컷은 암컷을 따라가 올라타기를 시도한다. 그러나 배란기가 아니면 다른 암컷을 검사하러 떠난다.

인간의 경우, 공기를 통해 한 개인의 냄새를 감지할 뿐만 아니라 입과 코 주위에서 일어나는 입맞춤으로 더 많은 생화학적 데이터를 제공해줄 수 있다. 사실 아프리카 콩고에 서식하며 피그미침팬지라고도 부르는 보노보는 프렌치키스도 하는 것으로 알려져 있다.

다른 포유류들 중에도 입맞춤 행위를 하는 종이 많이 있다. 콧수염박쥐는 자주 다정하게 쌕쌕거리는 소리와 거칠고 공격적인 소리를 낸다. 자세히 관찰하면 박쥐들이 다정하게 쌕쌕거리는 소리는 여러 가지 신체 접촉 및 '입맞춤'에 동반되며, 때로는 수컷과 암컷 사이에 구강-생식기 접촉이 있기도 한다. 박쥐들은 날개를 접고 서로 껴안기도 한다. 입을 맞출 때는 두 마리 박쥐의 입이 접촉하고 이때 서로의 입술을 핥는다. 이와 대조적으로 거친 소리의 경우는 치고받기, 꼬집기, 거칠게 깨물기 등의 행동을 수반한다. 여러 가지 상황에서 싸움이 일어나는데, 때로는 한 마리 박쥐가 날개를 크게 펼쳐서 다른 박쥐를 철썩 때려서 매달린 자세에서 떨어뜨리기도 한다. 어떤 경우에는 수컷 박쥐가 지배자 수컷이 '소유한' 암컷들과 마구잡이로 포옹하기도 한다. 그럴 때면 지배자 수컷은 즉시 거친 울음소리를 내는 것만으로 교활한 바람둥이 수컷을 쫓아버린다. 그러고는 지배자 수컷은 쌕쌕거리는 소리를 내면서 자신의 암컷들과 구강-생식기 접촉을 하여 자신들의 결속을 재확인한다.

개들도 '키스'로 생각될 수 있는 방식으로 서로를 '반긴다. 서로의 호흡을 가까이 하고 코와 입의 냄새를 통해 많은 데이터를 주고받는다. 인간도 마찬가지다. 실제적인 '입맞춤' 행위로 볼 수 있느냐를 두고 논란이 있지만, 다른 많은 동물들도 상대의 짝짓기 준비 상태를 검사하는 방법으로 서로를 핥거나 문지른다.

동물과 인간 사이에 유사성은 특정한 짝짓기 습관에까지 확대된다. 우리는 오랫동안 오직 인간만이 서로 얼굴을 마주보며 성행위를 하는 것으로 생각해왔다. 이른바 '선교사 체위'라 일컬어지는 것이다. 그러나 일부 침팬지 종을 비롯한 여러 유인원들 중에서도 이런 체위로 짝


동물의 숨겨진 과학

짓기 하는 모습이 최근 들어 관찰되고 있다.

우리는 다른 동물들에 대한 연구를 통해 우리 자신에 대해서도 더 많이 알 수 있다. 지속적인 관계 또는 사랑이 가져다주는 유대감과 관련된 생화학물질들에 대한 연구는 오늘날 과학계의 화두라 할 수 있다. 우리가 서로 관계를 맺거나 특별한 경험을 한 뒤에 발생하는 생화학물질들과 유전학적 상호작용이 서로가 계속 함께할 수 있는 능력에 영향을 준다. 이를테면 평생 동안 관계를 유지하는 동물들을 연구한 결과 그들의 신체에서 특정한 화학물질을 발견했는데, 이것은 그렇게 오래 유대감을 형성하지 않는 동물들의 몸에는 그처럼 많이 존재하지 않았다. 21세기에 와서 학자들은 이것이 '좋은 유전자'를 가지고 태어났기 때문만은 아니라는 것을 알아가고 있다.

인간의 엄마와 아기 사이의 유대감에 대한 연구에서는 양쪽 모두 체내에 옥시토신의 양이 크게 많아지는 것을 발견했다. 옥시토신은 기쁨을 만들어주는 신경전달물질로서 만족스런 평화의 느낌과 친밀감을 생성한다. 엄마와 아기가 강하게 상호작용하는 동안 생기는 사랑의 느낌에 반응하여 옥시토신이 분비되고, 이것은 다시 서로가 더욱 가깝게 느끼도록 만든다. 이렇게 계속 상승되는 발전적 순환 고리가 만들어진다. 옥시토신의 수준이 계속 높아지는 변화는 유전자의 발현일 뿐이지만, 실제로 그 자체가 유전자로 될 수도 있다. 시궁쥐를 대상으로 한 최근 연구에서는 옥시토신이 DNA 자체를 변화시키는 것으로 확인되었다. 학자들은 과거에 유전자에 대해 사람들 각자가 가지고 태어나서 변화시킬 수 없는 인생행로 계획서라고 생각했다. 그러나 지금은 우리의 경험과 그러한 경험이 만들어내는 전기적·화학적 변화로 우리의 DNA가 실제로 변할 수 있다는 사실을 알고 있다. 예를 들어, 맥길대학교의 마이클 미니Michael Meaney는 이러한 초기의 환경적 경험들(엄마의 보살핌 또는 그러한 보살핌의 결여)이 DNA 구조에 화학적 변화를 가져온다고 말한다.

우리는 자신의 DNA 때문에 제약을 받거나 볼모로 잡혀 있을 필요가 없다. 우리가 분노를 느낄 때마다 체내에서 수십억 개의 분자가 만들어진다. 사랑의 감정도 마찬가지다. 스탠퍼드대학교의 데이비드 스피겔David Spiegel은 이렇게 말한다. "우리는 모두 머리 속에 작은 약품 공장을 가지고 있다." 특정한 감정이나 행동 그리고 사건이 되풀이되면 화학적·전기적 변화들이 연쇄적으로 발생하고, 이러한 변화의 결과로 RNA, 즉 유전자 및 세포들 사이에 정보를 전달해주는 분자가 우리의 유전자 지도에 영향을 주게 된다. 다시 말해, 우리가 가진 DNA가 바뀐다.[†] 그러므로 우리 자신이 변할 수 있을 뿐만 아니라 이러한 변화를 자손에게 물려줄 수도 있다. 갈라파고스방울새 부리의 유전학

[†] 1961년 이후 신경세포를 자극했을 때 많은 양의 RNA(리보핵산)가 생산되어 방출되는 것이 알려졌다. RNA는 유전학적 정보 전달자로서 변화 및 활성화를 담당하는 분자를 말한다. 지난 10여 년 동안 학자들은 더 많은 유형의 RNA를 발견했는데, 유전자가 내리는 명령을 방해하는 것, 한 개인의 신체 내부 또는 환경에서 오는 필요에 따라 특정 유전자가 적절히 발현(활동)되도록 하는 것, 그리고 실제로 한 개인의 유전학적 데이터를 변화시키는 것으로 생각되는 여러 가지 단백질 및 과정을 형성하는 기능을 가진 RNA도 있다.

적 변화에 대한 다윈의 연구 이후, 우리는 새로운 환경과 변화에 대한 요구가 우리의 유전자 양식을 변화시킨다는 사실을 알게 되었다. 또한 돌연변이, 즉 환경이나 또 다른 압박에 의해 일어나는 유전물질의 변화에 대해서도 알고 있다. 그러나 무엇보다도 최근 유전자 외적 연구, 즉 후생학(환경이 유전자와 DNA에 미치는 영향을 연구하는 것)을 통해 우리의 유전자 단백질과 분자들이 실제로 변화될 수 있다는 사실을 확인한 것은 새로운 가능성의 세계를 열어주고 있다.


## – 평생의 반려자 혹은 새끼가 둥지를 떠날 때까지만 –


일부일처제는 얼마나 좋은 것인가! 짝짓기를 두고 경쟁자들과 계속 싸워야 할 필요도 없고, 반려자를 얻기 위해 힘들고 지루한 그리고 실패할 때가 많은 의식을 치르지 않아도 된다. 새들은 대부분 새끼를 낳고 돌보는 기간 동안 암수가 함께 지낸다. 많은 앵무새와 비둘기 종들은 수년 동안 함께 지내는 것으로 알려져 있다. 로열알바트로스는 길게는 80년을 사는 것으로 생각되는데, 일생 동안 부부관계를 유지한다. 목도리댕기비둘기(*Streptopelia capicola*) 역시 일생 동안 쌍을 유지하고, 일부 펭귄들도 그렇다.

그러나 미국 일리노이 주 남부의 프레리 밭쥐들이 이와 관련하여 학계에서 가장 유명하다. 이웃의 다른 밭쥐들과 비교할 때도 프레리 밭쥐(*Microtus ochrogaster*)들은 일부일처제의 전형이라 할 수 있다. 수컷


구애, 결혼 그리고 사랑

밭쥐들은 자신의 동정을 바친 암컷과 이후 평생을 함께 지낸다. 이 밭
쥐들로서는 한 쌍으로 지내는 것이 실질적으로 유리하다. 수많은 포식
자가 노리고 있는 험한 환경에서는 짝짓기 상대를 만날 기회가 많지
않다. 경쟁자와 싸우거나 다른 상대와 짝짓기를 하는 것은 생존 및 가
족의 양육에 필요한 에너지를 감소시키는 행위다. 물론 여기에는 생화
학물질들도 관련이 있다.

토머스 인셀Thomas Insel의 연구에 따르면, 프레리 밭쥐들의 체내에
는 다른 들쥐들과 대조적으로 옥시토신의 수준이 높다. 옥시토신은 앞
에서 보았듯이, 유대 효과 및 '사랑의 느낌'을 주는 것으로 알려져 있
다. 프레리 밭쥐들은 또한 바소프레신(좋은 느낌과 기억에 관련된 물질)
과 도파민(기쁨과 보상의 감정에 관계된다)의 수준도 높다. 우리는 보통
일부일처제가 심장 건강에 도움이 된다고 생각하는데, 학자들은 이를
확인하기 위해 프레리 밭쥐를 대상으로 사회적 일부일처제가 심장에
미치는 영향을 연구하고 있다. 이러한 생화학물질들이 일부일처제를
이끌어낸 것인지 아니면 일부일처제의 결과로 이러한 생화학물질들의
수준이 높아진 것인지는 분명하지 않다. 그러나 인간 사회에서 엄마와
아기 사이의 유대감이 강화되는 것과 마찬가지로 두 가지 모두가 사실
일 가능성이 많다.

프레리 밭쥐 수컷들이 가진 또 다른 생화학물질인 세로토닌이라는
신경전달물질을 좀 더 자세히 살펴볼 필요가 있다. 우울 및 불안 상태
의 사람들은 세로토닌 수준이 낮은 경우가 많다. 최근 집단으로 이주

하는 동물들을 대상으로 한 연구에서는 세로토닌 수준이 낮은 동물들이 자연적인 집단행동에 문제를 일으킨다고 결론을 내렸다. 학자들은 이러한 생화학물질들이 얼마나 강력한 효과를 나타내는지 입증하였다(이 물질들은 우리의 경험을 강화하고, 또 경험의 결과로 이 물질들을 더 많이 생산하는 것을 확인하였다). 대니얼 골먼Daniel Goleman이 《사회적 지성 *Social Intelligence*》에서 말했듯이, 인간 역시 이러한 물질의 도움을 받으며 유대감과 사랑이 거듭된 결과로 쌍을 이루고 산다. 인간의 뇌에서는 사랑 만들기의 전주곡으로 옥시토신 수준이 치솟으며, 바소프레신도 함께 증가한다. 바소프레신은 옥시토신과 밀접히 관련된 호르몬으로 유대감을 유지하는 데 큰 역할을 한다. 남성과 여성 모두 옥시토신은 사랑의 행동과 기쁨에 불을 지피고 오르가즘 동안에 대량으로 분비된다. 사랑의 정열과 따뜻한 느낌이 이어지고, 옥시토신은 계속해서 강하게, 특히 '후희' 동안에도 분비된다. 서로 껴안고 친밀함을 계속 유지하는 시간이다. 대니얼 골먼에 따르면, '오르가즘 동안에 생산되는 옥시토신은 기억을 북돋우고 사랑에 빠진 연인의 모습을 마음의 눈에 진하게 새겨준다'.

그리고 이렇게 계속 반복된다. 좋은 경험은 그 경험을 함께한 사람에 대한 좋은 기억뿐만 아니라 더 많은 '사랑'과 '기쁨'의 생화학물질을 만들어낸다.

# 인간의 본성을 다시 생각하다

인간은 참으로 걸작품 아닌가!
이성은 얼마나 고귀하며…… 이해력은 신과 같지 않은가!
−셰익스피어, 《햄릿》(1601)

'신의 눈에 비친 인간은 다르고 독특한 피조물일까? 우리는 특별한 존재일까?' 이것은 제임스 트레필James Trefil이 1997년에 《우리는 특별한가?Are We Unique?》에서 던진 물음이다. 그러나 여기서 중요한 것은 트레필의 물음 그 자체가 아니다. 이 질문은 인류 역사에서 끊임없이 제기되어 왔고, 무엇보다도 그가 자신의 주장을 입증하기 위해 동원하려 했던 과학적 데이터와 학자들의 방대한 연구 결과는 그로부터 10년이 지난 다음에야 이용 가능하게 되었다. 이 책에 있는 과학적 증거의 대부분을 트레필은 알지 못했다. 고로 우리가 특별히 '인간 본성'이라 생각할 수 있는 것은 계속해서 변하고 있는데, 이것은 우리가 동물에 대해 아직 모르는 부분이 많을뿐더러 모든 형태의 생명체들이 유전학적으로 계속 변하기 때문이기도 하다. 그리고 그 변화 속도는 불과 1년 전에 상상할 수 있던 것보다도 훨씬 더 빠르다!

하지만 트레필의 물음은 여전히 가치 있다. 우리 행동이나 판단의 많은 부분들이 '인간 본성'에 대한 가정을 토대로 하기 때문이다. 오래전부터 우리는 인간이 동물 가운데에서 영혼을 소유한 유일한 존재이기 때문에 인간에게만 양심과 고귀함, 자의식이 있다고 생각해왔다. 20세기에 학자들, 특히 심리학자들은 인간이 아닌 동물들('열등한' 영장류를 포함하여)은 미래의 사건을 예측하고 이를 위해 계획을 세우거나, 과제를 달성하기 위해 다른 동물과 협조하는 능력이 없다고 생각했다. 그리고 최근까지도 인간에게만 있는 것으로 간주된 다른 능력들도 있다. 추리하고, 그러한 추리를 통해 창조하는 능력 그리고 기억 속에 저장하고 기억에서 데이터를 추출하여 구성하고 창조할 수 있는 능력이다. 즉 동물들의 행동에서 관찰되는 모든 것은 '본능적'으로 가진 기술이지, 동물이 사고해서 나온 결과가 아니라고 생각했다.

인간이 보여주는 동정심, 절절한 사랑, 이타주의 등도 고유한 '인간 본성'일 것으로 생각했다. 다른 동물들이 질투와 보복, 무기 제작, 계획적 살해 같은 행동을 보여줄 때도 이들에게 우리 인간이 가진 기본적 특성들이 있다고 확신하지는 못했다. 그리고 일부 과학자들은 아직도 '본능'이 '실질적 학습' 능력이나 가르치려는 욕구보다 우위에 있을 것으로 생각한다.

최근에 발표된 과학적 자료는 우리의 이러한 가정을 크게 뒤집었다. 다른 영장류들과 물고기, 새, 개, 고양이, 코끼리, 하이에나, 박쥐, 생쥐 등 여러 동물들이 살아가는 방식을 알게 되면서 우리는 '인간 본성'을 다시 생각하게 되었다. 학자들은 인간 이외의 동물들이 다른 동물보다 자신들을 더 우월하게 느끼는지 아직 확실히 알지 못한다. 하지만 다른 포유류들도 우리 인간처럼 서로 돌보고 감정을 공유할 뿐만 아니라 경쟁적 특성들과 질투와 복수심도 가지고 있는 것으로 보인다. 다른 동물들도 감정을 느끼고 표현한다고 가정하는 것이 논리적이다. 어떻게 그리고 왜라는 면에서 다를 뿐이다. 우리 인간은 개인의 경험이 기억과 미래에 대한 인식에 영향을 주기 때문에 누구도 다른 사람들의 경험을 깊숙한 부분까지 알 수는 없으며, 다른 동물들의 경험에 대해서는 더욱더 모른다. 그리고 최근 연구에 따르면 새와 포유류들이 이타적 행동을 하는 사례가 많이 관찰되었으며, 심리학 실험에서는 여러 동물 종들에게 자아 개념이 있다는 사실이 확인되었다. 마치 사랑하는 사람이나 동물의 죽음을 아는 듯이 개가 우울한 신음으로 슬픔을 표현하는 소리를 들을 때나 종종 인간보다 더한 비탄에 잠기는 모습을 볼 때, 그리고 가족을 잃은 코끼리가 슬퍼하는 모습을 비디오로 볼 때 우리는 자연이 얼마나 심오한지 더욱 절실히 깨닫게 된다.

이 책에 실린 여러 현상들은 많은 과학자들의 끈질긴 연구 결과를 바탕으로 한다. 그들 중 많은 사람들은 동물들의 삶의 비밀과 그들의 뇌 속에서 벌어지는 일들을 찾아내기 위해, 양자역학적 수준에서부터 분자와 세포 그리고 실제 행동에 이르기까지 평생에 걸쳐 연구에 매진했다. 이러한 연구 결과는 동물과 우리 인간의 관계가 수직적 형태가 아니라 좀 더 수평적임을 보여준다. 우리 인간이 인식하고 생각하고 느끼고 노래하고 춤추고 웃고 문제를 해결하는 능력은 다른 많은 생명체에서 나왔으며, 또한 그들과 공유하는 능력이다.

이 책에서 우리는 인간이 더 이상 가지고 있지 않거나 의식적으로 인식하지 못하는 특성, 퇴화된 특성을 가진 동물들을 보았다. 그리고 무엇보다도 과학적 발견이 계속됨에 따라 우리는 그동안 당연하게 여겼던 '인간 본성'을 다시 생각하게 되었다.

찰스 시버트Charles Siebert는 저서 《와쿨라 숲의 평화Wachula Woods Accord》에서 이렇게 말했다. "인간이 서로서로, 그리고 다른 생명체를 학대하길 멈추는 것은 우리가 다른 모든 생명체를 조화로운 전체의 일부로 이해하는 데 달려 있다." 이 책의 목적은 그렇게 생각하려고 노력하는 사람들의 이해를 높여주는 것이다. 또 아직 동물의 내부 세계를 우리 내부 세계의 연장으로 생각하지 않는 사람들로 하여금 그렇게 이해할 수 있도록 도와주어 새로운 시각으로 동물의 세계를 즐길 수 있게 하는 것이다. 우리는 이와 같은 새로운 이해와 관점이 모든 생명체의 삶의 질을 높여줄 것이라 믿는다. 그리고 거기서 가장 큰 도움을 받는 것은 바로 우리 자신일 것이다.

이 책 전체에 걸쳐, 특히 1장과 2장, 12장에서 미국자연사박물관의 최신 동물 자료와 사진집(DK Publishing, 2008)을 많이 이용했다. 500쪽이 넘는 동물 연구 사진집《동물의 생활 *Animal Life*》에서 이 책에 나오는 동물들의 모습을 쉽게 찾아볼 수 있다. 각 장별로《동물의 생활》에서 참고할 쪽수를 제시하였고, 책제목은 약자 AL로 표기했다.

## 프롤로그


Kanwal, J. S.(2009), "Audiovocal Communication in Bats," in Squire, L. R.(ed.), *Encyclopedia of Neuroscience*, Vol. 1, pp. 681~90.

Balcombe, J. P.(1990), "Vocal recognition of pups by mother Mexican free-tailed bats: do pups recognize their mothers?," *Animal Behavior*, 39, 980~986.

Knornschild, M., Behr, O., and von Helversen, O.(2006), "Babbling behavior in the sac-winged bat(*Saccopteryx bilineata*)," *Naturwissenschaften*, DOI 10.1007/s00114-006-0127-9, URL http://dx.doi.org/10. 1007/s00114-006-0127-9, Oxford: Academic Press, pp. 1~4.

Skorupski, P. and Chittka, L.(2010), "Differences in photoreceptor processing speed for chromatic and achromatic vision in the bumblebee(*Bombus terrestris*)," *The Journal of Neuroscience*, March 17, 2010, 30(11): 3896~3903.


그리고 쥐에게 냄새로 지뢰를 탐지하고 결핵 환자를 찾아내도록 훈련시킨다. 웨스턴미시건대학교 심리학 교수인 앨런 폴링(Alan Poling) 박사에 따르면, 특히 모잠비크 같은 제3세계에서 훈련 받은 쥐는 지뢰와 결핵 냄새를 맡을 수 있다. "개들도 지뢰 냄새를 맡을 수 있지만 쥐를 이용하면 몇 가지 유리한 점이 있습니다. 이 녀석들은 크기가 작고 사육비가 적게 들며 열대 질병에 강합니다. 또한 개는 훈련시키는 사람과 유대감을 형성하는 경향이 있지만, 이들은 같이 일할 때도 까다롭게 굴지 않습니다." *Monitor on Psychology*, Vol. 42, No. 1(January 2011), p. 29.

*New York Times*(Science Section) by Natalie Angier, "Brainy Echidna Proves Looks Aren't Everything," June 8, 2009.

Opiang, M. D.(2009), "Home ranges, movement, and den use in long-beaked echnidas, Zaglossus Bartoni, from Papua, New Guinea," *Journal of Mammalogy*, Vol. 90, No. 2 (April 2009), pp. 340~346.


## 1. 전기로 가득 찬 세계

인간의 '전기적 뇌'에 관한 최신 연구와 칼 프리브램의 논문들.

Pribram, K. H.(2004), "Brain and Mathematics," Chapter 12 in Globus, G., Pribram, K., Vitiello, G.(eds), *Brain and Being: At the Boundary between Science, Philosophy, Language and the Arts*.

Pribram, K. H.(2004), "Consciousness Reassessed," *Mind and Matter*, Vol. 2, No. 1, pp. 7~34.

우리 주위의 자기장파에 대한 신비로운 영상은 다음 웹사이트에서 많이 볼 수 있다.

http://www.semiconductorfilms.com/root/Magnetic_Movie/Magnetic.htm

AL: electricity and magnetism.pp. 119, 130.1, 218, 234, 276, 443, 462, 464; short-beaked echidna.pp. 70, 130, 394; duck-billed platypus.pp. 70, 130, 234.

오리너구리 주둥이에서도 전기민감성을 관찰할 수 있다. 다음을 참고하라. Manger, P. and Pettigrew, J., "Electroreception and the feeding behaviour of platypus," *Philosophical Transactions: Biological Sciences*, 347 (1322), 359~381.

감각의 가장 첫 단계에서는 모든 물리적 신호들이 신경계 내에서 미소한 전압 변화로 전환된다. 즉 외부 세계의 에너지가 전자기장, 빛, 소리 또는 냄새 등의 형태로 항상 우리에게 아주 작은 충격을 주고 있다고도 생각할 수 있다. 그러나 우리가 감각하는 것은 작은 충격이 아니라 그것이 전달해주는 실제 사물들과 그 의미다. 모든 동물들은 이러한 정보를 이용해 자신들의 행동을 적응시킴으로써 그들이 속한 환경에서 길을 찾고 생존하며 번영을 누린다.

생물학적 '체계'는 분자를 감지하는 감각기와 그 정보를 뇌로 전달하는 신경세포들로 구성된다. 뇌에는 잘 짜인 도로망이 있어서 정보가 구체적 목표 영역으로 운송되고, 그곳에서 정보가 생리적으로 처리되는데, 이것은 제조업에서 원재료와 부품들이 조립 라인에서의 처리를 거쳐 상품으로 만들어지는 것에 비교할 수 있다. 처리된 정보는 뇌세포들에게는 음식물과 같아서, 새로 들어오는 정보를 다루어 동물들에게 행동을 지시한다. 이를테면 먹이가 있는 곳을 향하게 한다.

전기수용기는 전기적 자극을 감지하는 생물학적 능력을 말한다. 더 자세한 내용은 http://en.wikipedia.org/wiki/Electroreception을 참고하라. 칼 홉킨스(Carl D. Hopkins)는 전기 감각과 전기적 의사소통에 대해 집중적으로 연구하고 있다. 그의 연구에 대해서는 웹사이트 http://www.nbb.cornell.edu/neurobio/hopkins/research.htm에 자세히 소개되어 있다.

Menon, C., *Science Direct–Acta Astronautica*, Vol. 64, Issue 4, February 2009, pp. 395~495.

Weiss, R., "Mind over Matter: Brain Waves Guide a Cursor's Path," *Washington Post*, December 13, 2004.

BBC News/Health, "Brain Chip Reads Man's Thoughts," March 31, 2005.

전기뱀장어는 페이스메이커 신경세포의 핵을 이용하여 발전세포에서 정확한 시간에 전기를 발산시킨다. 전기뱀장어가 먹이를 지목하면 페이스메이커 신경세포가 활동하여 전기운동신경세포로부터 발전세포를 향해 아세틸콜린이라는 신경전달물질을 방출하여 발전기관 방전(electric organ discharge, EOD)이 일어난다.

Kalmijn, A.J. (1982), *Science*, 218, 916~918.

Bell, C. C. and Grant, K.(1989), *The Journal of Neuroscience*, 9, 1029~1044.

Zakon, H. H. and Dunlap, K. D.(1999), *Brain, Behavior and Evolution*, 54,

61~69.

Bennett, M. V. L.(1971), "Electric Organs," in Hoar, W. S. and Randall, D. J.(eds), *Fish Physiology*, Vol. 5, Chapter 10. Belbenoit, P., Moller, P., Serrier, J. and Push, S.(1979), "Ethological observations on the electric organ discharge behaviour of the electric catfish, *Malapterurus electricus*(Pisces)," *Behavioral Ecology and Sociobiology*, 4, 321~330.

Carr, C. E., Maler, L. and Taylor, B.(1986), "A time-comparison circuit in the electric *fish midbrain*. II. Functional morphology," *The Journal of Neuroscience*, 6, 1372~1383.

Heiligenberg, W., Baker, C. and Matsubara, J.(1978), "The jamming avoidance response in Eigenmannia revisited: the structure of a neuronal democracy," *The Journal of Comparative Physiology* [A], 127, 267~286.

Heiligenberg, W., Finger, T., Matsubara, J. and Carr, C.(1981), "Input to the medullary pacemaker nucleus in the weakly electric fish, eigenmannia (*Sternopygidae, gymnotiformes*)," *Brain Research*, 211, 418~423.

Kawasaki, M. and Heiligenberg, W.(1989), "Distinct mechanisms of modulation in a neuronal oscillator generate different social signals in the electric fish hypopomus," *The Journal of Comparative Physiology* [A], 165, 731~741.

Wu, C. H.(1984), "Electric fish and the discovery of animal electricity," *American Scientist*, 72(Nov–Dec), 598~606.

버뮤다 삼각지대의 좌표에 대해서는 사람들마다 다르게 이야기한다. 하지만 이 지역에는 플로리다의 대서양 연안, 산후안, 푸에르토리코, 버뮤다의 대서양 섬이 포함된다.

Lohmann, K. J. and Lohmann, C. M. F.(1996), *Nature*, 380, 59~61.

Lohmann, K. J. and Johnsen, S.(2000), *Trends in Neurosciences*, 23, 153~159.

Diego–Rasillo, F. J. and Phillips, J .B.(2007), "Magnetic compass orientation in larval Iberian green frogs, Pelophylaxperezi," *Ethology*, 113, 1~6(pdf).

Muheim, R., Phillips, J. B. and Akesson, S.(2006), "Polarized light cues underlie compass calibration in migratory songbird," *Science*, 313, 837~839(pdf).

Freake, M. J. and Phillips, J. B.(2005), "Light-dependent shift in bullfrog tadpole magnetic compass orientation: evidence for a common magnetoreception mechanism in anuran and urodele amphibians," *Ethology*, 111, 241~254(pdf).

Diego-Rasillo, F. J., Luengo, R. M. and Phillips, J. B.(2005), "Magnetic compass mediates nocturnal homing by the alpine newt, Triturus alpestris," *Behavioral Ecology and Sociobiology*, 58, 361~365(pdf).

Wente, W. H. and Phillips, J. B.(2005), "Microhabitat selection by the Pacific treefrog, *Hyla regilla*," *Animal Behaviour*, 70, 279~287(pdf).

Johnsen, S. and Lohmann, K. J.(2008), "Magnetoreception in animals," Physics Today, 61(3), 29~35; download pdf: http://www.biology.duke.edu/johnsenlab/pdfs/pubs/physics%20today.pdf

Ritz, T., Adem, S. and Schulten, K.(2000), "A model for photoreceptor-based magnetoreception in birds," *Biophysical Journal*, 78, 707~718.

Canfield, J. M., Belford, R. L., Debrunner, P. G. and Schulten, K.(1995), "A perturbation treatment of oscillating magnetic fields in the radical pair mechanism using the Liouville equation," *Chemical Physics*, 195, 59~69.

Schulten, K.(1986), "Magnetic field effects on radical pair processes in chemistry and biology," in Bernhard, J. H. (ed.), *Biological Effects of Static and Extremely Low Frequency Magnetic Fields*, MMV Medizin Verlag, Munich, pp. 133~40.

새와 자기장. 2009년 6월 24일 《데일리 텔레그래프》에 게재된 '집비둘기는 지구의 자기장을 이용한다' 는 기사는 오클랜드대학교에서 수행한 최근 연구와 관련이 있다. 그 내용은 《왕립학회보B*Proceedings of the Royal Society B*》에 발표되었으며, 새가 자기장을 이용해서 방향을 찾고, 새 부리 속의 자기 입자가 나침반처럼 작동한다는 증거를 제시했다. 학자들은 이것이 집비둘기에 한정되지 않는 것으로 생각한다. 즉, 모든 새들과 지구 자기장의 영향을 받는 다른 동물들에게도 보편적이다.

Wiltschko, R. and Wiltschko, W.(1996), *Animal Behavior: Magnetic Orientation*

*In Animals, Zoophysiology*, Vol. 33, Berlin and New York: Springer-Verlag.

박쥐는 밤에 반향정위를 이용하여 방향을 찾는 것으로 잘 알려져 있다. 그러나 이러한 반향정위는 짧은 거리에만 이용된다. 막스플랑크조류학연구소의 리처드 홀랜드(Richard Holland), 이발리오 보리소프(Ivailo Borissov), 비욘 지머스(Bjorn Siemers)는 갈색박쥐의 한 종으로 생쥐귀박쥐라 불리는 미오티스 미오티스(*Myotis myotis*)가 지구 자기장과 일몰 때의 태양빛을 이용해 방향을 찾는다는 사실을 확인했다. 이 연구는《국립과학아카데미회보*Proceedings of the National Academy of Sciences*》(PNAS)에 2010년 3월 39일 발표되었으며, 홀랜드와 연구진은 지구 자기장을 인위적으로 변화시키면 큰갈색박쥐라 불리는 엡테시쿠스 푸스쿠스(*Eptesicus fuscus*)가 집을 찾아오는 행동이 달라지는 것을 실험적으로 보임으로써, 이러한 박쥐가 자신의 둥지로 돌아오기 위해 자기장 나침반을 이용한다는 것을 증명했다. 이 동물이 어둠 속에서 방향을 찾기 위해 다른 중요한 감각 능력을 지니고 있다는 증거를 더 확실하게 해준 연구였다. 이와 관련된 상세한 내용은 다음을 참고하라.

Holland, R.A., Thorup, K., Vonhof, M.J., Cochran, W.W. and Wikelski, M. (2006), "Bat orientation using Earth's magnetic field," *Nature*, 444, 702, doi:10.1038/444702a

Mouritsen, H., Zapka, M. et al(2009), "Visual but not trigemal mediation of magnetic compass information in a migratory bird," *Nature*, 461, 12741277 (October 29, 2009).

Hill, E. and Ritz, T.(2010), "Can disordered radical pair systems provide a basis for a magnetic compass in animals?," *Journal of the Royal Society. Interface*, April 6, 2010, Vol. 7, Suppl 2, S265~S271.


## 2. 진동에 감사하다

AL: vibrations—pp. 120~21.

노린재:《커런트 바이올로지》2010년 5월 20일 기사에 발표된 연구는 마이클 콜드웰(Michael Caldwell)의 보스턴대학교 박사학위 연구 결과다.


동물의 숨겨진 과학

테슬라 이야기는 마거릿 체니(M. Cheney)의 *Tesla: Man out of Time*(Simon & Schuster, 1981)에서 인용했다. (한국어판은 《니콜라 테슬라》(양문, 1999)로 번역되었다.)

이론적으로 물질을 매개로 전해지는 진동은 감각신경계 및 청각 체계 또는 그 두 가지 모두에 의해 감지되고 처리될 수 있다. 진동 펄스와 공기를 통해 전해지는 고밀도 단절음에 의해 유발되는 반응의 지연 시간이나 형태, 지속 기간이 매우 유사하고, 소음으로 가리거나 귀가 안 들리게 하여 이러한 반응을 거의 완전히 없앨 수 있는 점 등은 모두 청각 체계가 진동 신호를 처리하는 데 가장 중요한 역할을 한다는 확실한 증거가 될 수 있다.

Wollberg, Z.(2006), in Kanwal, J. S. and Ehret, G.(eds), *Behavior and Neurodynamics for Auditory Communication*, Cambridge University Press, pp. 36~56.

Rado, R., Himelfarb, M., Arensburg, B., Terkel, J. and Wollberg, Z.(1989), *Hearing Research*, 41, 23~29.

두더지쥐의 지진파 신호: 장님쥐에 대하여는 다음을 참조했다. Wollberg, Z., Rado, R. and Sadka, R.(2006), "The Blind Mole Rat: An Example of Seismic Communication via Acoustic Channels," in Kanwal, J. S. and Ehret, G.(eds), Behavior and Neurodynamics for Auditory Communication, pp. 36~56. 희망봉두더지쥐: Narrins, P. M. et al.(1992), "Seismic signal transmission between burrows of the Cape mole-rat," *Journal of Comparative Physiology*, 209, 4238.

A good resource is: Pikovsky, A., Rosenblum, M. and Kurths, J.(2003), *Synchronization*, Cambridge University Press.

Hill, Peggy(2008), *Vibrational Communication in Animals*, Harvard University Press.

Makris, N. et al.(2009), "Critical Population Density Triggers Rapid Formation of Vast Oceanic Fish Shoals," *Science*, 323, 1734~1737.

크리스의 연구 이전에도 동물들의 무리 형성과 집단행동에 대해 여러 연구가 있었으며,

다음과 같은 연구에서도 무질서한 상태가 질서 있는 무리로 변환되는 데 밀도의 중
요성에 대해 언급했다. Buhl, J. and Sumpter, D.(2006), "From Disorder to
Order in Marching Locusts," *Science*, 312, 1402~1405.

메뚜기의 경우는 옥스퍼드대학교의 마이클 앤스티(Michael Anstey)와 케임브리지대
학교의 스티븐 로저스(Stephen Rogers)와 시드니대학교 연구진이 메뚜기가 무리
형성의 임계밀도 수준에 도달할 수 있도록 가까이 모이게 하는 데 신경전달물질 세
로토닌이 필요하다는 것을 확인했다. Anstey, M. et al. (2009), "Serotonin
Mediates Behavioral Gregarization Underlying Swarm Formation in Desert
Locusts," *Science*, 323, 627~629. 스티븐슨(P. A. Stevenson)은 그 이전에 《사이
언스》에 게재한 'The Key to Pandora's box,' 323, 594~595에서 앤스티의 연구
에 대해 다루었다. 메뚜기의 무리 형성에 세로토닌이 갖는 중요성과 이와 관련된 여
러 가지 행동에 대해서는 제12장에서 다룬다.

제시된 자기조직화의 사례들: 오스트레일리아 시드니대학교의 오드리 뒤쉬투르
(Audrey Dussutour)와 스티븐 심슨(Stephen Simpson)의 녹색머리개미에 대한 다
음 연구에 기술되어 있다. "Ants Adjust Foraging so the Colony Eats Right,"
"Science," *New York Times*, April 21, 2009. 펜실베이니아주립대학교의 백스터
(G. W. Baxter)와 어리(Erie) 등은 수학적 모델을 이용하여 작은 흑개미들의 먹이찾
기 행동과 다른 여러 동물 종들의 집단행동 및 무리 형성에 대해 기술하였다.

자기조직화의 사례는 다음과 같은 연구들에 잘 기술되어 있다. Holldobler, Bert and
Wilson, E. O.(2009), *The Superorganism*, Norton−including the nest archi-
tecture quote found on page 473.

Amir D. Aczel, "Particles that Flock," *Scientific American*, February 2011, p. 30.

*Proceedings of the National Academy of Sciences*, February 14, 2011.

얽힌 광자 쌍을 만들기는 어렵다. 하지만 영국과 일본의 물리학자들은 새로운 광학 필
터에 보통의 광자를 통과시켜서 가능한 방법을 찾아냈다. "Photon Sieve Lights a
Smooth Path to Entangled Quantum Weirdness"(2009)는 에이드리언 조
(Adrian Cho)가 *Science*, 323, 453; research: 483~485에 게재한 논문으로 읽어
보면 유익하다.

For J. G. Rarity: "Ground to satellite secure exchange using quantum cryptography" (2002), *New Journal of Physics*, 4, 82, doi: 10.1088/1367−2630/4/1/382.

Rarity, J. G., Gorman, P. and Tapster, P. R., "Free space quantum cryptography and satellite secure distribution," *Nanotechnology and Quantum Computing*, ref. no. 2000/140, IEE seminar on 02/2000.

For NIST: Jost, J. D., Home, J. P., Amini, J. M., Hanneke, D., Ozeri, R., Langer, C., Bollinger, J. J., Leibfried, D. and Wineland, D. J., (2009), "Entangled mechanical oscillators," Nature, 459, 683~685, June 4, 2009, doi: 10.1038/nature08006, letter.

## 3. 소리로 찾고 대화하다

반향정위는 1944년 도널드 그리핀이 처음 사용한 용어로, 전자파의 반사를 이용하여 물체의 위치를 확인하고 환경 속에서 방향을 찾는 것을 말한다. 이에 대해 자세히 알기를 원하면 로버트 앤드루 윌슨(Robert Andrew Wilson)과 프랭크 케일(Frank C. Keil)이 집필한 《MIT 인지과학 백과사전*The MIT Encyclopedia of the Cognitive Sciences*》(MIT Press, 2001)의 253쪽 '반향정위'를 참고하라.

소리의 세기는 음압 수준을 데시벨 단위, 즉 dB SPL로 측정한다. 음압 척도는 인간의 청력 민감도가 기준이 되며 0~100dB SPL 범위다. 0dB SPL은 역치 아래의 범위로 들을 수 없는 소리다. 소리가 100dB SPL을 넘으면 통증이 느껴진다. 120~140dB SPL는 사람의 가청 능력에 영구적 손상을 초래할 수 있으며, 귀울림(이명)을 발생시키기도 한다.

Clement, M. J., Dietz, N., Gupta, P., and Kanwal, J. S. 2006), in Kanwal, J. S. and Ehret, G.(eds), *Behavior and Neurodynamics for Auditory Communication*, Cambridge University Press, pp. 57~84.

Griffin, D. R.(1986), *Listening in the Dark*, Cornell University Press, pp. 96~119.

Kanwal, J. S., Matsumura, S., Ohlemiller, K. and Suga, N.(1994), "Analysis of

acoustic elements and syntax in communication sounds emitted by musta-
ched bats," *Journal of the Acoustical Society of America*, 96, 1229~1254.

Kanwal, J. S. and Suga, N.(1995), "Hemispheric asymmetry in the processing of calls in the auditory cortex of the mustached bat," *Journal of the Association for Research in Otolaryngology*, St Petersburg Beach, FL, p. 104.

Leippert, D.(1994), *Ethology*, 98, 111~127.

Suga, N.(1990), "Biosonar and neural computation in bats," *Scientific American*, 262, 6068.

Suga, N. and O'Neill, W. E.(1979), "Neural axis representing target range in the auditory cortex of the mustached bat," *Science*, 206, 351~353.

돌고래는 두 개의 발성 입술 구조가 있는데, 각각 독립적으로 그리고 동시에 작동할 수 있다. 돌고래는 멜론이라는 구조 뒤에 위치한 비강 주머니 내에서 단절음을 만들어 낸다. 멜론은 렌즈처럼 기능하여 소리를 좁은 빔으로 집중시켜서 앞쪽으로 향하게 한다. 소리가 물체에 부딪치면 음파의 에너지 중 일부가 뒤로 반사되어 돌고래를 향해 간다.

Au, W.W.L. (1993), *The Sonar of Dolphins*, Springer.

http://www.cbmwc.org/education/echo.asp

May, J.(1990), *The Greenpeace Book of Dolphins*, Century Editions.

Payne, R. S. and McVay, S.(1971), "Songs of humpback whales," *Science*, 173, 585~597.

가장 최근에는 멕시코의 꼬리 없는 박쥐도 노래하는 것으로 관찰되었는데(Bohn, K. M., Schmidt-French, B., a, S. T., Pollack, G. D.(2008), 이 박쥐에서는 "음절이 있는 소리가 시간적 유형을 가지고 행동에 따라 소리의 구성이 변화된다." 561, *Journal of the Acoustical Society of America*, 124, 1838.1848, 562). 그리고 최근의 한 연구에서는 생쥐귀박쥐가 여러 가지 울음소리가 섞인 전자파 반사의 비특이적 소리를 인식하는 것을 확인되었다(Yovel, Y., Melcon, M. L., Franz, M. O. Denzinger, A., Schnitzler, H.-U. (2009), "The Voice of Bats: How Greater Mouse-eared Bats Recognize Individuals Based on Their Echolocation


동물의 숨겨진 과학

Calls," *PLoS Computational Biology*, 5(6), e1000400. doi:10.1371/journal.
pcbi.1000400).

박쥐를 비롯해 여러 동물들에 대해 좀 더 자세한 사항은 다음 웹사이트를 참고하라.
http://www.nbii.gov/portal/community/Communities/Plants,_Animals_&_Ot
her_Organisms/

## 4. 맛과 촉감

입술과 유두, 눈, 손가락 주위가 촉각이 민감하다. 체모도 뛰어난 감각기관이다. 피부
표면에 많이 존재하는 케라틴에는 압전 효과가 있다. 즉, 표피가 구부러지거나 접히
면 전기가 방전되고 이것이 신경말단에 감지되어 뇌로 전달된다.

우리가 감각하고 표현할 수 있는 냄새 대부분, 이를테면 라일락꽃 냄새는 수십 가지 냄
새 분자들이 각각 특수하게 조합된 것이다. 후각 체계는 이와 같은 여러 가지 개별적
인 냄새 분자들을 감지하고 각각의 신호를 복합적 냄새로 통합하는 기능을 한다. 민
감한 후각 체계를 가진 동물들은 수천 가지의 냄새 물질들을 감지할 수 있으며, 후각
수용기 단백질과 관련된 유전자 1000개 이상을 보유한다. 인간은 냄새 감각이 둔한
편이며, 후각수용기와 관련된 유전자가 500개 정도에 불과하다. 후각 체계는 먹이
를 추적하고 독성이 있는 자극을 기억하는 데 도움을 주는 원시적 체계다. 냄새를 감
지하는 세포는 콧속의 후각점막에 위치하는데, 인간은 그 면적이 5~10제곱센티미
터 정도이며 냄새에 민감한 동물들의 경우는 훨씬 넓다. 콧속에 위치한 후각수용기
신경세포의 축삭돌기는 사골 사판의 미세한 구멍을 통과하여 후각신경구라는 부위
까지 뻗어 있다.

Herrick, C. J.(1904), "The organ and sense of taste in fishes," *Bulletin of the US
Fish Commission*, 12, 237~272.

Herrick, C. J.(1919), "A study of the vagal lobes and funicular nuclei of the brain
of the codfish," *Journal of Comparative Neurology & Psychology*, 67~97.

Herrick, C. J.(1919), "The tactile centers in the spinal cord and brain of the
sea robin, Prionotus carolinus L.," *Journal of Comparative Neurology &*

*Psychology*, 17, 307~327.

Atema, J.(1971), "Structures and functions of the sense of taste in the catfish (*Ictalurus natalis*)," *Brain, Behavior and Evolution*, 4, 273~294.

Bardach, J. E. and Atema, J.(1971), "The sense of taste in fishes," in Beidler, L. M. (ed.), *Handbook of Sensory Physiology*, Springer-Verlag, New York, pp. 293~336.

Caprio, J.(1975), "High sensitivity of catfish taste receptors to amino acids," *Comparative Biochemistry and Physiology*, 52, 247~251.

Caprio, J. and Ogawa, K.(2010) "Major differences in the proportion of amino acid fiber types transmitting taste information from oral and extraoral regions in the Channel Catfish," *Journal of Neurophysiology*, 103: 2062~2073.

Caprio, J. and Brand, J. G.(1993), "The taste system of channel catfish: from biophysics to behavior," *TINS*, 16, 192~197.

Davenport, C. J. and Caprio, J.(1982), "Taste and tactile recordings from the ramus recurrens facialis innervating flank taste buds in the catfish," *The Journal of Comparative Physiology [A]*, 147, 217~229.

Kanwal, J. S. and Finger, T. E.(1997) "Parallel medullary gustatospinal pathways in a catfish: possible neural substrates for taste-mediated food search," *Journal of Neuroscience*, 17: 48873~4885.

Finger, T. E.(2008) "Sorting food from stones: the vagal taste system in goldfish, *Carassius auratus*," *Journal of Comparative Physiology*, 194, 135~143.

Finger, T. E.(2009) "Evolution of gustatory reflex systems in the brainstems of fishes," *Integrative Zoology*, 4, 53~63.

Finger, T. E. and Morita, Y.(1985), "Two gustatory systems: facial and vagal gustatory nuclei have different brainstem connections," *Science*, 227 (February 15), 776~778.

Kanwal, J. S. and Caprio, J.(1988), "Overlapping taste and tactile maps of the oropharynx in the vagal lobe of the channel catfish, *Ictalurus punctatus*," *Journal of Neurobiology*, 19, 211~222.

Kanwal, J. S., Finger, T. E. and Caprio, J.(1988), "Forebrain connections of the gustatory system in ictalurid catfishes," *Journal of Comparative Neurology*, 278, 353~376.

Kanwal, J. S., Hidaka, I. and Caprio, J.(1987), "Taste responses to amino acids from facial nerve branches innervating oral and extra-oral taste buds in the channel catfish, *Ictalurus punctatus*," *Brain Research*, 406, 105−112.

http://news.nationalgeographic.com/news/2007/01/070116−manatees_2.htm

Finger, T.(1982), "Somatotopy in the representation of the pectoral fin and free fin rays in the spinal cord of the sea robin, Prionotus carolinus," *Biological Bulletin*, 163, 154~161.

*Insects and Spiders of the World*(2003), Marshall Cavendish Corporation, ISBN: 978−076147−334−3.

Stirling, I.(1988), *Polar Bears*, University of Michigan Press, Ann Arbor, MI.

Stempniewicz, L.(2006), *Arctic*, 59, 247~251.

Petersen, C. C. H.(2007), "The Functional Organization of the Barrel Cortex," *Neuron*, 56, 339~355.

Riskin, D. K., Bahlman, J. W., Hubel, T. Y., Ratcliffe, J. M., Kunz, T. H. and Swartz, S. M.(2009), "Bats go head-under-heels: the biomechanics of landing on a ceiling," *Journal of Experimental Biology*, 212, 945~953.

## 5. 위험을 알리고 살아남기 위한 전략

AL: animal alarms and defense−pp. 276−314.

Novel electric signals in plants(using ion-selective micro-electrodes), htm, 9 March 2009, Max Planck Institute for Chemical Ecology.

동물의 경고신호, 특히 페로몬에 대해서는 에드워드 윌슨과 베르트 휠도블러의 《초개체》에 잘 설명되어 있다. 화학적 커뮤니케이션에 대해서는 179쪽에서 인용했다.

Casey, C., "Yellow Jackets in Season," New York Times, July 23, 2006; "Science Watch: In a Hostile Environment, Drab Can Be Beautiful," *New York Times*, November 10, 1987.

지렁이와 소리에 관한 연구: Catania, Kenneth C.(2008), "Humans Unknowingly Mimic a Predator to Harvest Bait," Department of Biological Sciences, Vanderbilt University; *PLoS One* 3(10), e3472, doi:10:1371/journal. pone. 0003472, October 14, 2008.

비단원숭이의 경고신호에 관한 연구: Seyfarth, R. M., Cheney, D. L. and Marler, P.(1980), "Monkey responses to three different alarm calls: evidence of predator classification and semantic communication," *Science*, 210(4471), 801~803.

Owren, M. J.(1990), "Acoustic classification of alarm calls by vervet monkeys(*Cercopithecus aethiops*) and humans(*Homo sapiens*)," *Journal of Comparative Psychology*, 104(1), 20~28.

Templeton, C. N. and Greene, E.(2007), "Nuthatches eavesdrop on variations in heterospecific chickadee mobbing alarm calls," *Proceedings of the National Academy of Sciences*, 104, 5479~5482.

"Chickadees Add Notes as Threat Grows," *Science News*, June 25, 2005.

Templeton, Christopher et al.(2005), "Allometry of Alarm Calls: Black-Capped Chickadees Encode Information about Predator Size," *Science*, 308, 1934~1937.

프레리도그에 관한 연구: Perla, B. and Slobodchikoff, C.(2002), "Habitat structure and alarm call dialects in the Gunnison's prairie dog(*Cynomys gunnisoni*)," *Behavioral Ecology*, 13, 844~850.

Frederiksen, J. K. and Slobodchikoff, C. N.(2007), "Referential specificity in the alarm calls of the black-tailed prairie dog," *Ethology, Ecology and Evolution*, 19, 67~99.

다람쥐 종들과 초음파에 관한 정보: *Nature*, July 1, 2004.

뜨거운 꼬리에 관한 연구: Rundus, A., Owings, D., et al.(2007), "Ground squirrels use an infrared signal to deter rattlesnake predation," *Proceedings of the National Academy of Sciences*, July 19, 2007.

동물과 재생에 관하여: Nicolas Wade, "Regrow Your Own," *Science Times*, *New York Times*, April 11, 2006.

Carlson, B. M.(2007), *Principles of Regenerative Biology*, Elsevier, London.

"Coyotes Have Arrived in the Eastern US," *Washington Post Magazine*, April 16, 2006.

《동물학저널*Journal of Zoology*》 2010년 3월 30일 판에 게재된 연구에 따르면, 이탈리아 라퀼라에 대규모 지진이 발생하기 3일 전에 수많은 두꺼비 무리가 지진 발생 지역의 서식지를 떠났다. 오픈유니버시티의 레이첼 그랜트(Rachel Grant) 교수는 그 지역에서 두꺼비의 행동과 생식에 대해 연구하던 중 두꺼비들의 대탈출을 발견했다.

지진을 구성하는 성분에 대해 자세한 정보를 원하면 다음 논문을 참고하라. Joseph L. Kirschvink's report to the *Bulletin of the Seismological Society of America*, 90, 2: 312~323, April 2000.

귀소하는 비둘기들은 땅의 기울어짐을 알아차린다. Phillips, J. B. (1996), "Magnetic Navigation," *Journal of Theoretical Biology*, 180, 309~319.


## 6. 얼음개구리와 꿈


레인 등이 수행한 연구(Layne, J. R., Jr, Lee, R. E., Jr and Heil, T. L., 1989)와 《미국생리학저널*American Journal of Physiology*》, 257, R1046~1049을 보면, 냉동 시작 1분 이내에 나무개구리(*Rana sylvatica*)의 심장박동수는 1분당 8회로 거의 두 배가 된다. 냉동 후 처음 1시간이 지나면 심장박동이 느려지기 시작해 약 20시간이 지나 거의 얼음으로 될 때쯤 심장 박동이 완전히 멈춘다. 개구리 한 마리에서 얻은 기록을 보면, 녹기 시작하여 1시간 이내에 심장박동이 다시 시작되고 몇 시간이면 거의 정상 기능으로 돌아온다. 녹을 때 숨은열이 방출되어 몇 시간 동안 체온을 상승시키는데(1.7℃), 심장박동수의 증가와 밀접한 관련이 있다. 그러나 혈액량 감소나 혈액 점성도 증가, 점진적인 저산소증 등 다른 요인들도 심장 기능에 간접적으로 영향을 줄 수 있다. 하지만 냉동되는 처음 몇 시간 동안은 몸 전체에 포도당을 날라다 줄 수 있을 만큼 심장 기능이 오랫동안 유지된다.

AL: hibernation-pp. 115~37.

크레이그 헬러(Craig Heller)의 동면과 수면에 관한 연구: Von der Ohe, C., Heller, H. C. et al.(2007), "Synaptic protein dynamics in Hibernation," *The Journal of Neuroscience*, 1(27), 84~92; Von der Ohe, C., Heller, H. C. et al.(2005), "Ubiquitous and temperature-dependent neural plasticity in hibernation," *The Journal of Neuroscience*, 41 (26), 10590~8.

맷 후드(Matt Hood)와 로라 스탠턴(Laura Stanton)은 〈워싱턴포스트〉 2004년 12월 12일 판에 게재한 'Trying to Crack an Icy Mystery' 에서 겨울 동안에 깊게 얼어붙는 나무개구리와 청개구리에 대해 잘 묘사하고 있다.

"Lemur is First Known Hibernating Primate, Study Says," James Owen in England for *National Geographic News*, June 23, 2004.

동물과 재생에 관한 기사: Nicolas Wade, "Regrow Your Own," *Science Times*, *New York Times*, April 11, 2006.

파랑비늘돔과 수면에 관해: Videler, H. et al.(1999), "Biochemical characteristics and antibiotic properties of the mucous envelope of the queen parrotfish," *Journal of Fish Biology*, 54, 1124~1127.

동물과 수면에 관한 기사: Zimmer, C., "Down for the Count," *Science Times*, *New York Times*, November 8, 2005.

말과 수면 등의 동물에 관한 의문에 도움이 되는 좋은 자료들: http.vetmed.illinois. edu; animals.nationalgeographic.com.

유전학적 지식을 포함하여 동물과 수면에 관한 최신 연구: Youngsteadt, E.(2008), "Simple Sleepers," *Science*, 321, 334~337.

비렘수면 동안 자신들의 과제를 수행하는 꿈을 꾸는 시궁쥐: Lee, A. K. and Wilson, M. A.(2002), "Memory of Sequential Experiences in the Hippocampus

During Slow Wave Sleep," *Neuron*, 36, 1183~1194.

## 7. 바다와 육지에서 벌어지는 동물들의 마라톤

거북의 놀라운 방향찾기 능력을 설명하는 두 가지 가설이 있다. 첫째는 목표 지역에서 발산되는 화학적 단서를 따라간다는 이론이다. 이것은 출생지를 찾아 돌아가는 연어가 이용하는 냄새 단서와 비슷하다. 둘째 가설은 거북이 바다나 연안에서 지구 장기장의 형태를 토대로 목표 지역에 대한 자신의 상대적 위치를 결정한다는 것이다.

AL: movement-pp. 89~99; migration-pp. 148~61.

왕나비의 이동에 관해 더 자세한 정보를 원하면: "Internal Clock Leads Monarch Butterflies to Mexico," *National Geographic*, February 16, 2009.

Zhu, H., Sauman, I., Yuan, Q., Casselman, A., Emery-Le, M., Emery, P. and Reppert, S. M.(2008), "Cryptochromes define a novel circadian clock mechanism in monarch butterflies that may underlie sun compass navigation," *PLoS Biology*, 6, e4.

Reppert, S. M.(2006), "A colorful model of the circadian clock," *Cell*, 124, 233~236.

Sauman, I., Briscoe, A. D., Zhu, H., Shi, D., Froy, O., Stalleichen, J., Yuan, Q., Casselman, A. and Reppert, S. M.(2005), "Connecting the navigational clock to sun compass input in monarch butterfly brain," *Neuron*, 46, 457~467.

Gugliotta, G., "Butterflies Guided by Body Clocks: Sun Scientists Shine Light on Monarchs' Pilgrimage," *Washington Post*, May 23, 2003, p. A03.

코닐리아 딘(Cornelia Dean)은 《뉴욕타임스 내셔널*New York Times National*》 2월 13일(2009)에 게재한 기사 'Charting Bird Migrations by Using Tiny Back-packs'에서 브리짓 스터치버리가 《사이언스》323, 896~898쪽에 새로 발표한 연구에 대해 설명한다.

벌새의 특징적인 비행 기술에 대한 《워싱턴 포스트 사이언스*Washington Post Science*》의 기사: "Supreme Fliers Share a Shortcut for Stability," by Joel

Achenbach, April 13, 2009.

날뱀에 대해: Socha, J. J., Miklasz, K., Farid Jafari, F. and Vlachos, P. P.(2010), "Non-equilibrium trajectory dynamics and the kinematics of gliding in a flying snake," *Bioinspiration & Biomimetics*, Vol. 5, No. 4, 045002 DOI: 10.1088/1748-3182/5/4/045002. A 이 글의 수정판은 2011년에 출판되었다. *Bioinspir. Biomim.* 6 019501.

날치: 10 September 2010 in *The Journal of Experimental Biology*.

Harvey, A. and Zukoff, S.(2011), "Wind-Powered Wheel Locomotion, Initiated by Leaping Somersaults, in Larvae of the Southeastern Beach Tiger Beetle (*Cicindela dorsalis media*)" *PLoS ONE*, 6 (3) DOI: 10.1371/journal.pone. 0017746.

## 8. 스트레스

Naumann, R. T. and Kanwal, J .S.(2011), "The Basolateral Amygdala Responds Robustly to Social Calls: Spiking Characteristics of Single Unit Activity," *J. Neurophysiol.* (in press)

Sapolsky, R. M., "Adrenocortical function, social rank, and personality among wild baboons," *Biological Psychiatry*, 1990.

LeDoux, J., "The Emotional Brain, Fear, and the Amygdala," *Cellular and Molecular Neurobiology* Volume 23, Numbers 4.5, 727.38, DOI: 10.1023/A:1025048802629.

Banks, S. J., Eddy, K. T., Angstadt, M., Nathan, P. J., Phan, K. L.(2007), "Amygdala-frontal connectivity during emotion regulation," *Soc Cogn Affect Neurosci* 2: 303~312.

Moore, S. A.(2009), "Cognitive abnormalities in posttraumatic stress disorder," *Curr Op Psychiatry*, 22: 19~24.

Sander, K. and Scheich, H.(2001), "Auditory perception of laughing and crying activates human amygdala regardless of attentional state," *Brain Res Cogn Brain Res* 12: 181~198.

Sapolsky, R. M, *Why Zebras Don't Get Ulcers*, Henry Holt and Company, LLC Publishers.

Bass, J. and Takahashi, J. F.(2010), "Circadian Integration of Metabolism and Energetics," *Science*, pp. 1349.54, vol 330, 3 December 2010.

Kohyama, J., "Sleep health and asynchronization," *Brain and Development* 33 (2011), 252~9.

Mistlberger, R. E., "Food-anticipatory circadian rhythms: concepts and methods," *European Journal of Neuroscience*, vol 30, pp. 1718. 29, 2009.

Wulff, K., et. al,."Sleep and circadian rhythm disruption in psychiatric and neurodegenerative disease," *Nature Reviews/Neuroscience*, vol. 11, August 2010, pp. 1~11.

Harvey, A. G., "Sleep and Circadian Rhythms in Bipolar Disorder: Seeking, Synchrony, Harmony, and Regulation," *The American Journal of Psychiatry*, July 2008; 165, 7; pp. 820~29.

O'Neill, J. S. and Reddy, A. B., "Circadian clocks in human red blood cells," pp. 498~504; *Nature*, vol. 469, January 27 2011.

Martino, T. A. et al., "Circadian rhythm disorganization produces profound cardiovascular and renal disease in hamsters," *Am J Physiol Regul Integr Comp Physiol* 294; R1675~R1683, 2008.

에릭 헤어초크 박사의 인용문은 여기서 인용했다. "Keeping Time", by Tina Hesman Saey in *ScienceNews*, April 10, 2010, vol. 177 #8/Feature.

Wingfield, L., Romero, M., Meister, C.J., Cyr, N. E., Kenagy, G. J. and John, C., "Seasonal glucocorticoid responses to capture in wild free-living mammals," *Am J Physiol Regul Integr Comp Physiol*, 294:R614~R622, 2008; http://now.tufts.edu/news-releases/marineanimals-stress.

Romero, L. M., Wikelski, M., "Stress physiology as a predictor of survival in

Galapagos marine iguanas," *Proceedings of the Royal Society B: Biological Sciences*, 2010; 277 (1697): 3157 DOI: 10.1098/rspb.2010.0678; http://www.sciencedaily.com/releases/2010/05/100525202311.htm

Sharma, V. P., "How Stress Affects the Body," http://www.mindpub.com/art384.htm

"Tryptophan-Enriched Diet Reduces Pig Aggression," ScienceDaily (March 21, 2010), http://www.sciencedaily.com/ releases/2010/03/100318141620.htm

"Stress Hormones Help Lizards Escape from Fire Ants," *ScienceDaily*(August 5, 2010), http://www.sciencedaily.com/releases/2010/08/100802165356.htm; http://www.science.psu.edu/news-and-events/2009-news/Langkilde1-2009.htm

Schmidt, A., Aurich, J., Mostl, E., Muller, J. and Aurich, C., "Changes in cortisol release and heart rate and heart rate variability during the initial training of 3-year-old sport horses," *Hormones and Behavior*, 2010; 58(4): 628 DOI: 10.1016/j.yhbeh.2010.06.011

Lagace et al, "Adult hippocampal neurogenesis is functionally important for stress-induced social avoidance," *Proceedings of the National Academy of Sciences*, 2010; 107(9): 4436 DOI: 10.1073/pnas.0910072107

Uchida, S., Hara, K., Kobayashi, A., Otsuki, K., Yamagata, H., Hobara, T., Suzuki, T., Miyata, N., Watanabe, Y., "Epigenetic Status of Gdnf in the Ventral Striatum Determines Susceptibilityand Adaptation to Daily Stressful Events," *Neuron*, 2011; 69(2): 359~372 DOI: 10.1016/j.neuron. 2010.12.023

Nathan Collins, March 2011, "A New Mom's Changing Brain. Certain areas grow bigger as a mother bonds with her infant," *Scientific American Mind*.

Brian Rooney, Long Beach, California, "Landfill in the Sea: Ocean's Food Chain Threatened by Constant Influx of Refuse," March 26, ABC News, http://abcnews.go.com/Technology/story?id=4528488&page=1.

Rudell, J. B., Adam J. Rechs, Todd J. Kelman, Catherine M. Ross-Inta,

Shuzhen Hao, and Dorothy W. Gietzen(2011), "The Anterior Piriform Cortex Is Sufficient for Detecting Depletion of an Indispensable Amino Acid, Showing Independent Cortical Sensory Function," *Journal of Neuroscience* 31: 1583~1590.

Wek, R. C., Jiang, H. Y., Anthony, T. G.(2006), "Coping with stress: eIF2 kinases and translational control," *Biochem Soc Trans* 34: 7~11.

## 9. 재치와 계략 그리고 재미

AL: animal intelligence—pp. 471~85.

크리스 카운츠(Chris Counts)는 야생 생물학자이면서 박쥐 연구자인 마르티나 컬루니스 루펠의 연구에 대해 설명했다. 카멀계곡에 초음파 녹음 장치를 부착한 '아이돌 쥐'로 생쥐의 노래를 기록한 연구였다. *The Carmel Pine Cone*, April 21, 2006.

시궁쥐들이 서로 껴안고 뒹굴거나 간질이면서 인간의 가청 범위를 넘는 소리로 즐겁게 지껄이는 모습이 관찰되었다. 모르핀 주사를 맞거나 짝짓기를 하기 전과 비슷한 소리를 낸다.

웃는 시궁쥐의 모습은 다음을 보라. http://www.youtube.com/ watch?v=C0kxmf SGCaE

기쁨을 표현하는 소리에 대한 연구를 통해 인간 감정의 진화 및 자폐증이나 과잉행동/주의력 결핍과 같은 질환의 원인이 되는 생화학에 대한 이해를 높일 수 있다. 인간의 손으로 동물을 간질일 때 시궁쥐가 웃는 행동을 처음으로 발견한 뛰어난 신경과학자인 자크 판크세프의 말이다. 그리고 시궁쥐는 조용히 있는 동물들보다는 떠들어대는 동물들과 더 많은 시간을 보내는 것으로 관찰되었다. 판크세프에 따르면, 간질임과 같은 직접적인 신체 자극에 대응해 웃는 반응은 모든 포유류가 가진 공통적 특성으로 볼 수 있다.

Panksepp, J. and Burgdorf, J.(1999), "Laughing rats? Playful tickling arouses high frequency ultrasonic chirping in young rodents," in Hameroff, S., Chalmers, D. and Kazniak, A.(eds), *Toward a Science of Consciousness*, Vol.

3, MIT Press, pp. 124~36.

Panksepp, J. and Burgdorf, J.(2003), "'Laughing' rats and the evolutionary antecedents of human joy?," *Physiology and Behavior*, 79, 533~547.

이 책의 제목은 생쥐들도 인간의 접촉에 반응을 보이고 고주파의 '키득거리는' 소리를 낸다는 관찰에서 비롯되었다.

하워드휴의학연구소의 로이언 이그너(Roian Egnor)와 밴쿠버 소재 워싱턴주립대학교의 크리스틴 포트퍼스(Christine Portfors)라는 두 젊은 과학자는 첨단 기술을 이용하여 생쥐들 사이의 사회적 커뮤니케이션을 연구했다. 그들의 관찰에 따르면, 우리 속에서 생활하는 수컷과 암컷 생쥐를 오랫동안 떼어놓았다가 다시 함께 있게 해주었을 때는 많은 음성적 대화가 오갔다(사적 커뮤니케이션). 콧수염박쥐들에게서 관찰된 행동과 유사했다. 연구자들은 이것을 '기쁨' 또는 애착(그리고/또는 지배 관계의 재정립)의 소리로 생각했다. 인간의 아기가 부모 또는 형제와 오랫동안 떨어진 다음 다시 만났을 때 표현하는 감정과 같다.

Faragó, T. et al(2010), "The bone is mine: affective and referential aspects of dog growls," *Animal Behaviour*, 79, 917.925, DOI:10.1016/j.anbehav.2010.01.005.

널리 알려진 과학 비디오: Octopus Guerilla by Paul Adams (April 16, 2010).

Brown, Stuart, *Play*, Avery, 2009(bear/dog play quote: pp. 21.4).

마크 베코프(Marc Beckoff)과 존 바이어스(John Byers)가 쓴 동물들의 놀이에 관한 책 《동물들의 놀이*Animal Play: evolutionary, comparative, and ecological perspectives*》(1998, Cambridge University Press)는 다양한 동물들에서 관찰되는 놀이에 관해 상세히 기술하고 있다.

이 책에 수록된 회색앵무 알렉스에 대한 이야기는 아이린 페퍼버그의 《알렉스와 나 *Alex and Me*》(2008)에서 인용했으며, 또 다른 회색앵무 토비에 관한 이야기는 저자가 2009년 3월 리처드 레스탁과 나눈 개인적 대화에 들어 있는 내용이다.

앵무나 까마귀처럼 몸체에 비해 큰 뇌를 가진 새들은 꿩이나 비둘기처럼 비교적 뇌가 작은 새 종류보다 오래 산다. Sol, D. et al.(January 2007), *Proceedings of the Royal Society B*.

영장류 연구와 관련된 일화: 2009년 3월 저자와 칼 프리브램 사이의 사적인 대화.

Mulcahy, N. and Call, J.(2006), "Apes Save Tools for Future Use," *Science*, 312, 1038~1040.

2007년 12월 3일 BBC 뉴스, 'Chimps Beat Humans in Memory Test'에서는 헬렌 브리그스(Helen Briggs)가 일본에서 수행한 기억에 관한 연구를 요약한 내용을 사진과 함께 방영하였다.

수전 밀리어스(Susan Milius)가 《사이언스 뉴스*Science News*》에 기고한 기사들: "Chimp Champ: Ape Aces Memory Test, Outscores People," 172, 23 (December 8, 2007), 355; "Furry Math: Macaques Can Do Sums Like People in a Hurry," 172, 28 (December 22, 2007), 390; "Honeybee Tells 2 from 3," January 27, 2009.

에섹스대학교의 클로디아 올러(Claudia Uller)는 《진화심리학저널*Journal of Evolutionary Psychology*》, 6(2008), 4, 237.253(pdf)에 수의 인식에 관한 방대한 연구 결과를 게재했다.

대형 유인원과 인류의 공통 조상으로부터 웃음이 진화했다는 생각을 뒷받침하는 새로운 연구 결과들이 발표되었다. 자세한 내용은 다음 웹사이트를 참고하라. http://news.bbc.co.uk/2/hi/science/nature/8083230.stm

포수와 필리 박사: 2011년 4월 존 필리 박사에게 들은 이야기.

뉴칼레도니아 까마귀: Rebecca Morrel, "Clever New Caledonian Crows Can Use Three Tools," BBC News, 20 April 2010.

Natalie Angier, "New Caledonian Crows Owe Their Tool-making Skills to a Nourishing Nest," *New York Times*, January 31, 2011, p. D2.

암보셀리국립공원 코끼리: Sindya N. Bhanoo article in *New York Times Science*, March 16, 2011; research findings in the March journal *Proceedings of the Royal Science B*.

## 10. 엿듣고 속이다

AL: deception and animals—pp. 210, 250, 296~311, 472.

Ecologists report in *Science* how "Butterfly Larvae Trick Ants with Scent and Sound": www.npr.org

Brock Fenton, M.(1985), *Communication in Chiroptera*, Indiana University Press.

Page, R. A. and Ryan, M. J.(2005), "Flexibility in assessment of prey cues: frog-eating bats and frog calls," *Proceedings of the Royal Society B*, 22, Vol. 272, no. 1565, 841.847; calls: doi: 10.1098/ rspb.2004.2998.

McGregor, Peter K.(2005), *Animal Communication Networks*, Cambridge University Press.

Wilson, Edward O.(2000), *Sociobiology: The New Synthesis*, Harvard University Press.

Balcombe, J. P. and Fenton, M. B.(1988), "Eavesdropping by Bats. the Influence of Echolocation Call Design and Foraging Strategy," *Ethology*, 79, 158~166.

Fenton, M. B.(2003), "Eavesdropping on the echolocation and social calls of bats," *Mammal Review*, 33, 193~204.

Marler, P., Dufty, A. and Pickert, R.(1986a), "Vocal communication in the domestic chicken: I. Does a sender communicate information about the quality of a food referent to a receiver?," *Animal Behavior*, 34, 188~193.

Marler, P., Dugty, A. and Pickert, R.(1986b), "Vocal communication in the domestic chicken: II. Is a sender sensitive to the presence and nature of a receiver?," *Animal Behavior*, 34, 194~198.

Mitchell, R. W. and Anderson, J. R.(1997), "Pointing, withholding information, and deception in capuchin monkeys(*Cebus apella*)," *Journal of Comparative Psychology*, 111, 351~361.

Pearl, D. L. and Fenton, M. B.(1996), "Can echolocation calls provide information about group identity in the little brown bat(*Myotis lucifugus*)?," *Canadian Journal of Zoology-Revue Canadienne de Zoologie*, 74, 2184~2192.

## 11. 박자에 맞춰 춤추고 노래하다

AL: sounds, song and music-pp. 456~61.

Bispham, J.(August 22, 2006), "Rhythm In Music: What Is It? Who Has It? And Why?," University of Cambridge, Bispham-pdf4(1).pdf.

대꼬리박쥐들은 노래를 이용해 둥지 영역을 정하는데, 다양한 음조의 소리가 동원된다. 수컷은 암컷과 교류할 때 한 가지 음조의 울음소리를 내고, 자신의 구역을 적극적으로 방어할 때는 여러 음조가 혼합된 다른 유형의 울음소리를 낸다. 이 박쥐들의 노래는 짧게 반복되는 음조들로 이루어지며, 노래하는 수컷의 우수성을 과시하는 외에 다른 내용을 담은 것으로는 보이지 않는다.

http://www.pbs.org/lifeofbirds/songs/

류블랴나에 있는 슬로베니아과학아카데미의 이반 투르크(Ivan Turk)는 한쪽에 구멍 4개가 완전히 또는 부분적으로 뚫려 있는 속이 빈 곰의 뼈를 발견하였는데, 이것이 가장 오래된 악기로 알려졌다. 학자들은 동유럽의 동굴에서 발견된 구멍 뚫린 뼈는 최소한 4만3000년 전 네안데르탈인들이 만들어 연주하던 피리일 것이라 주장한다. 중국의 고고학자들은 현재도 연주할 수 있는 가장 오래된 악기로 생각되는 도구를 발견했다. 두루미 날개 뼈를 깎아 만든 피리로 약 9000년 전의 것으로 추정된다. 이 주제에 관해 좀 더 상세한 정보를 원하면 음악사학자 밥 핑크(Bob Fink)의 웹사이트를 방문하라. http://www.greenwych.ca/2001-2.htm

인간 외 동물들의 음악 박자 동조화와 관련된 실험적 증거들: Patel, A. D., Iversen, J. R., Bregman, M. R. and Schulz, I.(2009), *Current Biology*, Elsevier.

정보이론은 데이터 인코딩과 전송에 관한 수학적 연구를 바탕으로 하는데, 고래가 부르는 노래의 복잡성과 구조를 정량적으로 분석한다. 정보이론을 통해 혹등고래 노래의 구조를 연구하지만 그 의미는 알지 못한다.

박쥐가 부르는 노래에 대해서는 본(Vaughan, 1976)이 아프리카 위흡혈박쥐 종인 카르디오데르마코르(*Cardioderma cor*)에서 최초로 보고했다.

새벽의 합창 의식에 대해 더 깊이 이해하기 위해 우리는 집단구조의 역학과 뇌 내부에서 일어나는 작용에 대해 더 깊이 파고들어야 했다. 사회적 유대감에 중요한 역할을 하는 것으로 알려진 호르몬 중의 하나가 옥시토신이다. 옥시토신은 낭만적인 입맞춤을 할 때마다 우리 뇌에서 분비되며, 단순히 여성들이 모여서 수다를 떨 때도 나온다. 그리고 옥시토신은 박쥐 뇌의 모든 청각 체계 신경세포들에도 존재하는 것으로 확인되었는데, 이것은 인간을 포함해 다른 동물 종에서도 마찬가지일 것이다. 이것은 사회적 관계 속에서 단순히 다른 사람들의 말을 듣는 것만으로도 청각 신경세포들을 자극하여 옥시토신을 생산하고 분비할 수 있다는 것을 뜻한다. 그 밖에 옥시토신은 우리 위장이 가득 찼을 때도 분비된다. 한 무리의 사람들이나 동물들이 아침이나 저녁을 푸짐하게 먹고 즐겁게 이야기하는 장면을 생각해보자. 그들의 뇌에는 옥시토신이 그득하고 최소한 다음 날까지는 지속될 수 있는, 아마도 프레리 밭쥐들의 경우라면 일생 동안 지속될 만한 유대감이 생성될 것이다.

옥시토신은 9개의 아미노산이 연결된 구조(노나펩티드)이며 분만과 수유를 하는 동안 뇌하수체에서 혈액 속으로 분비된다. 옥시토신은 또한 췌장이나 갑상선과 같은 내분비샘이 아닌 시상하부의 신경세포들에서도 분비되는 신경호르몬이다. 최근에는 옥시토신이 신경전달물질로 뇌 속에 폭넓게 분포하며, 옥시토신 수용기의 존재 여부에 따라 프레리 밭쥐들이 일부일처제 또는 일부다처제를 취하는 경향이 결정된다는 연구가 있었다. 그래서 옥시토신을 사회적 결속 호르몬이라 부른다.


## 12. 구애, 결혼 그리고 사랑

AL: pheromones-pp. 444-8; sex and reproduction-pp. 322~75.

아프리카 때까치 또는 다른 새들의 노래에 대해 더 많은 정보를 보고 싶으면 다음을 참고하라. Bird Songs by Gareth Huw Davies http://www.pbs.org/lifeofbirds/songs/index.html

UC 버클리의 크리스토퍼 클라크(Christopher Clark)는 벌새가 구애의 속삭임 노래를 부르며 이러한 소리에 맞춰 꼬리를 흔드는 모습을 관찰했다. 꼬리깃털을 반주 악기처럼 사용하는 이러한 형태는 다른 새들에서도 관찰된 적이 있다. 이 연구는 온라인으로 2008년 1월 29일 *Proceedings of the Royal Society B*에 발표되었다.

얼룩주머니쥐에 대해: Dickman, C.(January 2008), *Fragile Balance: The Extraordinary Story of Australian Marsupials*, University of Chicago Press.

2006년 12월 21일 체스트동물원에서 일어난 코모도왕도마뱀의 처녀출산에 대해서는 다음을 보라. science.msnbc.com, id:16298548. 긴꼬리무희새와 관련해서는 다음 링크에서 영상을 볼 수 있다. www.uwyo.edu/dbmcd/lab/LTMvideo.htm

'임신한 여성들'에 관한 일화는 여기서 인용했다. "Male pipefish play the field, get pregnant," by David Perlman, Science Editor, *San Francisco Chronicle*, April 5, 2010.

브라운대학교의 학자들은 개구리들의 더듬거리는 소리를 연구했다. Suggs, D. N. and Simmons, A. M.(2005), "Information theory analysis of pattern of modulation in the advertisement call of the male bullfrog, *Rana catesbeiana*," *Journal of the Acoustical Society of America*, 117(4 Pt. 1), 2330~2337.

Bass, A. H., Bodnar, D. A. and Marchaterre, M. A.(2000), "Midbrain acoustic circuitry in a vocalizing fish," *Journal of Comparative Neurology*, 419, 505~531.

크립토크롬이 산호들의 집단 산란을 촉발시킨다. Levy, O., et al.(2007), "Light-Responsive Cryptochromes from a Simple Multicellular Animal, the Coral Acropora millepora," *Science Magazine*, October 2007, Vol. 318 (5849), 467~470.

흰날개멧새 수컷들이 집단적으로 흰색 또는 검은색 표식을 하는 다른 측면들은 각각의 해에 암컷들의 선호도에 따른다. Chaine, A. and Lyon, B.(January 25, 2008), "Adapative Plasticity in Female Mate Choice Dampens Sexual Selection on Male Ornaments in the Lark Bunting," *Science*, Vol. 319, 459~462.

야콥손기관, 페로몬, 기린의 생식 행동에 대해서는 다음을 보라. Margulis, J.(2008),

"Looking Up," *Smithsonian Magazine*, November 2008, 36~42.

Clement, M. J., Dietz N., Gupta P. and Kanwal J. S.(2006) "Audiovocal communication and social behavior in mustached bats." In: J. S. Kanwal and G. Ehret, (eds.) *Behavior and Neurodynamics for Auditory Communication*, Cambridge University Press, Cambridge, England. pp. 57~84.

컬럼비아대학교의 프랑수아 캉파뉴(Francis Champagne)는 엄마의 행동이 딸에게 전수되는 데 유전적·환경적 요인들이 어떻게 작용하는지 연구했다(에스트로겐-옥시톡신). Champagne, F. A., Weaver, I. C., Diorio, J., Dymov, S., Szyf, M. and Meaney, M. J.(in press), "Maternal care associated with methylation of the estrogen receptor alpha 1b promoter and estrogen receptor alpha expression in the medial preoptic area of female offspring," *Endocrinology*.

Levin, A.(2009), "Early Experiences Change DNA and Thus Gene Expression," *Psychiatric News*, June 5, 2009, Vol. 44, No. 11, p. 18.

Donaldson, Z. R. and Young, L. J.(2008), "Oxytocin, Vasopressin, and the Neurogenetics of Sociality," *Science*, Vol. 322, November 7, 2008, 900~904.

Goleman, Daniel(2006), *Social Intelligence*, Bantam Dell, pp. 202.03. Insel, Thomas R. and Young, Larry J. "The neurobiology of attachment," *Nature Reviews Neuroscience*, 2, 129~136.


동물의 숨겨진 과학

# 놀랍고도 정교한 생명체의 비밀

이 책은 매우 유익하면서도 재미있다. 우리가 미처 알지 못했던 동물 세계 깊숙한 곳의 이야기를 첨단 과학기술의 성과도 동원하며 재미있게 들려준다(식물들에 대한 이야기도 있다). 아무것도 보이지 않는 땅속에서 섬세하게 커뮤니케이션하는 두더지부터 우리 인간의 존재를 감지하는 식물들에 이르기까지 상상할 수 없었던 놀라운 능력들을 비밀문서를 펼치듯 보여준다.

이 책을 읽고 나서 동물들의 삶에 대해 전혀 새로운 관점을 갖게 될수도 있다. 나 역시 집에서 기르는 강아지가 넙죽 엎드리는 자세를 취할 때면 아! 쵸코(강아지 이름이다)가 그런 생각을 하고 있구나 하게 되었다. 다른 생명체들을 미물들이라 부르며, 가끔은 인간의 우월성을 느끼곤 했지만, 이제는 하늘 높이 비상하는 새뿐만 아니라 꿈틀거리며 기어가는 동물들까지 모든 생명체는 그 자체로 위대하며 놀랍고도 정교한 지혜의 소유자라는 생각을 갖게 되었다.

낚시를 좋아하는 독자들은 이 책에서 미끼용 지렁이를 유인하는 방법을 배우고(일종의 두뇌게임이다), 메기의 '비밀'을 전수받게 된다. 기러기들이 V자 대형을 이루며 날아가는 모습을 신기하게 생각하고, 동물들이 겨울 내내 잠만 자면 배가 고파서 어쩌나 하고 걱정하는, 그리고 매년 시베리아나 동남아시아에서 한국까지 머나먼 거리를 정확한 시간에 정확한 위치로 이동하는 새들에 감탄하는 독자들에게 들려줄 비밀이 이 책에 실려 있다.

저자인 캐런 섀너와 재그밋 컨월은 조지타운대학교에서 임상심리학과 신경생태학을 강의하고 있는 저명한 학자들이다. 캐런 섀너는 백악관과 미국 항공우주국NASA의 자문역을 하며 과학 관련 각종 방송에도 단골로 출연할 뿐만 아니라 평화봉사단에서도 활약한 여걸이다. 재그밋 컨월은 살아 있는 동물에서 최초로 MRI를 촬영했으며 박쥐가 내는 초음파 유형에 따라 특이한 우성 뇌를 발견하고, 물고기 뇌에서 미각중추를 발견하는 등 큰 업적을 남기고 있는 학자다.

이 책을 읽고 신비로운 동물들의 세계에 놀라고 관심을 갖게 된 독자들께는 같은 출판사에서 펴낸 《성의 자연사》와 《씨앗의 자연사》를 읽어보길 권한다. 《동물의 숨겨진 과학》이 동물들의(그리고 일부 식물의)

신비로운 능력과 그 진화론적 의미에 대한 책이라면, 소개하는 두 책은 그와 같은 놀라운 능력들 중 생식에 집중하여 생식의 다양한 행태와 그 사례를 진화적 의미와 함께 이야기한다. 앞의 책은 동물들의 생식, 즉 섹스에 대해서, 그리고 뒤의 책은 식물들의 생식을 매우 유익하고도 재미있게 서술하고 있다. 공교롭게도 두 권 다 내가 옮긴 책이다.

이 책에 나오는 무수한 생물들의 이름은 브리태니커사전과 두산동아사전을 함께 참조하여 번역했다. 두 사전이 다를 때는 대표적인 것을 골랐으며 괄호 속에 넣어준 경우도 있다. 학명보다 우리말 이름을 표기하는 것을 원칙으로 했지만 우리말 이름을 사전에서 찾을 수 없을 경우에는 비슷한 생물종 이름을 참고하여 번역하고 학명을 찾아 병기했다. 학명도 찾을 수 없을 때는 영어 이름을 병기했다.

2013년 4월

진선미

동물의 숨겨진 과학

동물의 숨겨진 과학

**초판 찍은날** 2013년 5월 27일    **초판 펴낸날** 2013년 5월 30일

**지은이** 캐런 섀너, 재그밋 컨월 | **옮긴이** 진선미

**펴낸이** 김현중
**편집장** 옥두석 | **책임편집** 서영주 | **디자인** 권수진 | **관리** 위영희

**펴낸곳** (주)양문
**주소** (132-728) 서울시 도봉구 창동 338 신원리베르텔 902
**전화** 02.742-2563~2565 | **팩스** 02.742-2566 | **이메일** ymbook@empal.com
**출판등록** 1996년 8월 17일(제1-1975호)

ISBN  978-89-94025-25-4 03400          잘못된 책은 교환해 드립니다.